青海湖流域生态环境参量遥感定量反演技术及应用

李凤霞　李晓东　徐维新　巩彩兰　肖建设
赵　冬　张婷婷　储美华　马维维　编著

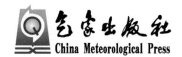
气象出版社
China Meteorological Press

内容简介

青海湖流域作为青藏高原的重要组成部分,是我国生物多样性和生态环境建设的重点地区。因其独特的地理位置及自然环境,一直为世人所瞩目。近几十年来在气候变化和人类活动的共同干扰作用下,青海湖流域生态环境问题日益突出,引起社会各界的广泛关注。本书在简要介绍青海湖流域自然地理特征、社会经济状况和目前面临的主要生态环境问题的基础上,论述了雷达数据的湖面积遥感监测技术及水质参数反演算法和应用技术,研究了青海湖流域草地生态遥感定量评价的方法及植被生产力的遥感监测,重点阐述了青海湖流域土地覆被变化监测和流域土壤含水量遥感定量反演模型和技术应用,并全面介绍了青海湖流域生态质量评价体系建立过程,并在分析和研究青海湖流域生态环境参量遥感技术和应用的技术上,建立了青海湖流域草地生态质量遥感反演系统和青海湖湖泊环境遥感监测系统。

本书力图基于野外调查和实验结果诠释青海湖流域生态环境遥感监测方法及应用的相关知识。适合地理学、生态学、地理信息系统等专业的研究生和本科生阅读,也可供相关学科的研究人员应用参考。

图书在版编目(CIP)数据

青海湖流域生态环境参量遥感定量反演技术及应用/李凤霞等编著. --北京:气象出版社,2016.11
ISBN 978-7-5029-6081-0

Ⅰ.①青… Ⅱ.①李… Ⅲ.①青海湖-流域环境-生态环境-环境遥感-环境监测-研究 Ⅳ.①X832

中国版本图书馆 CIP 数据核字(2014)第 301024 号

出版发行:气象出版社				
地 址:	北京市海淀区中关村南大街 46 号		邮政编码:	100081
电 话:	010-68407112(总编室) 010-68409198(发行部)			
网 址:	http://www.qxcbs.com		E-mail:	qxcbs@cma.gov.cn
责任编辑:	蔺学东		终 审:	邵俊年
封面设计:	易普锐		责任技编:	赵相宁
印 刷:	北京中新伟业印刷有限公司			
开 本:	787 mm×1092 mm 1/16		印 张:	13
字 数:	332 千字			
版 次:	2016 年 11 月第 1 版		印 次:	2016 年 11 月第 1 次印刷
定 价:	78.00 元			

本书如存在文字不清、漏印以及缺页、倒页、脱页等,请与本社发行部联系调换

前　言

青海湖是维系青藏高原东北部生态安全的重要水体,其整个流域是生物多样性保护和生态环境建设的重点地区。作为青海省生态旅游业、草地畜牧业等社会经济发展的集中区域,近年来在气候变化和人类活动的共同影响下,青海湖环湖草地退化、沙化土地扩张、渔业资源锐减、野生动物生存环境恶化,整个流域正面临着严重的生态和环境变化危机,并引起各级政府、国际社会和科学家们的广泛关注。为了有效维护青海湖地区的生态系统稳定,同时改善流域内农牧民的生产生活条件,国家发改委于2007年正式批复"青海湖流域生态环境保护与综合治理规划"项目(简称青海湖综合治理项目)。为了给青海湖综合治理项目提供科技支撑,科技部于2012年正式启动国家"十一五"科技支撑计划重点项目"青海湖流域生态环境综合监测应用系统",当前青海湖流域管理过程中,存在数据来源多样、多头管理及全域定量监测技术落后等问题,需要利用和发展天—空—地一体化监测技术。本课题以青海湖为示范研究区,拟通过开展流域草地、土壤、水体等生态环境指标关键要素的定量遥感反演,解决多源数据集成的关键技术,为构建青海湖流域生态环境信息系统集成平台提供业务监管模块,为流域综合管理提供关键技术保障。其中第二课题名称为"青海湖流域生态环境参量遥感定量反演技术(课题编号:2012BAH31B02)",负责单位为青海省气象科学研究所,参加单位包括中国科学院上海技术物理研究所、中国科学院遥感应用研究所、上海盛图遥感工程技术有限公司等。课题经过几年的实施,完成了包括青海湖流域草地生态质量遥感定量反演、土壤关键参数遥感定量反演及湖泊环境敏感参数遥感定量反演技术等研究内容,并于2015年4月顺利通过课题验收。在此过程中,经过反复讨论并征求相关专家意见,确定本书以青海湖流域生态环境参量遥感定量反演技术为核心内容,加强青海湖流域生态环境参量遥感及相关的综合研究,探讨青海湖流域定量遥感反演技术,在此基础上为青海湖流域湿地可持续发展战略提供可靠的技术支持。

根据上述思路,在课题成果报告基础上,重新编制了全书的章节体系,并补充了大量基础研究成果。本书共分7章。第1章简要介绍了青海湖流域的自然地理特征、社会经济状况和目前面临的主要生态环境问题。第2章首先总结了水环境敏感参数遥感定量反演机理及国内外研究现状,随后论述了雷达数据的湖水面积遥感监测技术,并增加探讨了多源卫星数据的湖体水质参数反演算法研究。第3章主要论述了青海湖流域草地生态环境遥感定量评价,首先论述了草地生态参量遥感定量监测原理及国内外研究现状,分别阐述了草地类型多尺度遥感分类技术、草地生物量多源遥感数据反演和草地植被净初级生产力遥感监测。第4章系统研究了青海湖流域土地覆被变化监测方法,主要探讨了国内外土地覆被变化监测现状,以及基于多源遥感数据的青海湖流域土地覆被变化检测。第5章系统研究了青海湖流域土壤含水量遥感定量反演,通过总结土壤含水量遥感定量反演机理及国内外研究现状,阐述了土壤含水量地面卫星同步试验和低植被覆盖地表土壤含水量反演模型。第6章详细探讨了青海湖流域生态质量评价指标体系建立过程,并对青海湖流域生态质量评价进行了系统的梳理。第7章在分析和研究青海湖流域生态环境参量遥感技术和应用的基础上,分别对青海湖流域草地生态质量遥感反演系统和青海湖湖泊环境遥感监测系统进行了相关的介绍和应用实例的展示。

青海湖流域地处高寒半干旱地区,湿地对于维持整个流域的生态安全具有重要作用。之前有关青海湖的研究主要集中于近代环境演化、流域生态保护恢复,有关青海湖流域及高寒生态环境参量遥感技术和应用的研究相对比较缺乏。本书通过野外调查、实验观测、模型模拟等多种方法,对青海湖流域生态环境遥反演技术以及应用展开了多方面研究并取得了系列研究成果,主要体现在以下几个方面:①基于多源遥感数据的草地多尺度精细分类技术,将利用高光谱数据和高空间分辨率数据对草地草种进行精细分类,对掌握流域草地的草种变化有重要作用;②基于多源数据的土壤含水量遥感定量反演技术,将以合成孔径雷达数据(SAR)及卫星红外数据为主要数据源,反演青海湖流域土壤含水量。

本书是在课题成果报告及有关资料基础上,由李凤霞、李晓东、徐维新完成全书章节编写与统稿工作。各章执笔人分别为:第1章,李晓东、徐维新;第2章,赵冬、邵芸、柴勋、李晓东;第3章,李凤霞、巩彩兰、马维维、徐维新、王力;第4章,巩彩兰、肖建设、马维维、胡勇;第5章,张婷婷、邵芸、柴勋;第6章,储美华、马贺平、谢骏驰、李凤霞;第7章,肖建设、马贺平、巩彩兰、赵冬。除上述人员外,先后参加课题野外考察、实验观测和材料撰写等相关工作的还有数人,在此一并感谢。

作者

2016年9月

目 录

前 言

第1章 绪 论 （1）
1.1 自然地理特征 （2）
1.2 社会经济状况 （5）
1.3 生态环境的现状 （8）

第2章 青海湖体水环境敏感参数遥感定量反演关键技术 （12）
2.1 雷达数据的湖水面积遥感监测技术 （12）
2.2 青海湖叶绿素a反演模型 （17）
2.3 基于多光谱数据的青海湖悬浮物浓度反演模型 （22）
2.4 基于多光谱数据的青海湖水体透明度反演模型 （24）

第3章 青海湖流域草地生态参量遥感定量反演 （26）
3.1 草地类型多尺度遥感分类技术研究 （26）
3.2 基于多源数据的青海湖流域草地多尺度精细分类技术 （31）
3.3 基于多源数据的青海湖流域草地品质参数反演技术 （41）
3.4 草地营养参数的遥感定量反演模型技术研究 （47）
3.5 基于多源遥感数据的草地植被净初级生产力反演技术 （53）

第4章 青海湖流域土地覆被变化监测方法 （59）
4.1 青海湖流域土地覆被分类方法概述 （59）
4.2 青海湖流域土地覆被分类指标与技术方法 （61）

第5章 青海湖流域土壤含水量雷达遥感定量反演 （75）
5.1 土壤含水量雷达卫星遥感定量反演方法 （75）
5.2 土壤含水量地面卫星同步试验 （80）
5.3 青海湖流域土壤含水量反演模型 （84）
5.4 青海湖流域土壤含水量监测结果 （86）

第 6 章　青海湖流域生态质量评价指标体系……………………………………………（93）

　　6.1　青海湖流域生态质量评价指标体系建立………………………………………（93）

　　6.2　青海湖流域生态质量评价…………………………………………………………（98）

第 7 章　青海湖流域草地生态质量遥感反演系统及湖泊环境遥感监测系统…………（110）

　　7.1　青海湖流域草地生态参量遥感反演系统…………………………………………（110）

　　7.2　青海湖湖泊环境遥感监测系统……………………………………………………（118）

参考文献……………………………………………………………………………………（129）

附录：相关研究成果………………………………………………………………………（135）

　　附录 1　牧草品质的高光谱遥感监测模型研究………………………………………（137）

　　附录 2　Modeling and Mapping Soil Moisture of Plateau Pasture Using RADARSAT - 2 Imagery ……………………………………………………………………………（146）

　　附录 3　The Hughes Phenomenon in Hyperspectral Classification Based on the Ground Spectrum of Grasslands in the Region Around Qinghai Lake …………（167）

　　附录 4　基于 RADARSAT - 2 全极化数据的高原牧草覆盖地表土壤水分反演…（178）

　　附录 5　基于光谱响应函数的 ZY - 3 卫星图像融合算法研究………………………（187）

　　附录 6　多/高光谱遥感图像的投影和小波融合算法…………………………………（195）

第1章 绪 论

青海湖流域地处青藏高原东北部,位于36°15′~38°20′N,97°50′~101°20′E,流域总面积29 661 km²。青海湖流域在行政区划上分别隶属于海北藏族自治州的刚察县和海晏县,海西蒙古藏族自治州的天峻县及海南藏族自治州的共和县,其范围涉及3州4县25个乡(镇)。在流域内部地势最低处发育的青海湖是我国最大的湖泊之一,青海省也因此而得名,其水面面积达4380.23 km²(2014年),是我国内陆最大的咸水湖。青海湖流域整体轮廓呈椭圆形,自西北向东南倾斜,是一个封闭的内陆盆地,湖盆四周群山环绕,北依大通山,南临青海南山,东界日月山,西靠阿木尼尼库山(图1.1)。

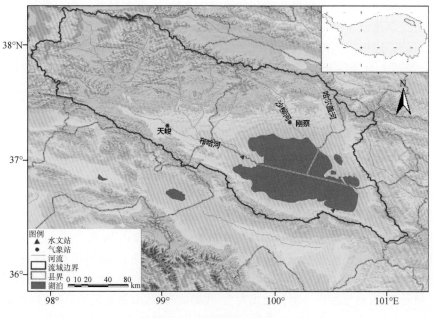

图1.1 青海湖流域图

青海湖流域因地处我国东部季风区、西北部干旱区和西南部高寒区的交汇地带,自然地理环境具有明显的过渡性。它既是维系青藏高原东北部生态安全的重要屏障,又属于脆弱生态系统典型地区,对全球气候变化的响应十分敏感,同时也是生物多样性保护和生态环境建设的重点区域。而作为青海省生态旅游业、草地畜牧业等社会经济发展的集中区域,近年来在气候变化和人类活动的共同影响下,青海湖环湖草地退化、湿地面积缩小、沙化土地扩张、野生动植物生存环境恶化,整个流域正面临着严重的生态破坏和环境退化危机。

1.1 自然地理特征

青海湖流域是青藏高原的重要组成部分,是一个由山地草原与湖泊湿地组合的生态系统,具有高寒、半干旱、太阳辐射强等特点。而作为一个相对独立的封闭盆地,整个流域以青海湖为集水中心,河流多发源于四周的群山,蜿蜒向青海湖辐聚。流域内自然地理环境的空间分异特征明显,地貌、气候、土壤和植被等自然地理要素由湖盆向四周大致呈环带状分布。

1.1.1 地形地貌

青海湖流域是一个地处西部柴达木盆地与东部湟水谷地、南部江河源头与北部祁连山地之间的封闭式山间内陆盆地,整个流域近似织梭形,呈北西西—南东东走向,被具有相似走向的海拔4000~5000 m的山体所包围。盆地北部的大通山是青海湖流域与大通河流域的分水岭;南部的青海南山是青海湖流域与共和盆地的分水岭;东部的日月山为一条呈北北西走向的断块山,是青海湖流域与湟水谷地的分水岭,也是我国季风区与非季风区、内流区与外流区、农业区与牧业区的分界;而西部以天峻山为主体的一系列北西西走向的高原山地岭谷,构成了青海湖流域与柴达木盆地的分界。流域内部地势从西北向东南倾斜,最高海拔5291 m,位于北面大通山西段的岗格尔肖合力(又称仙女峰);最低处为流域东南部的青海湖,湖面海拔3194 m,平均水深16 m,最大水深26 m。青海湖是我国内陆最大的咸水湖,东西长约109 km,南北宽约65 km,周长约360 km,水面面积4321 km^2(2010年),湖盆容积$854×10^8$ m^3。在青海湖中心和岸边分布着海心山、三块石、鸟岛、蛋岛等,它们是湖泊形成时产生的地垒断块,后来随着水位下降而逐渐出露水面,成为岛屿并逐渐与陆地相连。受湖水长期侵蚀影响,岛上基岩裸露,形成规模大小不一的湖蚀穴、湖蚀崖、湖蚀阶地等。从湖面到四周山岭之间,呈环带状分布着宽窄不一的风积地貌、冲积地貌和构造剥蚀地貌,地貌类型由湖滨平原、冲积平原、低山丘陵、中山和高山、冰原台地和现代冰川等组成。流域内山地面积大,约占流域面积的68.6%,山势陡峻、沟谷密布且多冰蚀地形;河谷和平原所占面积较小,约占流域面积的31.4%,主要分布于河流下游和青海湖周围。湖滨地带,在湖的西、北岸边以多条河流冲积形成的三角洲、河漫滩、阶地等河积—湖积地貌为主;在湖的南岸,山麓地带地形破碎,多侵蚀沟谷,山麓与平原交接带多坡积裙、洪积和冲积扇,之下为向湖倾斜的洪积—湖积平原,平原之间为沙砾质卵石堤;湖东部地形相对低缓,倒淌河入湖处地势低洼,形成大片沼泽湿地;湖东北沿岸有大面积沙地分布,耳海和沙岛一带多见连岛沙坝、沙嘴、沙堤,向上发育有固定和半固定沙丘、沙垄等。

1.1.2 气候条件

青海湖流域气候特征的描述是基于对流域内及流域相关的天峻县、海晏县、刚察县、共和县等气象站观测数据展开的。青海湖流域地处东亚季风区、西北部干旱区和青藏高原高寒区的交汇地带,其气候类型为半干旱的大陆性气候。该流域深居内陆,海拔较高,气温偏低,寒冷期长,没有明显的四季之分,具体表现为冬季寒冷漫长、夏季温凉短促,降水较少且集中于夏季,蒸发量大,干旱少雨、日照充足、太阳辐射强烈,四季多风,风力强劲,气温日较差大是其气候综合特征。流域气温较低,垂直变化明显,年平均气温为 $-1.1 \sim 4.0$ ℃,自流域东南向西北递减,由于"湖泊效应",湖区气温较高,边远山地较低,海拔 3800 m 以上的广大地区,年平均气温均在 -2 ℃以下。流域年平均降水量为 $291 \sim 579$ mm,受地形和湖区的影响,降水分布极不均匀,在青海湖北岸降水量从北向南递减,大通山一带一般为 500 mm,至湖滨地带降水约为 320 mm;湖南岸则相反,由南向北递减;湖西部在布哈河下游河谷地带自东向西递减;湖东部则由东向西至湖滨递减;湖滨四周向湖中心递减(海心山降水量为 270 mm 左右)。青海湖流域属半干旱地区,年蒸发量较大,达 $1300 \sim 2000$ mm,蒸发量空间分布特征与降水量相反,即湖滨平原和地势较低的河谷地区蒸发量较大,山区随地势升高蒸发量减小。青海湖流域无霜期较短。

由于受高空西风带和东南季风带共同影响,流域内常年多风,风速自青海湖的东南方向西北方递增。据气象资料统计,流域各站均以 3 月份出现的大风日数最多,9 月份则出现最少,大风日数的年变化属于春多秋少型。受高寒干旱气候条件限制,牧草生长期短暂。

1.1.3 水文状况

青海湖流域为四周群山环抱的封闭式山间内陆盆地,其中山区面积约占流域总面积的 68.6%;河谷与平原面积占 31.4%。

青海湖水体位于流域的东南部,长轴走向为北西西向,东西最长 109 km,南北最宽 65 km,周长约为 360 km。湖水总体呈碱性,pH 为 9.23,相对密度为 1.0115,含盐量为 14.13 g/L。流域有大小河流 40 余条,集水面积大于 300 km^2 的干支流有 16 条。主要河流有布哈河、沙柳河、哈尔盖河、泉吉河、黑马河、倒淌河、甘子河等。河流呈明显的不对称分布,西面和北面河流多且流长水大,东面和南面则相反。青海湖流域属于高原半干旱内流水系,水资源并不丰富,大气降水量是水资源的总补给源。据统计,直接流入青海湖且流域面积大于 5 km^2 的河流有 48 条,径流年分配不均匀,径流量的年际变化比年降水量的年际变化大得多,且多为季节性河流。其中,流域西部的布哈河最大,其次为湖北岸的沙柳河和哈尔盖河,这三大河流的径流量占入湖总径流量的 75% 以上;再加上泉吉河和黑马河,五条河流的年总径流量达 13.4×10^8 m^3,占入湖地表径流量的 80.3%。上述几条较大河流的集水面积超过了 17 311 km^2,控制青海湖流域山丘面积的 77.6%。受地理位置和地形、气候等自然条件的影响,河川径流的补给主要来自大气降水(包括降雨和融雪径流),其次为冰川融水,经过转化地下水也有一定比重。流域多年平均径流量为 16.7×10^8 m^3,径流深为 54 mm。青海湖流域地表水资源年际变化也较大,年内分配不均,6—9 月径流量占全年的 80%。流域内径流分布与降水分布基本一致,湖北岸为高值区,布哈河右岸和湖东地区为两个低值区。流域地下水具有半干旱区内陆盆地典型的环带状分布特征,即周边山区为补给区,山前洪积—冲积平原为渗流区,环湖湖滨平原为排泄区,受山体宽度影响,北部地下水较南部丰富。

流域地表径流和地下径流最终都汇入青海湖,Li et al.(2007)计算了 1959—2000 年青海湖的水量平衡,结果表明:每年平均湖面降水量为 357 mm,蒸发量为 925 mm,入湖地表径流量为 348 mm,地下径流量为 138 mm,湖水水位每年下降约 80 mm。除青海湖外,流域内面积大于 0.03 km^2 的湖泊有 70 多个,其中面积大于 0.3 km^2 的湖泊有 20 余个,大于 1 km^2 的湖泊有 12 个,主要分布于流域西部的布哈河河源区(淡水湖)和东南部的湖滨地带(咸水湖)。

1.1.4 植被类型及其分布

青海湖流域地处青藏高原东北边缘,境内复杂的地貌类型及青海湖的存在对植被特征及其分布具有重要的影响。受地理位置、地貌特征、气候条件、海拔梯度及土壤类型等综合影响,流域内形成了复杂多样的生境类型,使其拥有复杂多样的植被类型,成为我国青藏高原生物多样性的重要区域,境内高寒草原和温性草原共存。青海湖的自然植被有寒温性针叶林、河谷灌丛、高寒灌丛、沙生灌丛、温性草原、高寒草原、高寒草甸、沼泽草甸、高寒流石坡植被等。区域内的主要植被类型及其分布如下。

(1) 森林

主要包括寒温性常绿针叶林和温性落叶阔叶林。①寒温性常绿针叶林,以祁连圆柏为建群种的常绿针叶林,仅分布于青海湖西部共和县石乃亥乡及天峻县生格乡境内的沟谷地带,呈疏林状态,海拔 3350～3600 m;②温性落叶阔叶林,主要分布于青海湖东北岸的海晏湾沙地,包括以湖北花楸、叉子圆柏等为主的落叶阔叶林,呈片状分布,面积很小,海拔 3200～3250 m。

(2) 草甸

包括高寒草甸、沼泽草甸和轻度盐渍化草甸,是重要的天然草场。①高寒草甸以蒿草属为优势种,广泛分布于海拔 3300～4100 m 的山地阴坡、宽谷和滩地,面积较大,是流域主要植被类型;②沼泽草甸,以西藏蒿草和华扁穗草以及水麦冬等为优势种,分布于海拔 3200～4000 m 的湖滨洼地、河谷滩地及河源地,在布哈河、沙柳河、哈尔盖河等河源滞水滩地集中成片,与高寒草甸镶嵌分布;③轻度盐渍化草甸,以马蔺、星星草为优势种,分布于海拔 3200～3250 m 的河口和湖滨低湿滩地,如倒淌河及黑马河河口、鸟岛周围等。

(3) 草原

包括温性草原和高寒草原,为重要的天然草场,也是重要的景观生态类型之一,在流域中分布面积大,但受干旱条件限制,群落盖度和单位面积产草量均不如草甸类草场。草原主要分布于流域的山地阳坡、山间谷地、河谷滩地等。①温性草原,主要优势种为芨芨草、西北针茅、青海固沙草、冰草和短花针茅,呈环带状分布于湖盆四周海拔 3200～3350 m 的冲积、洪积平原,宽度 1～10 km 的弧形植被带;②高寒草原,以紫花针茅为优势种,集中分布于流域北部和西北部海拔 3300～3800 m 的山地阳坡,并沿布哈河干旱宽谷延伸。

(4) 高寒流石坡稀疏植被

分布于海拔 4100 m 以上的山坡及山体顶部的高寒流石坡稀疏植被,由于高山岩体常年遭受寒冻风化,形成流石滩,呈孤岛状。草甸带内植物常有特殊的形态特征,如植被植株矮小、垫状、密被绒毛,群落结构单一,常见有凤毛菊等菊科高山植物和垫状植物。

(5) 灌丛

包括河谷灌丛(或称滩地灌丛)、高寒灌丛和沙生灌丛(或称山地灌丛),灌丛是以灌木为建群种或优势种所组成的植物群落类型,是流域内重要的景观生态类型,也是流域内比较优质的生态系统。植被生长密集、组成种类丰富、类型较少是主要的植被特征。①河谷灌丛,在青藏高原呈斑块状分布,条带状或岛状分布在干旱半干旱的河谷滩地。如布哈河、沙柳河、哈尔盖河中下游河谷(海拔 3200～3300 m)的具鳞水柏枝,以及布哈河中上游河谷(海拔 3300～3700 m)的肋果沙棘等;②高寒灌丛,包括毛枝山居柳、鬼箭锦鸡儿灌丛和金露梅灌丛,主要分布于青海南山、日月山和热水等地海拔3300~3800 m的山地阴坡和沟谷地带；③沙生灌丛，分布于青海湖东北部海拔3200~3350 m的冲积平原的固定与半固定沙丘地带。

(6) 栽培植被

分布于青海湖南部农场和三角城种羊场一带海拔3200~3350 m的冲积平原上，以油菜栽培为主，其次为燕麦和青稞。

(7) 水生植被

在流域的湖泊浅水区、河流缓流区或微弱流动的溪流及湖塘洼地等水生环境分布有龙须眼子菜、水毛茛和穗状狐尾藻等，这些水生植物常生长于水底泥土、水流停滞或微弱流动的浅水生境中。随湖泊或河流呈环带状、条带状或斑块状分布。

1.1.5 土壤类型及其分布

青海湖流域的土壤类型主要包括：高山寒漠土、高山草甸土、山地草甸土、山地灌丛草甸土、高山草原土、黑钙土、栗钙土、灰褐土、风沙土、沼泽土和盐碱土等。影响土壤类型分布的主要因子有地形、母质、气候、水文、生物、地质及人类活动等因素。从青海湖流域的地形地貌看，地势较低的冲积和洪积平原、河谷和湖滨地区，成土母质主要是冲积物、洪积物及湖积物；地势较高的山坡为各种岩石风化的残积物和坡积物，海拔4000 m以上的高山还有冰碛物。从湖盆向四周，随海拔高度的变化，土壤分布的垂直地带性特征明显。

首先，流域地带性土壤为栗钙土，主要分布在布哈河中下段山前冲积阶地、湖滨平原、丘陵前沿地带和冲积平原，面积约占流域总面积的3.4%；其次为黑钙土，主要分布在海拔3200~3500 m的山体下部、山前冲积、洪积平原和滩地等，占流域面积的3%左右。

其次，在海拔3400~3750 m的低山丘陵的中上部、低山和平缓山顶分布有山地草甸土，面积占流域面积的5%~8%；海拔3700~4200 m的山地缓坡分布着高山草甸土，占流域面积的20%~25%，是畜牧业生产的重要夏秋季牧场；海拔3800~4400 m的山地河谷和缓坡地带分布着高山草原土，占流域面积的20%~25%；海拔3900 m以上的山体上部与分水岭处还分布有高山寒漠土，约占流域面积的10%；此外，海拔3300~4000 m的中低山地阴坡有山地灌丛草甸土分布。

另外，非地带性风沙土主要分布在湖滨滩地和湖东地区，占流域总面积的12%；其他非地带性土壤包括沼泽土和盐碱土，散布在环湖排水不畅的湖滨洼地，如青海湖西南岸大小泉湾、湖东部倒淌河入湖处、北岸沙柳河河口至泉吉河河口一带。此外，在布哈河、沙柳河、泉吉河及哈尔盖河等各大河流的河源地带及沿河河谷滩地还有淡水沼泽土分布，沼泽土总面积占流域总面积的9.5%左右。

1.2 社会经济状况

一个地区的社会经济发展状况，不仅影响着土地、水文、生物、矿产等资源利用的水平和强度，而且对生态环境等产生重要影响。青海湖流域人口以藏族为主，其余还有汉族、回族、撒拉族、蒙古族等，其中，藏族和汉族人口占全流域人口总数的90%以上。青海湖流域的社会经济发展还处于欠发达水平,流域内地广人稀,以牧业为主,工业化水平较低。

1.2.1 行政区划

按行政区划分,青海湖流域包括青海省海北藏族自治州(简称海北州)的刚察县和海晏县、海西蒙古族藏族自治州(简称海西州)的天峻县、海南藏族自治州(简称海南州)的共和县的部分行政区,范围涉及3州4县25个乡(镇),以及5个农牧场:三角城种羊场(青海省农牧厅)、青海湖农场(海北州)、黄玉农场(刚察县)、湖东种羊场和铁卜加草原改良试验站(三江集团公司)(表1.1)。

表1.1 青海湖流域行政区划

县名	流域内乡镇数(个)	行政区划		行政村数目(个)		
		流域内乡(镇)名称	省、州、县、属农场	流域内	跨流域	合计
天峻	10	新源、龙门、舟群、江河、组合玛、快尔玛、生格、阳康、木里、苏里		43	14	57
刚察	5	沙流河、哈尔盖、泉吉、伊克乌兰乡、吉尔孟	青海湖农场、三角城种羊场、黄玉农场	5	26	31
共和	5	倒淌河、江西沟、黑马河、石乃亥、英德尔	湖东种羊场、铁卜加草原改良实验站	10	17	27
海晏	5	青海湖、托勒、甘子河、金滩、三角城		2	13	15
合计	25			60	70	130

注:引自陈桂琛 等(2008)。

1.2.2 人口状况

青海湖流域人口稀少,传统上以农牧业从业人口为主,人口数量在1945年仅为22 549人,近年外来人口不断增加,到2008年,包括流动人口在内,流域总人口达到13.20万人,其中,天峻县5.10万人,占流域总人口的38.64%,农业人口1.43万人;刚察县4.26万人,占流域总人口的32.25%,农业人口2.90万人;共和县2.94万人,占流域总人口的22.24%,农业人口2.54万人;海晏县0.91万人,占流域总人口的6.86%,农业人口0.88万人。流域农牧业人口7.76万人,占总人口的58.79%,农牧业人口比例呈下降趋势。伴随着旅游业和服务业的发展,外来流动人口逐渐在夏、秋季增多,尤其是天峻县和海晏县最为明显,其流动人口约3.11万人,占总人口的60%以上。

青海湖流域人口密度平均每平方千米不足5人,陆地人口平均密度仅为3.4人/km²,但人口分布很不均匀。在环湖的狭长地带,特别是河流沿岸或道路沿线,由于地形平坦、水源充足、交通便利,成为人口主要集聚区。如以刚察县为中心的青海湖北岸湖滨三角地带、南岸共和盆地等,人口密度较大;而四周的山地主要是牧民的夏季草场,基本未建定居点,主要以夏、秋季旅游的流动人口为主。

1.2.3 经济发展状况

青海湖流域各县农牧民的生活与居住条件均处于中下水平,流域内经济发展主要以农牧渔业、生态旅游业为主。近年来，流域内青海湖旅游业及其他资源的开发，尤其是以青海湖、金银滩草原为主的草原旅游有了长足的发展，为当地的经济注入了新的活力。从青海湖流域各县 2008 年不同产业的产值构成看，天峻县第二产业的产值明显高于其余各县，表明天峻县第二产业最为发达，在青海湖流域各县中具有较强的经济实力。根据天峻县经济统计数据，2004 年以前，第一产业是全县主导产业，在国民经济中占较大比重，经济增长速度较慢。2004 年以后，以采矿业为主的第二产业迅速发展，成为天峻县的主导产业，采矿业的发展同时带动了运输业、服务业的发展，推动了国内生产总值的迅速增加。其中天峻县的牧业产值达 15 609 万元，农牧民人均年收入达 4617 元。总产值位居第二的刚察县以第一产业和第三产业为主，近几年经济发展较为迅速，国内生产总值明显增加，2000 年至今各产业保持较快增长，国内生产总值从 2000 年的 17 285 万元增长至 2008 年的 49 449 万元。海晏县位于青海湖流域范围内的甘子河乡、青海湖乡和哈勒景乡都是牧业乡，所以该区域经济以牧业为主，第一产业产值在总产值中占较大比重，旅游业也占一定的比重。共和县位于流域范围内的 3 乡 1 镇是全县的主要牧业区，并且还有湖东种羊场等大型农牧场，农牧业产值较高；第二产业以建筑业为主，其他工业部门极少；同时，借助位于青海湖边的优越地理位置，近年来旅游业发展较快。

2008 年，青海湖流域各县畜牧业产值达 64 456.31 万元，人均年收入 4190.55 元，高于青海省农牧民平均收入，但仍低于全国农村居民人均收入水平；受气候条件限制，流域内种植业规模不大，现有耕地 179.12 km^2，主要农作物有油菜、青稞、燕麦及青饲料等，而且随着退耕还林还草等生态政策的实施，未来耕地面积还将不断缩小（表 1.2）。青海湖流域丰富的草场资源，为畜牧业生产提供了良好条件，成为青海省重要的畜牧业生产基地之一。除湖区现有乡镇均属于以畜牧业为主的牧业乡外，还有三角城种羊场、湖东种羊场、铁卜加草原站等以畜牧业生产为主体的国有牧场。因此，畜牧业在区域经济中占有十分重要的地位，属于基础产业部门。但是，由于高寒的气候和恶劣的自然条件，导致生态环境比较脆弱，当地畜牧业生产也表现出脆弱性和不稳定性，出现诸如超载放牧导致草场退化等生态环境问题，使畜牧经济的可持续发展受到制约。从各县农牧业产值比较来看，虽然天峻县在青海湖流域的面积最广，且以牧业为主，但是共和县和刚察县的牧业产值比天峻县高，这主要是因为刚察县和共和县有集中的大型农牧场，包括三角城种羊场、湖东种羊场等。近几年来，部分农牧民除了农牧业收入，还经营个体运输、商品零售、旅游和餐饮服务等，收入水平显著提高，但是大多数农牧民，尤其是少数民族牧民仍以放牧为主，过着独特的游牧生活。

表 1.2　青海湖流域各县农牧业产值和农牧民收入统计

县名	农业产值（万元）	牧业产值（万元）	农牧民人均年收入（元）
共和	4207.45	19 513.41	3525.91
刚察	3807.14	22 084.94	4519.39
天峻	0.00	15 609.00	4617.00
海晏	136.93	7248.96	4964.59
合计	8151.52	64 456.31	4190.55

注：资料来源于刚察县、海晏县、天峻县和共和县 2009 年统计年鉴。

青海湖流域工业起步较晚，基础薄弱，迄今还没有一家大型的现代工业企业，但流域内矿产资源丰富，主要矿产资源有煤、铁、铜、石灰石、硫黄等，其余多为畜产品加工、建材和食品生产等工业项目。依靠当地丰富的煤炭资源,煤炭开采业发展迅速,如刚察县境内的热水煤矿、天峻县境内的木里煤矿等。由于境内的青藏铁路及国道、省道等公路的建设和联通,为该区域的旅游业和生态畜牧业的发展提供了更有效的交通条件。但是,考虑环境的封闭性和生态的脆弱性,流域内不适宜发展污染严重的工业,但独具特色的高原湖泊景观、丰富的野生动植物资源和独特的宗教文化等优质旅游资源使旅游业发展具有得天独厚的优势,因此,该地区应该在加强草地基础设施建设和保护草地生态环境的基础上,综合治理退化草地,强化保护高寒草甸植被力度;在以草定畜、禁牧减畜的同时,扩大人工饲草地面积,提高饲草供给能力,在草畜平衡条件下,开发建设高原生态畜牧业。此外,该地区又是青海湖国家自然保护区和国家级4A级青海湖风景名胜区所在地,且每年国际知名度较高的"环青海湖国际公路自行车赛"在此举行,充分利用这些优势和国际品牌的知名度,应积极发展该区域的草地生态旅游经济。

1.3 生态环境的现状

青海湖流域独特的地理位置及环境特点,对于研究全球气候变化、高原内陆湖泊生态特征和演变规律,以及青藏高原隆升与高原环境演变机制等重大问题都有重要的意义。青海湖流域作为青藏高原的组成部分,自然环境条件比较恶劣。流域范围内,地势较高,低温、干旱、大风等严酷的自然条件导致区域自然环境极为脆弱。同时,该流域由于地处内陆且以少数民族占主体地位的多民族聚居特征,是青海省经济社会发展相对活跃的地区之一。因此,受社会发展和自然环境演变等因素的影响,流域生态环境呈现出区域恶化的总体发展趋势,对区域经济社会的可持续发展带来一定的影响。然而,从最近几年的青海湖面积及水位等方面的监测来看,青海湖面积和水位均呈现出有一定变好的态势,但这种态势的持续性有待进一步研究和监测。

1.3.1 湿地面积缩小

由于青海湖流域总体生态环境的退化,使得湿地生态系统区域退化的现实成为青海湖流域日益显现的生态环境问题之一。其主要的表现形式有青海湖面积总体减少、湿地面积萎缩、湿地环境质量下降、湿地生态功能减弱等方面。

根据2004年遥感影像解译结果,青海湖流域有河流湿地、湖泊湿地和沼泽湿地合计7294.09 km²。近年来,流域内的湖滨湿地、河源沼泽逐年萎缩。根据杨川陵(2007)的研究结果,目前流域沼泽面积比1956年减少了2.61×10^4 hm²,其中湖滨沼泽减少也比较明显,比1956年减少了0.61×10^4 hm²,原来分布湖滨沼泽有30余处,而现今有7处已经干涸。由于气候变暖、人类引水截流及过度放牧等影响,湖滨地带、河流两侧洼地及河流三角洲地带沼泽植被退化并呈现萎缩趋势。1956年沙柳河口沼泽湿地面积达50 km²,而1986年仅为20 km²,已有多处沼泽干涸(杜庆,1990)。河源沼泽由于气候变化的影响,沼泽化草甸向高寒草甸演变,面积呈缩小趋势,水量也有所减少,原有的沼泽湿地呈现出小丘凸起、干裂和湿生植物被中生植物代替,水源涵养功能有所减退的迹象。随着青海湖水位下降,湖滨一些浅水区域逐渐出露水面,造成湖滨沙化土地扩张、鸟岛连陆、湖滨湿地面积萎缩。除此之外,近年来的调查表明,青海湖水域面积虽然从 2004 年开始有上升的趋势,且该上升的趋势已经持续了 10 年有余,但是相比于 1961 年整体上还是呈现出明显的下降趋势。由于流域内的河流大多数以雨、雪补给为主,其流量依降水量的多少而变化,年内分配也很不均匀,因此需要持续地开展青海湖流域湿地生态系统的保护和恢复工作。

1.3.2 天然草场退化

青海湖流域现有天然草地 $213.65×10^4$ hm²,占流域总面积的 72%,其中可利用草地面积 $193.50×10^4$ hm²,占天然草地面积的 90.6%,是流域畜牧业发展的重要物质基础。然而,青海湖流域的畜牧业仍停留在自然放牧、靠天养畜的状态,牧民追求经济效益,盲目增加存栏头数,超载放牧,导致草场不断退化。据韩永荣(2000)研究,湖区的优良草场由 20 世纪 50 年代的 $201×10^4$ hm² 下降到 90 年代末的 $109×10^4$ hm²。根据刘进琪等(2007)的报道,近 15 年间减少的草地面积有 90% 转为耕地,仅有 3.27% 转为未利用土地,说明青海湖流域近 15 年间人为开垦利用现象较为严重。此外,由于超载放牧、垦殖和管理不当等造成近 50 年来草场退化面积高达 $93.3×10^4$ hm²,占可利用草地面积的 48.2%,其中,中度以上退化草场有 $65.67×10^4$ hm²,占可利用草地面积的 33.9%(表 1.3)。另外,草地退化的重要指标还包括植被盖度下降、产草量减少、毒杂草蔓延和鼠虫害加重等。1977—2004 年,高覆盖草地和中覆盖草地分别减少了 $1.28×10^4$ hm² 和 $0.91×10^4$ hm²,而低覆盖草地增加了 $1.55×10^4$ hm²(Li et al,2009)。湖区优良草场鲜草产量由 1963 年的 1740 kg/hm² 下降到 1996 年的 1089.6 kg/hm²,34 年下降了 37.4%(韩永荣,2000)。近年来高覆盖度草地(>70%)转化为中覆盖度草地(30%~70%)和低覆盖度草地(<30%)的现象也十分明显,转换的结果使高覆盖度草地减少了 906.39 hm²,中覆盖度草地减少了 2024.32 hm²,低覆盖度草地则增加了 2931.31 hm²(陈桂琛等,2008)。

表 1.3 青海湖流域退化草地分级情况

草地退化级别	轻度退化	中度退化	重度退化	极重度退化	合计
草地退化面积(10^4 hm²)	27.63	43.25	13.44	8.98	93.3
占可利用草地面积比例(%)	14.3	22.4	6.9	4.6	48.2

注:引自陈桂琛等(2008)。

1.3.3 土地沙漠化

由于气候干旱,以及自然和人为因素导致的植被退化等,青海湖流域土地沙漠化面积不断扩大,根据程度不同,可分为潜在沙漠化、正在发展的沙漠化、强烈发展的沙漠化和严重沙漠化,各类沙漠化土地面积共计 $12.48×10^4$ hm²(表 1.4)。青海湖流域由于沙化面积的不断扩大,附带也造成了大量泥沙流入青海湖中,严重威胁着湖区水环境安全和鸟类的生存环境。沙化土地主要分布在青海湖环湖地带,包括面积最大的湖东沙区(湖东岸种羊场至海晏县克土一带)、湖北岸甘子河沙区(尕海周围、草褡裢、甘子河至哈尔盖)、湖西岸鸟岛沙区(沙柳河三角洲以西、鸟岛周围、布哈河河口至石乃亥)、湖南岸浪玛舍岗沙区(倒淌河至浪玛河之间,一郎剑、

表1.4 青海湖流域各类土地沙漠化面积及分布情况

沙漠化级别	潜在	正在发展	强烈发展	严重	合计
面积($\times 10^4 \mathrm{hm}^2$)	4.46	1.60	1.15	5.09	12.48

注：引自陈桂琛等(2008)。

二郎剑等地)。目前来看,自然条件的变化是沙漠化的潜在因素,人为活动又是叠加在自然环境变化背景之上的诱发因素,这两者的结合造成了沙漠化的不断发生和发展。因此,造成沙漠化面积不断增加的原因主要有以下几个方面：一是青海湖周围草地由于过度放牧和开垦等原因变成潜在沙化土地、流动沙地,灌木林变为固定沙地；二是青海湖水域和湖滨沼泽由于湖泊水位的下降从而变为季节性的流动沙地；三是沙地本身由半固定沙地变为流动沙地,固定沙地变为半固定沙地等。据资料统计,1956年流域沙漠化土地面积为$4.53\times 10^4 \mathrm{hm}^2$,1972年增加到$4.98\times 10^4 \mathrm{hm}^2$。从1977—2004年青海湖流域遥感影像解译结果看,1977年、1987年、2000年和2004年流域沙漠化土地面积分别为5.62×10^4、6.19×10^4、6.56×10^4和$6.65\times 10^4 \mathrm{hm}^2$,27年间因水域减少而增加的沙地面积为$1.03\times 10^4 \mathrm{hm}^2$,占流域沙地总面积的15.5%(李小雁等,2008)。自1986年以来,流域土地沙漠化扩展速率平均达到8.86%,明显高于大部分干旱内陆沙漠化区,成为我国西北沙漠化强烈发展的地区之一。在现代土地沙漠化的过程中,气候变化,再加上人类活动的加剧,致使流域内非沙漠地区出现以风沙活动为主要特征的沙质疏松地表的退化,土壤出现风蚀、风沙流和风沙堆积、沙丘移动等现象,受风沙的影响,草地生物量逐步下降,草地退化加剧。目前来看,人类活动引起的湿地萎缩、草地退化、土地沙漠化等生态环境问题业已引起国家和地方相关部门的重视,正积极采取措施进行生态恢复,实施科学的流域规划和管理。

1.3.4 生物多样性减少

青海湖流域独特的地理位置和环境条件,孕育了丰富而独特的野生动植物资源。随着草地退化和土地沙化,特别是人类活动的加剧,并且受区域生态环境退化的影响,流域生物多样性遭受严重破坏。目前,流域内野生动植物有15%~20%濒临灭绝。珍稀药用物种冬虫夏草、雪莲、红景天等因具有较高经济价值而被过度采挖,资源破坏较为严重。盛产于青海湖的高原特有种——裸鲤,20世纪50年代资源量高达19.9×10^4 t,1958年开始捕捞利用,1959—1962年达到高峰,年均捕捞量8.09×10^4 t,以后逐年下降,70年代年捕捞量在4000 t左右,80年代末降至1200 t,90年代已不足1000 t,2000年青海省政府下令全面封湖育鱼,并出台相关保护法规,裸鲤资源得到一定恢复,2004年资源量为5018 t,仅相当于捕捞利用前资源量的2.5%,有效地保护了裸鲤的生长和繁殖(张贺全等,2006),且近年来由于生态环境的逐步恢复和相关保护措施的采取,裸鲤的生长环境也得到了较好的保障。据陈桂琛等(2008)统计,流域内现有种子植物52科174属445种；野生动物235种,其中鸟类189种、哺乳类41种、两栖类2种、爬行类3种。野生动物中,有国家一级保护动物8种,国家二级保护动物29种,青藏高原特有种10种。珍稀濒危物种、国家一级保护动物普氏原羚目前数量已不足300只,而且由于围栏、筑路等人类活动加剧,适宜其生存的野生环境范围正在不断缩小,仅靠人为保护和养殖对普氏原羚提供生存和繁殖环境。此外,盘羊、岩羊数量很少,雪豹似乎已经绝迹；藏雪鸡和高山雪鸡已不常见;大型草原动物野牦牛、藏原羚、藏野驴、白唇鹿、马鹿、棕熊等几乎已经消失,狼和喜马拉雅旱獭已不多见;高山灌丛动物马麝的种群数量已经很难恢复;青海湖鸟岛已成为半岛,致使大量鸟类迁徙,鸟岛数十万只鸟儿云集的壮观景象业已成为历史。相反,由于草原鼠兔和高原鼢鼠过度繁殖,成为草原动物优势种,造成草地的退化,致使植物生物多样性受到影响。总之,随着人类活动加剧,适宜生境逐年减少和破碎化,流域野生动植物资源减少、生物多样性降低的趋势还将持续。

青海湖流域生态环境的恶化,已经引起了党中央、国务院的高度重视,青海省各级政府近年来也加强了对流域及其周边生态环境的保护和治理力度,先后在青海湖流域实施了人工增雨、人工种草、草地围栏、湖滨湿地修复、工程固沙、天然林保护、退耕还草、建立国家自然保护区等措施,有效地抑制了生态环境的退化,已取得了初步成效,对流域生态环境的可持续发展提供了一定的政策和技术支持。

第2章 青海湖体水环境敏感参数遥感定量反演关键技术

青海湖区诸河水的 pH 值在 8.17～8.89,呈弱碱性,绝大部分河水的相对密度低于 1,其矿化度均低于 1 g/L,平均矿化度为 318.5 mg/L。另外,在湖西北河源地区分布 10 多个淡水湖。青海湖流域年总输沙量约为 4.98×10^5 t,其中布哈河输沙量约 3.55×10^5 t,占总输沙量的 70%。青海湖虽然是内陆水体,但是水质良好,且为咸水湖,因此针对青海湖水体反射率的获取可以参考一类水体的反射率反演方法。而青海湖周边有河流入库,同时湖东岸有沙岛,因此对青海湖径流入湖处的水质监测及土壤沙化对水质的影响可以用遥感方法来反演。

反映青海湖水质的生态环境敏感参数,如叶绿素 a 浓度、悬浮物浓度、水体透明度等,可利用 Radarset 2 卫星数据,Landsat-TM 影像反演青海湖水质情况,从而获得水体参数遥感监测结果。

2.1 雷达数据的湖水面积遥感监测技术

2.1.1 野外试验及数据处理

青海湖水面试验初步设计了 21 个采样点,其分布情况如图 2.1 所示。鉴于青海湖的水质状况良好,没有明显的污染区,因此点位的总体设计是以均匀分布为原则,除图中所示 3 个标记区域外,点与点之间直线距离均大于 9 km。需要指出的是,图中 1 区和 2 区分别处于布哈河和沙柳河的河口,受人为作业的影响较多,水中可能携带较多上游杂质,故点位设置相对比较密集;3 区为沙岛,初步判断该处水质悬浮物含量可能较高,采用加密点位进行监测。

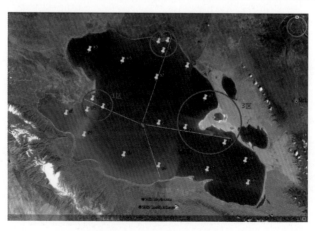

图 2.1 青海湖采样点设计分布图(图片源自 Google Earth)

2.1.2 数据获取

试验采用水表面以上测量法对近岸海域水体光谱进行测量,以获取必要水体表观光学参量。水体光谱测量流程如图2.2所示。

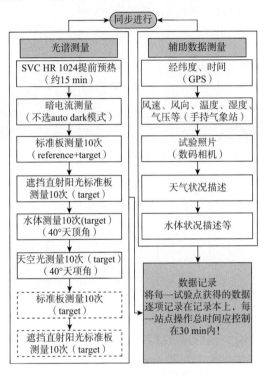

图2.2 水体光谱测量流程

2.1.3 光谱数据处理与分析

对所获取的各种数据归档整理,分别提取湖水水体离水辐亮度信息、遥感反射率、归一化离水辐亮度等,图2.3所示为数据处理流程。其中监测站位的太阳高度角和方位角可综合利用日期、时间、经纬度等信息求得。

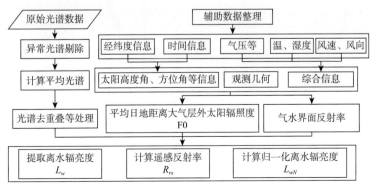

图2.3 数据处理流程

按照上述处理流程分别计算了标准灰板的漫射辐亮度(图2.4)、遮挡太阳直射标准灰板的漫射辐亮度(图2.5)、青海湖水体总辐亮度(图2.6)、天空光辐亮度(图2.7)、天空光经过气水界面反射的辐亮度,并在此基础上提取了湖水离水辐亮度(图2.8)。

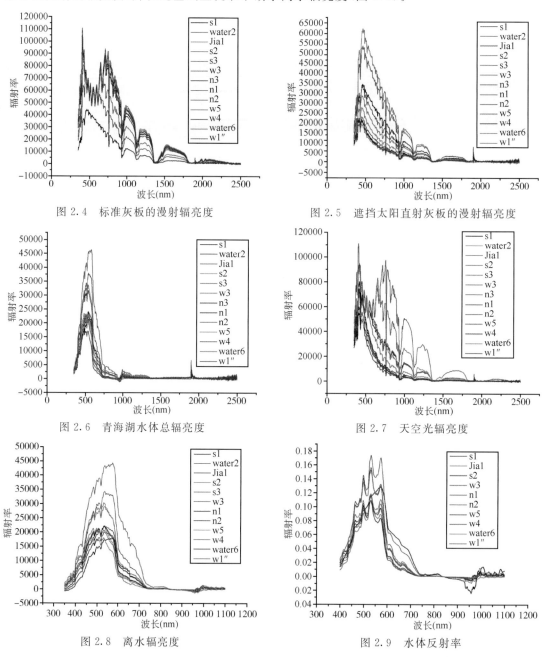

图2.4 标准灰板的漫射辐亮度　　　　图2.5 遮挡太阳直射灰板的漫射辐亮度

图2.6 青海湖水体总辐亮度　　　　图2.7 天空光辐亮度

图2.8 离水辐亮度　　　　图2.9 水体反射率

由图2.9的水体光谱曲线可以看出,试验尽管分为2天进行,但水体反射率的特征变化并不存在明显差异。

第 2 章　青海湖体水环境敏感参数遥感定量反演关键技术

2.1.4　水体反射率反演

水体遥感反射率计算是水质遥感监测的基础,水质参数(如叶绿素 a、悬浮物等)遥感监测通常以遥感反射率作为输入,它是水色遥感中最常用水体表观光学量(AOPs),是随入射光场(如下行辐照度 E_d、上行辐照度 E_u、离水辐亮度 L_w、遥感反射率 R_{rs}、辐照度比 R 以及这些量的漫衰减系数等)变化而变化的水体光学参数。

水体遥感反射率 $R_{rs}(\lambda)$ 定义为:

$$R_{rs}(\lambda) = L_w(\lambda)/E_d(0+,\lambda) \tag{2-1}$$

式中:L_w 是离水辐亮度,$E_d(0+,\lambda)$ 为刚好位于水面上方的向下辐照度。

2.1.4.1　反演方法

(1)地面光谱测量获取水体遥感反射率

由上述遥感反射率的定义可知,获取遥感反射率需要获得离水辐亮度 L_w 和刚好位于水面上方的向下辐照度 $E_d(0+,\lambda)$,这两个参数可以通过以下测量方法获得。

① L_w 的获取

按照一定的观测角度,并避开太阳直射反射和水面白帽的影响获得的水体光谱信息是总光谱辐亮度信息,其中包括了天空漫散射光的信息,须去除天空漫散射光得到离水辐亮度信息,公式表示为:

$$L_{sw} = L_w + rL_{sky} \tag{2-2}$$

式中:L_{sw} 为总光谱辐亮度信息;L_w 为离水辐亮度;L_{sky} 为天空漫散射光辐亮度;r 为气—水界面对天空光的反射率,取决于太阳位置、观测几何、风速、风向或水面粗糙度等因素。在一定的观测几何条件下,平静水面取 $r=0.022$,在 5 m/s 左右风速的情况下取 $r=0.025$,在 10 m/s 左右风速的情况下取 $r=0.026\sim 0.028$(唐军武等,2004)。

② $E_d(0+,\lambda)$ 的获取

$E_d(0+)$ 为水面总入射辐照度,通过测量标准灰板的反射得到,公式如下:

$$E_d(0+) = L_p \times \pi/\rho_p \tag{2-3}$$

式中:L_p 为标准灰板的辐亮度;ρ_p 为标准灰板的反射率,选用的是经过严格定标的 30% 的灰板。

(2)基于多光谱数据的遥感反射率反演(水色遥感大气校正)方法

在进行水色遥感数据的大气校正算法研究时,必须考虑到带有水体信息的离水辐亮度在遥感器接收到的总信号中一般不足 10%,而水体辐亮度反演的绝对误差为 5%(一类水体)和 15%(针对我国的二类水体)。水体大气校正的难点之一在于从大信号中提取小信号,难点之二是所采用的算法必须是稳定的"业务化算法",即大气校正算法看作是遥感器性能的延伸,要求能对遥感器和算法进行统一的替代定标。

目前可用的大气校正模型很多,但针对水色遥感且对业务化支持最好的是 Gordon 方法,并且青海湖属于清洁的内陆二类水体,因此,只需考虑环境一号卫星 CCD、Landsat 卫星等陆地遥感器对于水体其信噪较差而引起的误差,来对 Gordon 算法进行改进。

针对常用多光谱数据(HJ-1A/1B 及 Landsat)的载荷特征,借助大气辐射传输模型 6S,以

气溶胶光学厚度为输入,建立遥感反射率反演(水体大气校正)模型。

根据辐射传输公式,计算水色遥感器接收总信号 L_t(Gordon et al.,1994;Gordon,1997;唐军武等,1998):

$$L_t = L_{path} + TL_g + tL_{sky} + tL_w \tag{2-4}$$

式中:L_{path} 为大气程辐射,L_g 为太阳直射反射(耀斑),T 为大气直射透过率,L_{sky} 为天空光在水面的反射,L_w 为离水辐亮度,t 为大气漫射透过率。

基于大气辐射传输模型计算得到大气程辐射、天空光水面反射、漫射透过率;在避开太阳直射反射、忽略或避开水面泡沫的情况下,L_g 值可以视为 0,则离水辐亮度 L_w 为:

$$L_w = (L_t - L_{path} - tL_{sky})/t \tag{2-5}$$

基于大气辐射传输模型计算得到下行辐照度 E_d,将 L_w 和 E_d 带入下面遥感反射率计算公式,计算遥感反射率 R_{rs}:

$$R_{rs} = L_w/E_d \tag{2-6}$$

2.1.4.2 技术流程

反演流程如图 2.10 所示。

首先是大气辐射传输参数计算:利用大气辐射传输模型,以遥感影像相关参数和气溶胶光学厚度为输入参数,计算得到大气辐射传输参数。

其次是离水辐亮度图像计算:将大气层顶辐亮度图像和大气辐射传输参数带入离水辐射计算公式,得到离水辐亮度图像。

最后是遥感反射率图像计算:将离水辐亮度图像和大气辐射传输参数带入遥感反射率计算公式,得到遥感反射率图像。

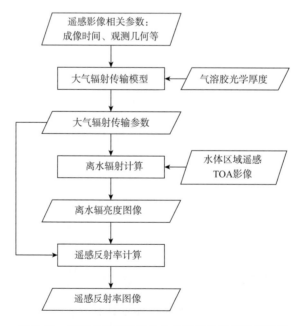

图 2.10 基于多光谱数据的水体遥感反射率反演流程

2.2 青海湖叶绿素 a 反演模型

2.2.1 基于实测数据的青海湖叶绿素 a 反演

在波长 400~500 nm 波段范围内,由于叶绿素 a 在蓝紫光波段的吸收峰及黄色物质在该范围的强烈吸收作用,水体反射率较低。由藻类色素所引起的波长 530 nm 附近反射峰较明显,该反射峰是由于藻类叶绿素和胡萝卜素弱吸收和细胞的散射作用所形成的。波长 700 nm 附近的反射峰是水体藻类最显著的光谱特征,在水体反射光谱曲线上,该峰值存在与否通常是判断水体是否含有藻类叶绿素的依据,反射峰的位置和高度是叶绿素 a 浓度的指示。多数学者认为这是由于叶绿素 a 的荧光作用产生的。而青海湖实测光谱中,波长 700 nm 附近存在微弱的反射峰,反映水体藻类浓度较低,这与青海湖水体为较为洁净的二类水体、藻类含量有限这一水体特征吻合。同时,波长 630 nm 处有微弱的反射谷,由于藻蓝素的吸收峰在波长 624 nm 处,因此该处附近出现反射率谷值。依据青海省环境监测中心站检测的同步采集水样,青海湖水体的叶绿素 a 浓度含量在 0.0412~1.8788 mg/m³ 范围内,浓度较低,符合光谱分析结果。波长 810 nm 附近的小反射峰为水体悬浮无机质存在的重要光谱特征,实测光谱中该处反射峰存在,但极为微弱,表示水体悬浮无机质颗粒较少,这也与青海湖洁净二类水质的实际情况吻合。波长 925 nm 以后的水体遥感反射率主要受系统定标数据的影响,误差较大,一般不用于分析反演。

考虑到光谱测量时外界因素对测量数据的影响,先对每条反射率曲线做归一化处理,再计算归一化反射率与叶绿素 a 浓度的线性相关系数,如图 2.11 所示。

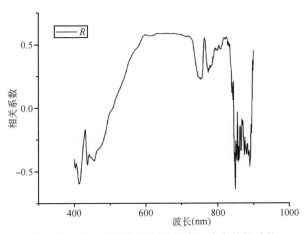

图 2.11 归一化反射率与叶绿素 a 浓度的相关性

(1) 单波段算法

由相关性分析得出,叶绿素 a 浓度与归一化反射率在波长 600~750 nm 范围内有较好的相关性,但总体上单波段反射率与叶绿素 a 浓度的相关系数较小。其中,波长 601 nm 处单波段反射率与叶绿素 a 的相关系数最大,在 0.05 检验水平下显著相关(图 2.12)。其反演模型为:

$$y = 42.162x + 0.263 \quad (n = 7) \tag{2-7}$$

式中：x 为波长 601 nm 处单波段水体反射率，单位为 sr^{-1}；y 为叶绿素 a 浓度，单位 mg/m^3。样本数量为 7，$R^2 = 0.347$。

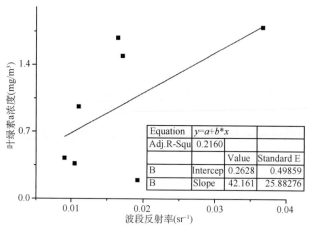

图 2.12　单波段估测水体叶绿素 a 浓度（波长 601 nm）

（2）波段比值算法

波段比值法可以通过扩大叶绿素吸收峰与反射峰或荧光峰之间的差异，提取叶绿素浓度信息。本书在分析青海湖水体反射光谱特征的基础上，选择叶绿素的反射峰 531 nm 和吸收峰 605 nm 做波段反射率比值，再与叶绿素 a 浓度做回归分析，其散点图如图 2.13 所示。其反演模型为：

$$y = 8.006x - 1.32 \quad (n = 7) \tag{2-8}$$

式中：x 为波长 605 nm 与 531 nm 波段水体反射率比值；y 为叶绿素 a 浓度，单位 mg/m^3。样本数量为 7，$R^2 = 0.605$。

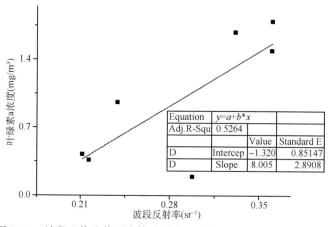

图 2.13　波段比值法估测水体叶绿素 a 浓度（波长 605 nm/531 nm）

（3）单波段微分法

一阶微分处理可以去除部分线性或接近线性的背景、噪声光谱对目标光谱的影响。由于光谱仪采集的是离散型数据，光谱数据的一阶微分可以用下面的公式近似计算：

第 2 章 青海湖体水环境敏感参数遥感定量反演关键技术

$$R(\lambda_i)' = \frac{R(\lambda_{i+1}) - R(\lambda_{i-1})}{\lambda_{i+1} - \lambda_{i-1}} \tag{2-9}$$

式中：λ_{i+1}、λ_i 和 λ_{i-1} 为相邻波长，$R(\lambda_i)'$ 为波长 λ_i 的一阶微分反射光谱。由该式计算的一阶微分光谱与叶绿素的相关分析如图 2.14 所示。

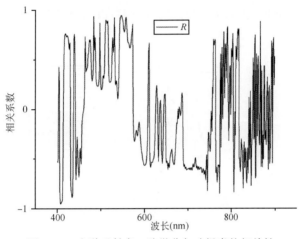

图 2.14 光谱反射率一阶微分与叶绿素的相关性

微分光谱能够敏感反映光谱变化信息，消除线性的背景干扰信息。但若反射率光谱变化很小，微分处理作为高通滤波器，滤掉了平滑信号而放大了噪声。因此从图 2.14 水体光谱反射率曲线可知，波长 750 nm 以后的微分光谱主要是噪声信号。

选取 547 nm 波长的微分光谱数据与叶绿素 a 浓度做单波段回归分析（图 2.15），其结果如下式：

$$y = 2297.5x + 2.842 \quad (n = 7) \tag{2-10}$$

式中：x 为 547 nm 处单波段水体反射率一阶微分值；y 为叶绿素 a 浓度，单位 mg/m³。样本数量为 7，$R^2 = 0.899$。

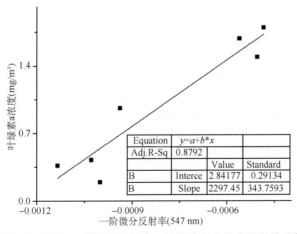

图 2.15 547 nm 单波段反射率一阶微分与叶绿素的相关系数

2.2.2 基于多光谱遥感数据的叶绿素 a 反演模型

考虑到青海湖面积及观测精度需要,研究采用 30 m 空间分辨率 Landsat 遥感影像反演青海湖水质情况。由于 Landsat-ETM 的数据质量较差,有明显条带,难以去除,因此,研究采用 Landsat-TM 数据(图 2.16,表 2.1)。

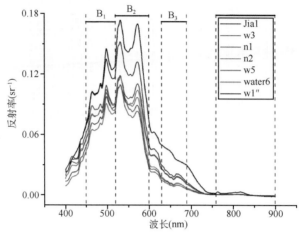

图 2.16　Landsat-TM 波段分布范围(图中黑线部分)

表 2.1　Landsat-TM 各波段参数

波段号	波段	频谱范围(nm)	分辨率(m)
B_1	Blue	450～520	30
B_2	Green	520～600	30
B_3	Red	630～690	30
B_4	Near IR	760～900	30
B_5	SW IR	1550～1750	30
B_6	LW IR	1040～1250	30
B_7	SW IR	2080～2350	30

考虑到光谱范围,研究主要使用 $B_1 \sim B_4$ 四个波段。按照每个波段的波段范围,获取每个波段平均反射率值,进而计算每个波段平均反射率与叶绿素 a 浓度的线性相关系数。其中,波段 3 的单波段反射率与叶绿素 a 的相关系数最大,在 0.05 检验水平下显著相关(图 2.17)。其反演模型为:

$$y = 40.003x + 0.248 \quad (n=7) \tag{2-11}$$

式中: x 为 Landsat-TM 波段 3 单波段水体反射率,单位为 sr^{-1}; y 为叶绿素 a 的浓度,单位 mg/m^3。样本数量为 7, $R^2=0.345$。

第 2 章 青海湖体水环境敏感参数遥感定量反演关键技术

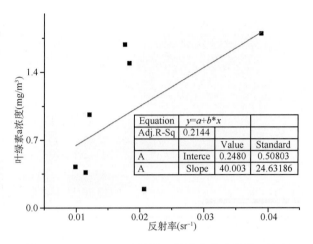

图 2.17　Landsat-TM 波段 3 估测水体叶绿素 a 浓度

本书在分析青海湖水体反射光谱特征的基础上,选择叶绿素的反射峰波段 2、波段 1 和波段 3 做波段反射率比值,再与叶绿素 a 浓度做回归分析。其中,波段 2 与波段 1 的反射率比值与叶绿素 a 浓度相关性较好,R^2 为 0.77;高于波段 2 与波段 3 的反射率比值与叶绿素 a 浓度相关(R^2 为 0.538)。波段 2 与波段 1 的反射率比值与叶绿素 a 浓度的散点图如图 2.18 所示。

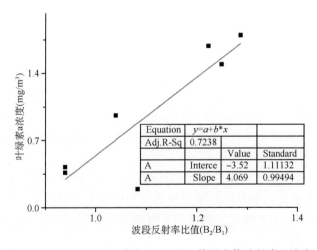

图 2.18　Landsat-TM 波段比(B_2/B_1)估测水体叶绿素 a 浓度

其反演模型为:
$$y = 4.069x - 3.525 \quad (n = 7) \tag{2-12}$$

式中:x 为 Landsat-TM 波段 2 与波段 1 水体反射率比值;y 为叶绿素 a 的浓度,单位 mg/m³。样本数量为 7,$R^2=0.77$。

图 2.19 是 2013 年 9 月 23 日青海湖水体叶绿素反演结果。

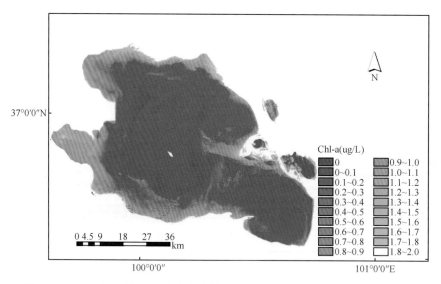

图 2.19　2013 年 9 月 23 日青海湖水体叶绿素反演结果（Landsat 8 OLI 数据）

2.3　基于多光谱数据的青海湖悬浮物浓度反演模型

水体中悬浮物浓度是最重要的水质参数之一，其含量的多少直接影响水体透明度、混浊度、水色等光学性质。青海湖水体属于清洁的内陆二类水体，更接近于沿岸水域水体特性，其悬浮物构成主要由环湖周边土地沙化的泥沙组成。

在可见光范围内，随着入射波长的增加，悬浮泥沙对遥感反射率的影响逐步增大。单波段的悬浮泥沙反演的相关系数随着入射波长的增加而增加。随着悬浮泥沙浓度的增加，且悬浮泥沙敏感波段向红光波段移动，遥感反射率在红外波段呈现出非零的状态。

在同样悬浮物浓度条件下，随着泥沙粒径的增加，遥感反射率逐步下降。不同粒径和类型的泥沙具有不同的遥感反射率曲线，其差异不但体现在反射能量的大小，也影响悬浮泥沙浓度光谱敏感区间。

目前用遥感卫星来进行水质的监测已经开展了许多的研究，总体可以归为三类：经验模型、物理模型和半经验模型。悬浮泥沙浓度反演模型主要为经验模型，主要包括线性关系、对数关系和多波段关系等。主要依据实测遥感反射率和悬浮泥沙浓度进行相关性统计分析，选取相关性较高的波段进行建模。

2.3.1　线性方法

Weisblati(1973)最早提出利用线性模型进行悬浮泥沙浓度的反演：

$$SSC = A + BRrs(\lambda) \tag{2-13}$$

式中：$Rrs(\lambda)$ 为波长为 λ 的遥感反射率，SSC 为水体悬浮泥沙浓度，A 和 B 是常数系数。线性模型只是近似模拟了悬浮泥沙浓度和遥感反射率之间的关系，精度较低。

2.3.2 对数方法

Klemas(1974)在研究了河口泥沙浓度与遥感反射率之间的关系后,提出基于对数形式的反演模型:

$$Rrs(\lambda) = A + B\ln(SSC) \tag{2-14}$$

式中:遥感反射率与悬浮泥沙浓度的对数呈线性关系。通过函数形式可以推出:遥感反射率不会随着悬浮泥沙浓度的增加无限增加,而是趋近于一个固定值。这样的表达形式更加符合实际的测量情况,也使之得到了广泛的应用。

2.3.3 多波段组合法

影响悬浮泥沙浓度和遥感反射率相关性的干扰因素在几个不同波段之间存在一定的关系,多波段组合法则是利用这一关系建立起来的。多波段组合的方法有助于消除这些干扰因素影响,其精度较单一的波段有着一定的提升,且适用性也大大提高。近年来,很多研究人员所建立的模型都是基于多波段组合形式,主要可以归纳为以下几种形式:

$$
\begin{aligned}
SSC &= A + \sum_{i=1}^{n} B_i Rrs(\lambda_i) \\
SSC &= A + \sum_{i=1}^{n} (B_i Rrs(\lambda)_i + C_i Rrs(\lambda_i)^2) \\
SSC &= A + B(Rrs(\lambda_1)/Rrs(\lambda_2)) \\
\ln SSC &= A + B(Rrs(\lambda_1)/Rrs(\lambda_2)) \\
SSC &= (Rrs(\lambda_1) - A)(Rrs(\lambda_2) - B)
\end{aligned}
\tag{2-15}
$$

对于青海湖而言,利用实测数据建模,建立的悬浮泥沙反演模型如下所示:

$$TSM = p_{00} + p_{10}x + p_{01}y + p_{20}x^2 + p_{11}xy + p_{02}y^2 \tag{2-16}$$

式中:TSM 为总悬浮物,p_{00}、p_{10}、p_{01}、p_{20}、p_{11}、p_{02} 分别为回归计算得出的经验系数,分别为:

$p_{00} = -1607 \in (-5274, 2060)$;$p_{10} = 1.099e^{+05} \in (-9.932e^{+04}, 3.191e^{+05})$;

$p_{01} = 2332 \in (-3190, 7854)$;$p_{20} = -1.331e^{+06} \in (-4.019e^{+06}, 1.358e^{+06})$;

$p_{11} = -8.515e^{+04} \in (-2.462e^{+05}, 7.588e^{+04})$;$p_{02} = -831.7 \in (-2904, 1241)$

式(2-16)中:$x = R_{rs}(555) + R_{rs}(645)$,$y = R_{rs}(488)/R_{rs}(555)$ 分别为遥感卫星中心波长为 488 nm、555 nm 和 645 nm 的三个波段的遥感反射率,计算的 $R^2 = 0.7235$。

2.3.4 反演结果

图 2.20 为 2013 年 9 月 23 日青海湖水体悬浮泥沙浓度反演结果。

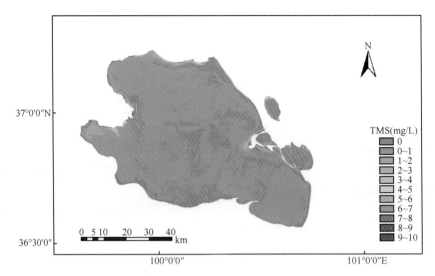

图 2.20 2013 年 9 月 23 日青海湖水体悬浮泥沙浓度反演结果(Landsat 8 OLI 数据)

2.4 基于多光谱数据的青海湖水体透明度反演模型

2.4.1 反演机理

透明度是指水的澄清程度,当存在悬浮物和胶体等物质时,水体透明度便降低。水体透明度是描述水体光学的一个重要参数,与光学衰减系数、漫射衰减系数之间存在密切关系,一般可利用透明度深度来估算真光层深度用于计算湖泊初级生产力;透明度与太阳辐射、湖水的理化性质、悬浮物组成与含量以及气象状况等也有着密切关系,它受到多种环境因素的影响。对透明度的监测在水环境监测、水生态环境评价及生态环境修复等方面都有重要的意义。现场测量水体透明度的方法包括铅字法和塞氏盘法。卫星遥感也是获得水体透明度的重要手段。

透明度的遥感提取模式从反演途径上又可分为直接遥感反演算法和间接遥感反演算法。直接遥感反演算法是指利用遥感反演的离水辐亮度或遥感反射率直接获取透明度。间接遥感反演算法是指先由离水辐亮度反演水色要素浓度或水体的光学性质,进而反演得到透明度,是复合模型。例如,通过建立透明度与光学衰减系数或其他水质要素,如与悬浮物、叶绿素之间的关系,而使用遥感数据反演悬浮物、叶绿素,进而间接得到透明度的方法。

2.4.2 反演模型

对于青海湖而言,悬浮物浓度较低,因此由悬浮物浓度反演结果来间接建立透明度的统计关系,会将悬浮物浓度反演的误差带入模型,引起更大的反演误差。因此这里采用直接建立透明度和水体遥感反射率的关系,经过水体大气校正后,直接反演水体透明度。

基于实测数据建模,可得到如下反演模型:

$$Trans = -2E^{-05} \times (R_{rs}(Green) + R_{rs}(Red))^{-2} + 0.008 \times (R_{rs}(Green) + R_{rs}(Red))^{-1} + 1.7956 \tag{2-17}$$

式中：$R_{rs}(Green)$和$R_{rs}(Red)$表示550 nm和660 nm波段的遥感反射率，反演精度为$R^2=0.694$。

对于其他季节和时相的青海湖水体，基于遥感反射率数据和透明度同步观测数据，对上式进行修正后使用；如果没有同步观测数据，可以直接使用上式。

2.4.3 反演结果

基于多光谱数据的青海湖水体透明度反演采用Landsat 8 OLI影像数据，成像时间为2013年9月23日。青海湖水体透明度反演结果如图2.21所示。反演结果表明，水体透明度在整个湖体较为平均，总体平均为2.4 m。

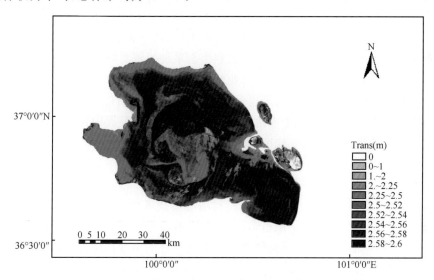

图2.21 2013年9月23日青海湖水体透明度反演结果（Landsat 8 OLI数据）

第3章　青海湖流域草地生态参量遥感定量反演

草地是一种重要的绿色植物资源，它占据着地球上森林与荒漠、冰原之间广阔的中间地带，覆盖着地球上许多不能生长森林或不宜垦殖的生态环境较为严酷的地区。草地的这种中间生态地位使其在地球环境与生物多样性保护方面具有极其重要和不可替代的作用。我国草地面积约为 435 万 km^2，其中有 70% 以上分布在西部。在我国西部特别是西北地区，草地面积与分布范围远远大于其他植被类型，在西部大开发战略中具有特殊意义和地位。草地对于维护陆地生态平衡和全球物质循环，尤其对于维持干旱、高寒和生境严酷地区自然生态系统格局和功能起着重要作用。同时，天然草地是农业生态系统的重要组成部分，是建立可持续农业的重要资源。随着生态农业和持续、高效农业的进一步发展，草地在农业系统中的作用更加显著。我国天然草地集中分布区同时大多也是少数民族集中居住区，经济相对落后。草地是这些地区的主要自然资源，是长期以来当地少数民族赖以生存和发展的物质基础，依靠草地发展起来的畜牧业是当地国民经济的支柱产业。加强草地生态保护与建设，对于促进少数民族地区经济繁荣和社会进步，实现国民经济持续发展和巩固安定团结的政治局面具有深远意义。

遥感技术具有宏观、快速、经济、信息量丰富的特点，可为草地监测和管理提供重要的信息源，是实现草业现代化必不可少的应用技术。利用遥感技术可建立草地资源遥感动态监测模型，模拟计算草地资源产草量、理论载畜量、季节牧场载畜量和草地生长动态，分析草地资源退化数量和空间分布，从而为草地资源持续监测及退化草地的治理提供科学依据，提高草地资源规划的精度和管理水平。

3.1　草地类型多尺度遥感分类技术研究

3.1.1　草地类型多尺度遥感分类技术的国内外研究现状

草地类型的划分是草地学中的一项基础工作，它不仅是人们认识和研究草地资源的重要技术手段，同时也是人们科学地开发、合理地利用、有效地保护和培育草地的理论基础。因此，研究草地类型划分的问题，不论在理论上还是在实践中都具有非常重要的意义。

传统的草地分类手段主要采用实地调查法。该方法调查面积小、周期长、成本高、耗时耗力，尤其不适宜大范围和难以抵达地区的调查，而且容易产生以点代面的情况。卫星遥感数据用于大尺度植被分类及变化研究的优越性主要表现在三个方面：①卫星遥感数据提供了地表覆盖的概貌，因此可以作为建立地表覆盖数据库的基础；②卫星遥感数据提供了植被的许多特征信息，如季节性信息、植被光合能力的信息等；③该数据可以进行长时间的积累，因此还可以提供植被覆盖变化的信息。由于具有重访周期短、空间分辨率较高、数据易获取等优点。因此，草地类型利用遥感分类可以全面、快速掌握草地的各种信息，使得在更大空间尺度范围内研究草地类型及其变化成为可能，对草地资源的保护、利用和畜牧业的发展具有重要意义。

高光谱遥感数据以其高光谱分辨率及丰富的光谱信息特征，在对草地退化监测方面大大优于常规多光谱遥感，能对草地退化做微弱光谱差异的定量分析，以及草地退化植被群落特征参数的估算和草地退化杂草类入侵进行遥感监测。目前，基于草地光谱特征的遥感分类技术是草地类型遥感分类的主要实现手段之一，通过利用草地植被所携带的丰富的光谱信息进行目标地物的识别和提取。Schimidt(2001)在实验室内用光谱仪测量了 8 类牧草的光谱反射率，发现不同草地类型反射率存在明显差异，这种差异为利用遥感数据区分草地提供了依据。范燕敏等(2006)利用 GER1500 地物光谱仪测定新疆部分天然草地的光谱数据并进行了分析。钱育蓉等(2009)以高羊茅牧草为材料，实测了高羊茅冠层的高光谱反射率与光合色素含量的数据，对二者进行了相关分析。李建龙等(1997)、黄敬峰等(1999)于 1992—1994 年在新疆乌鲁木齐、阜康和阿勒泰试验区，利用试验区牧草产量资料和 NOAA/AVHRR 的光谱资料，进行了天然牧草产量与草地类型的光谱监测研究。钱育蓉等(2013)以新疆阜康地区的典型荒漠植被为对象，从野外地物光谱仪采集的高光谱谱线中，提取了典型荒漠植被的高光谱特征，分析了荒漠植被的红边、绿峰等特征。草地季节动态监测对于揭示草地变化规律，阐述草地生态系统结构与环境的意义，科学合理利用，保护草地资源以及维持草地畜牧业的可持续发展具有重要意义。张风丽(2005)以环青海湖典型人工草地和天然草地为例，研究了草地光谱随时间变化规律及草地多时相光谱信息的应用方法。王艳荣(1997)利用 RS-II 型便携式光谱仪对内蒙古锡林郭勒草原的草甸草原、典型草原及荒漠化草原进行了光谱和群落学测量，分析了反射光谱特征对不同草地类型区分的效果。植被高光谱遥感还涉及植被生化成分的估测、植被生态学评价等。不同植被类型由于组织结构、季相和生态条件不同而具有不同的光谱特征、形态特征和生态环境特征等。杨可明等(2006)根据植被冠层特征开展了植被高光谱特征提取及其病害信息的提取，刘良云等(2004)利用多时相的航空高光谱数据研究了冬小麦的条锈病。邓自旺等(2005)获得了 198 个蝗虫密度样本资料，建立了一个环青海湖地区草地蝗虫发生分布的遥感监测模型。

目前，利用卫星和航空遥感图像数据进行草地资源分类和制图、草地第一性生产力的评估与管理、草地动态监测的研究比较普遍。如 Bennouna 等(2000)以 SPOT 影像为信息源，结合实测数据对干旱区草地类型的划分进行了研究，采用最大似然法监督分类，提高了草地分类精度。王鹏新等(2002)采用非监督分类的方法研究了内蒙古锡林郭勒不同时期典型干草原草地的退化与恢复特征。Pickup(1995)提出了依草地产率及消耗率来监测评估草地退化的方法。高光谱遥感数据，除了能够用于对植被的分类，还可以对植物的化学成分及植物的长势做出评估，对草地信息进行更加准确的估测。Moses 等(2007)运用 PLS、NDVI、红边位置三种参量对高光谱数据进行生物量的估算，发现会产生较大的偏差。Onisimo 等(2004)针对这一问题，通过对光谱曲线的连续统去除后，对生物量进行估算，精度有大幅的提升。

关于草地类型的遥感分类，目前出现的研究热点主要有利于支持向量机的遥感图像分类法、利用辅助数据的高分辨率遥感数据分类研究、基于神经网路法的遥感图像分类方法、利于核光谱角余弦的高光谱遥感图像分类法。朱海涛等(2013)构建了基于多特征的面向对象决策树分类方法，对半干旱地区遥感影像进行分类，周伟等(2012)利用 TM 和 ETM＋全色波段融合图像的纹理特征对天山北坡的草地进行监督分类。王晓爽(2011)以 MODIS 数据为信息源,结合积温、降水等多源信息数据,采用专家分类器结合光谱角分类方法实现了研究区草地类型的划分。赵连春等(2006)利用数字高程模型,采用 ETM 影像对青海省三角城种羊场草地进行了分类。张超等(2010)以西藏主要类型灌木林为对象,基于 ASTER 数据、ETM 数据及 DEM 数据,应用非监督分类、监督分类、基于空间分布特征的辅助分类和基于光谱特征再分类 4 种方法对灌木林类型进行了遥感识别。

混合像元分解在植被覆盖遥感、土地利用及变化监测等方面都有较大进展。利用混合像元分解的组分值可以建立植被指数,进行生物量估计。利用混合像元分解模型对地表覆盖进行了有效的分类和变化检测。通常情况下,一幅遥感影像经过混合像元分解后,遥感影像的分类识别精度会得到大幅提高。

马尔可夫随机场理论作为一种引入图像空间信息的先验模型,已经广泛应用于贝叶斯图像分割中。郑伟等(2008)针对遥感图像分割中某些像素分类的不确定性,将模糊方法和 MRF 相结合,应用于合成雷达图像(SAR),从而使其能更准确地区分图像中的不同类。魏立飞等(2011)引入基于马尔可夫随机场模型的影像变化检测技术,有效提高了变化检测的精度。彭玲等(2004)采用基于小波域隐马尔可夫树模型(HMT)对纹理进行分析,采用最大似然法对图像进行分类。

综上所述,目前关于草地类型遥感分类的研究从最早的多光谱遥感为主,向高光谱遥感发展,草地遥感分类方法从开始的最大似然监督分类方法、非监督分类方法,发展到基于知识的神经网络分类方法、决策树分类方法、支持向量机分类方法、面向对象的遥感图像分类等新的分类方法。草地类型的识别从最初的草地大类的划分向草地精细分类发展。

3.1.2 青海湖流域草地遥感分类体系构建

2012 年 9 月在整个青海湖环湖区域进行了一次草场类型调查,利用地物光谱仪采集了 17 种草地类型的地面光谱数据,并用 GPS 记录了各种草地类型的经纬度数据。根据调查结果,最终在青海湖环湖地区确定了 11 种典型草场并建立了相应的观测站点(表 3.1),测点分布如图 3.1 所示。

表 3.1 实验测点类型

测点名称	主要植被	草地类型
测点 1	紫花针茅+苔草	高寒草原
测点 2	嵩草(伴生黄花+狼毒)	高寒草甸
测点 3	西北针茅(伴生黄花+狼毒)	高寒草原
测点 4	狼毒(伴生苔草+紫花针茅)	荒漠化草甸
测点 5	嵩草+马蔺(湿地)	沼泽草甸
测点 6	芨芨草	温性草原
测点 7	固沙草	温性草原
测点 8	沙棘	河谷灌丛
测点 9	针茅+赖草+洽草+嵩草	高寒草原
测点 10	嵩草(伴生蕨草+洽草+早熟禾+狼毒)	高寒草甸
测点 11	金露梅(伴生锦鸡儿+红柳+嵩草)	高寒灌丛

第 3 章　青海湖流域草地生态参量遥感定量反演

图 3.1　各测点分布图(图片源自 Google Earth)

从 2013 年 6 月份开始,以旬为时间单位进行固定测点草地光谱参数和相应品质参数的同步采集(表 3.2)。由于实验测点分布在整个环湖区域,一次完整的实验通常分 2～3 天完成。实验一般以 10 天为周期,选择晴朗无云、静风天气进行,若遇天气状况不好,则在前后 5 天内浮动,超过 5 天则越过该次实验,最终共完成了 5 次地面固定测点的草地光谱采集实验。在光谱采集过程中,光谱仪仪器探头垂直向下,与草地冠层和参考白板的距离保持一致,约 50 cm 左右。为了减小随机误差,在每个测点范围内均选择 3 个子区,在每个子区内分别随机采集 9 条光谱,取平均值作为该子区的反射率光谱。为减少大气变化的影响,牧草与参考白板的光谱采集交替进行,每对牧草观测 3 次就重新测量白板的光谱。光谱测量时间控制在 10—16 时。

表 3.2　地面实验所对应的日期及实验目的

实验次数	实验日期	测点个数	实验目的	光谱仪型号
1	2012 年 9 月 3—4 日	17	环湖地区草场类型调查	ASD
2	2013 年 7 月 10—19 日	11	草地时序光谱采集	GER
3	2013 年 7 月 23—29 日	11	草地时序光谱采集	GER
4	2013 年 8 月 12—13 日	11	草地时序光谱采集	GER
5	2013 年 8 月 29—31 日	24	草地品质参数分析	ASD
6	2014 年 6 月 16—17 日	11	草地时序光谱采集	GER
7	2014 年 7 月 03—14 日	11	草地时序光谱采集	GER
8	2014 年 8 月 28—29 日	55	草地品质参数分析	——

为了研究草地品质参量的遥感反演模型,于 2013 年 8 月下旬利用 HJ-1 卫星准同步采集了环湖区域 24 个草地样本的地面光谱数据,采用收割称重的方法获取了各个草地样本的地上生物量数据,并采用化学分析法获取了每个草地样本的主要营养指标参数(粗蛋白、粗脂肪和粗纤维)。另外,2014 年 8 月下旬又在整个环湖区域进行了一次草地地上生物量的采集试验,获得 55 个测点的草地地上生物量数据;此次试验主要是为了开展草地参数遥感反演模型研究,未测量地物光谱数据。

在上述试验中,地面固定测点时序光谱采集均采用的是美国 Geophysical & Environment Research 公司研制的 GER1500 地物光谱仪,而 2012 年地面调查和 2013 年的草地品质参数分析采用的是美国 ASD 公司的 FieldSpec3 野外便携式地物波谱仪,两种地物光谱仪的主要技术参数如图 3.2 所示。分别查找每次实验属于某类草地的所有光谱数据取平均作为该类草地该时相的反射光谱,最终获得的各个时相的草地光谱曲线如图 3.3～图 3.7 所示。

主要技术参数：
视场角　　　　25°
波长范围　　　350~2500 nm
光谱采样间隔　1 nm
波段数　　　　2151

FieldSpec3 地物光谱仪

主要技术参数：
视场角　　　　3×0.1°
波长范围　　　350~1050 nm
光谱采样间隔　1.5 nm
波段数　　　　512

GER1500 地物光谱仪

图 3.2　地物光谱仪主要技术指标

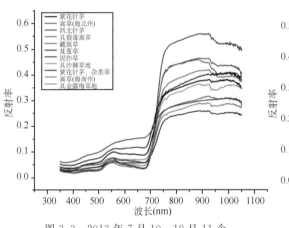

图 3.3　2013 年 7 月 10—19 日 11 个固定站点实测地面光谱

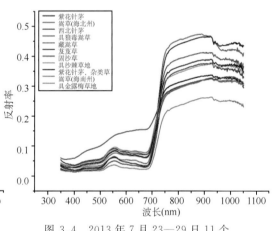

图 3.4　2013 年 7 月 23—29 日 11 个固定站点实测地面光谱

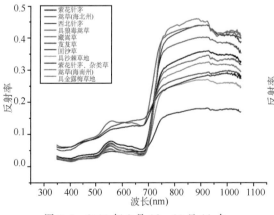

图 3.5　2013 年 8 月 12—13 日 11 个固定测点实测地面光谱

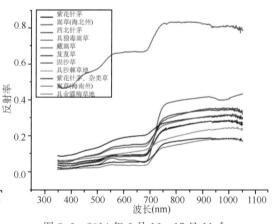

图 3.6　2014 年 6 月 16—17 日 11 个固定站点实测地面光谱

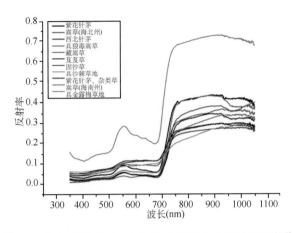

图 3.7　2014 年 7 月 3—4 日 11 个固定站点实测地面光谱

3.2 基于多源数据的青海湖流域草地多尺度精细分类技术

3.2.1 青海湖流域草地遥感分类体系构建

遥感图像草地类型解译依赖于草地色调、形态、覆盖度、生长环境,以及生长状态随季节变化规律的差异进行区分。在《青海省草地类型的划分》基础上,结合流域草地的多时相光谱特征及其在遥感图像的多维特征,制定了《青海湖流域草地遥感分类体系》。该遥感分类系统将青海湖流域草地划分出 5 大类、8 亚类、18 个草地型,基本涵盖了流域内的主要草地类型(表 3.3)。该方案已通过专家论证,可作为后续草地分类及草地监测的应用依据。

表 3.3　青海湖流域典型植被类型遥感分类体系

一级编码	一级分类	二级编码	二级分类	三级编码	三级分类	说明
1	草原	11	温性草原亚类	111	芨芨草草地型	含芨芨草、针茅型; 以芨芨草为主的草地类型
				112	西北针茅型	含克氏针茅、细叶苔草型,克氏针茅、矮生嵩草型; 以克氏针茅为主的草地
				113	青海固沙草、细叶苔草型	
		12	高寒草原亚类	121	紫花针茅型	含紫花针茅、早熟禾型,紫花针茅、杂类草型

续表

一级编码	一级分类	二级编码	二级分类	三级编码	三级分类	说明
2	草甸	21	高寒草甸亚类	211	嵩草型	含高山嵩草、矮生嵩草型；高山嵩草、异针茅型；线叶嵩草、早熟禾型；线叶嵩草、杂类草型；高山嵩草、圆穗蓼型
				212	具灌木的嵩草型	含具金露梅的嵩草、苔草型；具高山柳的苔草、嵩草型；具鬼箭锦鸡儿的嵩草型
				213	荒漠化草甸	具鼠害的嵩草草地型，具狼毒的嵩草草地型
		22	低地沼泽草甸亚类	221	赖草型	
				222	马蔺型	
				223	藏嵩草、苔草型	
				224	华扁穗草型	
3	高寒流石坡植被	31	高寒流石坡植被	311	红景天	
4	灌丛地	41	具河谷灌丛草地	411	沙棘	
		42	具高寒灌丛草地	421	金露梅/银露梅	
				422	红柳	
				423	锦鸡儿	
5	人工草地	51	人工草地	511	油菜	景观植被
				512	人工草	各种人工种植牧草：垂穗披碱、星星草等

3.2.2 基于地面实测光谱的草地分类潜力分析

光谱数据变换可以在一定程度上消除背景因素和突出目标特征，并且对分类效果有影响。将筛选后的 GER 波段数据用 $R=(r_1,r_2,\cdots,r_n), n=542$ 表示。本书所用的光谱变换方法主要包括以下几个。

① 对 R 的 3 点滑动平均，$ma(R)=\left(r_1,\dfrac{(r_1+r_2+r_3)}{3},\cdots,\dfrac{(r_{n-2}+r_{n-1}+r_n)}{3},r_n\right)$；

② 对 R 的一阶微分变换，$d(R)=\left(\dfrac{(r_3-r_1)}{\Delta\lambda},\dfrac{(r_4-r_2)}{\Delta\lambda},\cdots,\dfrac{(r_n-r_{n-2})}{\Delta\lambda}\right)$，$\Delta\lambda$ 为两倍原始波段宽度；

③ 对 R 的对数变换，$\log(R)=(\log(r_1),\log(r_2),\cdots,\log(r_n))$；

④ 对 R 的归一化变换，$N(R)=\left(\dfrac{nr_1}{\sum r_i},\dfrac{nr_2}{\sum r_i},\cdots,\dfrac{nr_n}{\sum r_i}\right)$，为防止变换结果太小，使用的各波段光谱的均值进行归一化；

⑤对 log(R)再进行一阶微分变换,d(log(R));
⑥对 N(R)的对数变换,log(N(R));
⑦对 N(R)的一阶微分变换,d(N(R))。

将 11 个固定测点草地型光谱按其所属的草地类进行归并,最终合并成:高寒草甸、高寒草原、温性草原、沼泽草甸、荒漠化草甸、具灌木草地 6 个草地类;对于每个草地类的光谱,随机选取一半光谱数据作为训练样本,剩余作为测试样本,测试样本识别率作为分类精度。对于草地光谱,经过上述 7 种光谱变换以后,分别采用欧式距离(Ou_D)、光谱角分类(SAM)、最大似然法(MLC)、支持向量机(SVM)这 4 种分类方法进行分类试验,结果如表 3.4 所示。

表 3.4 草地光谱分类结果

分类方法	日期(月日)	ma(R)	d(R)	log(R)	N(R)	d(log(R))	log(N(R))	d(N(R))
Ou_D	0616	0.456	0.596	0.579	0.526	0.684	0.456	0.544
	0703	0.515	0.333	0.439	0.439	0.439	0.53	0.53
	0710	0.476	0.49	0.601	0.434	0.629	0.441	0.434
	0729	0.432	0.39	0.475	0.347	0.661	0.339	0.339
	0812	0.408	0.395	0.49	0.435	0.524	0.49	0.49
SAM	0616	0.544	0.544	0.614	0.491	0.526	0.421	0.596
	0703	0.47	0.5	0.439	0.333	0.348	0.379	0.5
	0710	0.483	0.497	0.699	0.51	0.601	0.51	0.51
	0729	0.415	0.39	0.695	0.373	0.703	0.373	0.373
	0812	0.476	0.415	0.619	0.422	0.646	0.408	0.408
MLC	0616	0.846	0.808	0.442	0.846	0.519	0.769	0.75
	0703	0.684	0.789	0.333	0.754	0.404	0.807	0.825
	0710	0.868	0.814	0.682	0.806	0.612	0.853	0.86
	0729	0.644	0.712	0.587	0.692	0.567	0.673	0.692
	0812	0.91	0.94	0.677	0.872	0.586	0.895	0.902
SVM	0616	0.965	0.456	0.544	0.702	0.456	0.649	0.456
	0703	0.939	0.409	0.53	0.833	0.485	0.667	0.47
	0710	0.888	0.28	0.322	0.636	0.524	0.329	0.517
	0729	0.729	0.271	0.347	0.678	0.381	0.424	0.432
	0812	0.918	0.272	0.347	0.701	0.408	0.388	0.435

由分类结果可以看出:

①在所有分类方法中,支持向量机(SVM)和最大似然法(MLC)的分类精度明显优于光谱角(SAM)和欧式距离法(Ou_D)。而在所有光谱变换方法中,MLC 和 SVM 法采用平滑后光谱数据可以取得较好的分类精度;SAM 和 Ou_D 采用对数变换或对数一阶微分变换可以取得较好的分类精度。

②比较各个时相的分类结果可以看出(图 3.8),研究区内 6 类天然草地分类的最佳时相为 8 月中旬,分类精度最高达到 94%。而 6 月中旬至 7 月上旬的分类精度最高能达到 85% 左右。7 月下旬草地分类精度最差,最高精度仅能达到 71.2%,这主要是由于 7 月底各类草地生长茂盛,色彩差异较小,在光谱上较难区分。

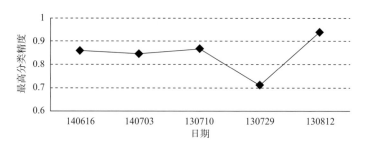

图 3.8 各个时相的最佳分类结果比较

3.2.3 基于 Landsat TM/HJ-1 CCD 遥感数据的青海湖流域的草地分类技术

植被的分布规律是水热状况综合作用的结果,而地形地貌特征可导致水热状况组合变化,从而影响植被分布。在高原地区,植被类型随地形地貌特征变化垂直分异明显,因此在高原地区的植被分类中地形因素是不可忽视的分类因素。另外,植被是一种季相变化规律比较明显的地物类型,利用单一时相难以区分的植被类型,将多个时相组合利用他们季相节律的差异可能很容易区分开来。因此,对于青海湖流域草地分类算法的研究将以遥感影像信息为主,并添加地形因子作为辅助特征,按分层分类的原则,由地域因子和光谱特征交叉灵活应用,进行植被类型的精细划分。

3.2.3.1 数据源及预处理

数据源主要包括以下几个方面。

①遥感数据。包括青海湖流域 2009/2010 年的 7、8 月份 TM 数据和 6 月份 HJ-1 CCD 数据。由于青海湖流域面积广阔,一般 TM 数据需 3~4 景进行拼接才能够覆盖整个流域范围,HJ-1 CCD 数据则只需 2 景进行拼接就可覆盖整个流域。每景遥感影像都进行相应的云掩膜,并将掩膜区域用邻近时相的无云像元代替。对遥感影像进行辐射定标和大气校正后,生成相应的地表反射率影像,然后对影像进行拼接处理。裁剪出相应数据源的流域影像后,对不同数据源之间进行配准,误差控制在 1 个像元以内。

②DEM 数据。选用 ASTER 30 m 分辨率 DEM 数据,裁剪出流域范围的图像,并与遥感数据进行几何配准。

③地面植被调查底图和植被样点 GPS 定位信息。采用 2008 年青海省植被类型图(1∶100 万)作为分类底图。另外,于 2012 年 9 月份在青海湖环湖地区进行了一次植被类型考察,用 GPS 记录了环湖地区主要植被类型的经纬度信息,GPS(Trimble Juno 3B)的定位精度达到1m,对于 30 m 空间分辨率的遥感影像来说,样点位置足够精确。

3.2.3.2 草地光谱和地形特征的统计分析

目前确定用于青海湖流域草地类型识别的光谱特征参数包括 8 月份 TM 影像的 1~5、7 波段反射率参数以及与植被生长状态密切相关的 3 个植被指数(由 8 月份 TM 影像提取得到)——归一化植被指数 NDVI(表达式:(TM4−TM3)/(TM4+TM3))、归一化湿度指数 NDMI(表达式:(TM2−TM4)/(TM2+TM4))和归一化水体指数 NDWI 值(表达式:(TM4−TM5)/(TM4+TM5))。地形辅助因子包括数字高程(DEM)和地形坡位指数(TPI),

第3章 青海湖流域草地生态参量遥感定量反演

主要考虑青海湖流域植被类型随地形高低变化有较为明显的分布规律,而地形坡位指数能够描述地形部位,确定研究目标点与其周围地形的位置关系,能够区分一些生长在特定地貌类型的植被类别(如沼泽草甸与高寒灌丛)。

将 DEM 数据和地形坡位数据与遥感图像复合,对所有训练样本的光谱特征参数和地形特征参数进行统计分析,得出各种植被类型的各个特征参数的最大值、最小值和均值,表 3.5 为各植被类型和两种非植被类型 TM 原始波段特征的统计结果,图 3.9 为各类别 NDVI、NDMI、NDWI、DEM 的统计结果,水体和裸地沙漠在流域的各个高程范围均有分布,因此未统计其 DEM 分布范围。为了避免选择训练区时同一地类直方图出现明显的多峰现象而降低分类精度,对于一些光谱特征有较明显差异的同一地类分别划分子类,如因沼泽草甸因湿度不同而颜色有深有浅,划分为沼泽草甸1(深)和沼泽草甸2(浅),高寒草甸因覆盖度不同,划分为高寒草甸1(较绿)和高寒草甸2(荒漠化),最终共划分为 12 类,待分类结束后再将子类归并。

表 3.5 各植被类型 TM 原始波段特征统计表

植被类型	统计值	Band 1	Band 2	Band 3	Band 4	Band 5	Band 6
高寒草甸1	最小值	0.0081	0.0388	0.0273	0.2582	0.1400	0.0634
	最大值	0.0694	0.1175	0.1235	0.5494	0.2932	0.2266
	均值	0.0229	0.0611	0.0465	0.3891	0.2068	0.0979
高寒草甸2	最小值	0.0366	0.0739	0.0718	0.2185	0.1918	0.1291
	最大值	0.1155	0.1879	0.2040	0.3849	0.3855	0.3303
	均值	0.0657	0.1158	0.1280	0.2730	0.2757	0.2084
沼泽草甸1	最小值	0.0030	0.0123	0.0119	0.0716	0.0085	0.0045
	最大值	0.0429	0.0737	0.0852	0.3098	0.1944	0.1073
	均值	0.0139	0.0352	0.0333	0.1608	0.0607	0.0311
沼泽草甸2	最小值	0.0041	0.0349	0.0301	0.1787	0.1061	0.0498
	最大值	0.1021	0.1396	0.1462	0.3582	0.2262	0.1602
	均值	0.0171	0.0484	0.0473	0.2249	0.1573	0.0815
高寒草原	最小值	0.0141	0.0384	0.0331	0.2187	0.1597	0.0770
	最大值	0.1529	0.2366	0.2671	0.4493	0.4265	0.3933
	均值	0.0563	0.0996	0.1080	0.2716	0.2817	0.2158
温性草原	最小值	0.0228	0.0550	0.0490	0.1916	0.1853	0.1095
	最大值	0.1437	0.2205	0.2532	0.4325	0.3867	0.3518
	均值	0.0665	0.1125	0.1252	0.2642	0.2826	0.2294
高寒灌丛	最小值	0.0012	0.0216	0.0181	0.1015	0.0721	0.0401
	最大值	0.0968	0.1532	0.1599	0.3826	0.2796	0.2248
	均值	0.0173	0.0432	0.0403	0.2041	0.1577	0.0901
河谷灌丛	最小值	0.0179	0.0517	0.0403	0.1624	0.1536	0.0797
	最大值	0.0750	0.1099	0.1134	0.3102	0.2407	0.1830
	均值	0.0370	0.0675	0.0679	0.2193	0.2056	0.1383
高寒流石坡植被	最小值	0.0134	0.0344	0.0374	0.0464	0.0569	0.0565
	最大值	0.1854	0.2559	0.2928	0.3694	0.5256	0.4460
	均值	0.0861	0.1335	0.1521	0.1921	0.2652	0.2451

续表

植被类型	统计值	Band 1	Band 2	Band 3	Band 4	Band 5	Band 6
农作物	最小值	0.0216	0.0738	0.0491	0.3707	0.0986	0.0407
	最大值	0.0476	0.1399	0.1152	0.5449	0.1727	0.0934
	均值	0.0311	0.0976	0.0701	0.4602	0.1290	0.0643
水	最小值	0.0108	0.0134	0.0013	0.0051	0.0010	0.0010
	最大值	0.0949	0.1048	0.0597	0.0535	0.0433	0.0411
	均值	0.0454	0.0466	0.0208	0.0218	0.0132	0.0134
裸地沙漠	最小值	0.0803	0.1291	0.1445	0.1673	0.2083	0.1690
	最大值	0.2313	0.2873	0.3219	0.3854	0.4988	0.5127
	均值	0.1257	0.2104	0.2478	0.2987	0.3903	0.3948

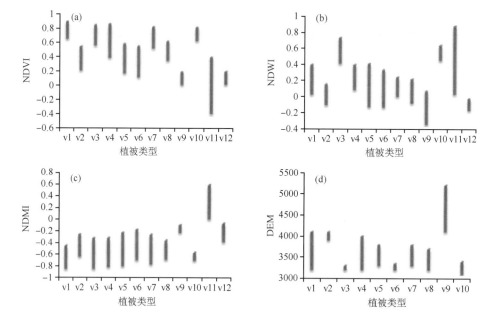

图 3.9　各植被类型 NDVI、NDWI、NDMI、DEM 的统计结果
(v1:高寒草甸 1;v2 高寒草甸 2;v3:沼泽草甸 1;v4:沼泽草甸 2;v5:高寒草原;v6:温性草原;
v7:高寒灌丛;v8:河谷灌丛;v9:高寒流石坡植被;v10:农作物;v11:水域;v12:裸地沙漠)

从上述统计资料可以发现：

①水体部分 NDMI 明显大于陆地部分，因此可以用 NDMI 值将水陆区分开。

②农作物和沼泽草甸 1 的归一化水体指数 NDWI 明显高于其他植被，因此可以用归一化水体指数 NDWI 将农作物、沼泽草甸 1 与其他植被分开。农作物在 TM4 近红外波段的最小值高于沼泽草甸 1 的最大值，因此可用 TM4 将农作物和沼泽草甸 1 区分开。

③按照 NDVI 分布范围将除农作物和沼泽草甸 1 之外的植被划分为三个区间，NDVI＞0.55 的植被包括沼泽草甸 2、高寒草甸 1 和高寒灌丛；0.55＞NDVI＞0.2 的植被包括河谷灌丛、高寒草甸 2、高寒草原和温性草原；NDVI＜0.2 的部分是沙漠裸地和高寒流石坡稀疏植被。

④高寒草甸 1 在 TM4 近红外波段的最小值大于高寒灌丛和沼泽草甸 2 的最大值，因此可

用 TM4 将高寒草甸 1 与高寒灌丛和沼泽草甸 2 区分开。高寒灌丛和沼泽草甸 2 分布的高程范围没有显著区别,但二者分布的地形位置不同,高寒灌丛主要分布于山地阴坡,而沼泽草甸分布于湖滨滩地及河流两侧的洼地,设置 TPI 分割阈值可将二者有效区分。

⑤河谷灌丛在 TM5 短波红外的值大于高寒草甸 2、高寒草原和温性草原,因此可以设置 TM5 分割阈值将河谷灌丛分离出来;高寒草甸 2 是荒漠化的草甸,主要分布在哈拉湖地区的滩地上,海拔 3900 m 以上,而高寒草原和温性草原海拔小于 3900 m,据此可以用 DEM 值将高寒草甸 2 与高寒草原和温性草原区分开。

⑥高寒草原在海拔 3300~3800 m 的范围都有分布,而温性草原主要分布在 3350 m 以下的湖滨滩地,因此可以判断在草原范围内,假如 DEM 大于 3350 m,必定是高寒草原;另外,由于高寒草原和温性草原发育形成的气候条件的差异,两种草地类型的物候期存在着显著差别,为了分析两种草原的时序变化规律,通过训练样本计算两种草原 6—9 月的 NDVI 值,由于 2009 年和 2010 年 6 月份均未检索到流域范围内云盖度小于 30% 的 TM 影像,所以用 6 月份样本的 NDVI 值从 2009 年相应时相的 HJ-1 CCD 影像提取,7—9 月份 NDVI 值从相应时相的 TM 影像提取。表 3.6、表 3.7 是两种草地类型 6—9 月 NDVI 值之间的相关系数值,可以看出两种草原 6 月份和 8 月份的 NDVI 值相关性最小,因此考虑利用这两个时相的差值来区分两种草原。统计结果表明,温性草原 8 月份与 6 月份 NDVI 差值的最小值大于高寒草原 8 月份与 6 月份 NDVI 差值的最大值,因此可通过 8 月份与 6 月份 NDVI 差值将高寒草原与温性草原区分开。

表 3.6 温性草原 6—9 月份 NDVI 值相关系数

	6 月	7 月	8 月	9 月
6 月	1.000	0.891	0.654	0.861
7 月	0.891	1.000	0.733	0.874
8 月	0.654	0.733	1.000	0.737
9 月	0.861	0.874	0.737	1.000

表 3.7 高寒草原 6—9 月份 NDVI 值相关系数

	6 月	7 月	8 月	9 月
6 月	1.000	0.165	0.102	0.224
7 月	0.165	1.000	0.736	0.740
8 月	0.102	0.736	1.000	0.670
9 月	0.224	0.740	0.670	1.000

3.2.3.3 基于多源特征的青海湖流域草地二级类分类模型构建

在具体分类时,运用上一步骤的统计分析结果和所选择的特征参数,采用阈值法按一定阈值范围、知识规则、设计分类树进行各植被类型的提取,如图 3.10 所示。其阈值的选取是经统计分析和不断试验而得到的经验值。

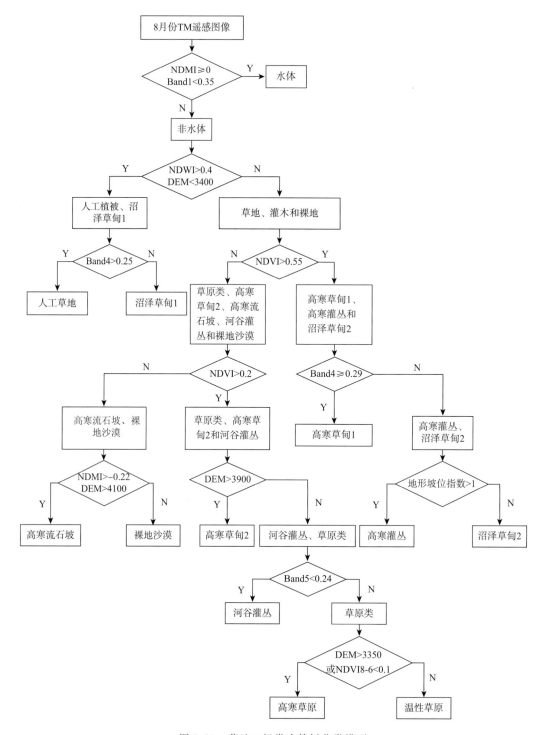

图 3.10 草地二级类决策树分类模型

利用上述决策树分类算法生成青海湖流域草地二级类的分类图(图 3.11),然后按照一级类别标准对相应的二级类分类结果进行类别合并,生成相应的植被一级分类成果图(图 3.12),最后利用验证样本对分类结果进行精度验证,计算分类混淆矩阵、分类总体误差和

Kappa 系数。

对基于地形辅助信息的多时相遥感决策树分类结果进行精度评价,结果见表 3.8 和表 3.9。从分类结果可以看出:一级类别的总体分类精度达到 96.75%,Kappa 系数达到 0.9563;二级类别的总体分类精度达到 88.45%,Kappa 系数达到 0.8638。证明该分类方法具有较好的分类能力和可行性。

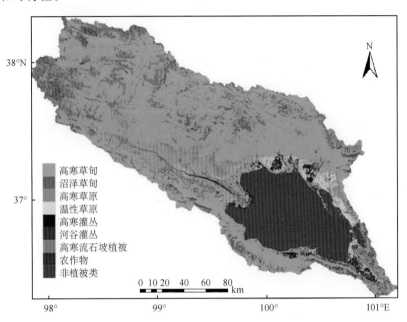

图 3.11　基于决策树模型的青海湖流域草地二级类的分类图

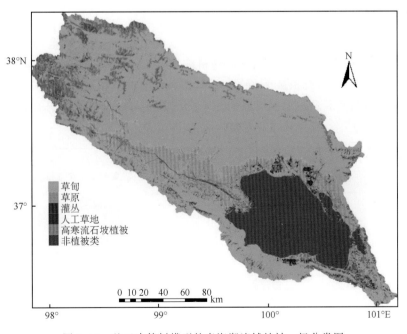

图 3.12　基于决策树模型的青海湖流域植被一级分类图

表 3.8　决策树算法植被二级分类误差矩阵

草地类型	验证样本个数	分类精度(%)	
		用户精度	制图精度
高寒草甸	8857	93.53	96.84
沼泽草甸	5763	92.75	94.87
高寒草原	7169	79.94	74.91
温性草原	6139	82.95	75.79
具高寒灌丛草地	1437	68.55	97.91
具河谷灌丛草地	1509	92.58	86.39
高寒流石坡植被	2262	99.82	93.08
人工草地	1649	90.66	99.6
总分类精度:88.45%		Kappa系数:0.8638	

表 3.9　决策树算法植被一级分类误差矩阵

草地类型	验证样本个数	分类精度(%)	
		用户精度	制图精度
草甸	9905	93.52	96.83
草原	10876	99.45	94.99
灌丛	2449	90.98	92.99
高寒流石坡植被	2262	99.82	93.08
农作物	1705	87.68	99.6
总分类精度:96.75%		Kappa系数:0.9563	

3.2.3.4　青海湖流域的草地覆盖类型面积统计

根据决策树分类算法的植被分类结果,对 2009 年青海流域范围内的植被总面积、8 种类型植被(高寒草甸、沼泽草甸、高寒草原、温性草原、高寒灌丛、河谷灌丛、高寒流石坡植被和农作物)各自的面积进行了统计,如图 3.13 所示,可以看出:在整个流域范围内植被总面积为 234.28 万 hm^2,占流域总面积的 78%;在 8 种植被类型中,高寒草甸面积比重最大,约占总植被面积的 56%,沼泽草甸占总植被面积的 14%,高寒草原占总植被面积的 13%,温性草原占总植被面积的 4%,高寒灌丛占总植被面积的 3%,河谷灌丛占总植被面积的 2%,高寒流石坡植被占总植被面积的 7%,农作物占总植被面积的 1%。

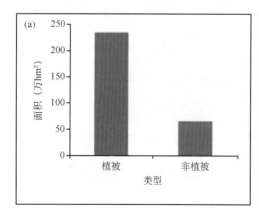
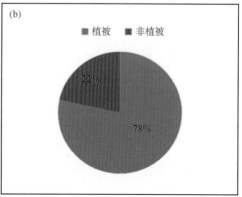

第 3 章 青海湖流域草地生态参量遥感定量反演

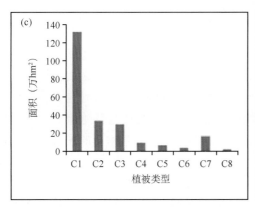
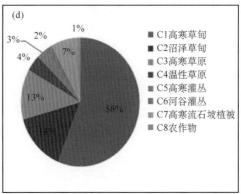

图 3.13 流域范围内植被面积统计结果(2009 年)

3.3 基于多源数据的青海湖流域草地品质参数反演技术

3.3.1 青海湖流域草地生物量的遥感定量反演技术

环境减灾卫星(HJ-1A/1B)于 2008 年发射成功,1A 星和 1B 星上均搭载了 CCD 相机,组网后重访周期仅为 2 天,空间分辨率为 30 m,所有数据均面向用户免费下载使用。与 Landsat TM 卫星相比,环境减灾卫星具有重访周期更短、覆盖宽度更大等特点,在草地动态监测方面具有显著优势。本节以青海湖流域为研究区域,利用环境减灾卫星提取各种植被指数,分析各种植被指数与草地地上生物量之间的相关性,研究并建立草地生物量的遥感反演模型,从而探讨 HJ-1A/1B 数据用于草地生物量遥感监测的潜力,旨在为青海省草地资源的遥感动态监测和草畜生产管理提供科学依据。

(1)实验数据描述

研究所使用的 HJ-1 卫星数据均来自资源卫星应用中心(http://www.cresda.com/n16/index.html)。选取了 2012 年 9 月份的两景相近时相的 HJ 卫星遥感影像数据,轨道号参数分别为:21—72(HJ1B-CCD2,2012 年 9 月 2 日)和 23—71(HJ1A-CCD2,2012 年 9 月 4 日),云量小于 5%。分别对单景影像进行了辐射校正和大气校正,然后将两景影像分别以 TM 影像为基准进行几何校正,最后将两景校正后的影像进行拼接裁剪,生成整个流域影像。由于本节只研究陆地植被的生物量估算模型,所以以 NDMI(归一化湿度指数,表达式:(TM2−TM4)/(TM2+TM4))为分割阈值对水体部分进行了掩模,NDMI≥0 的部分为水体,否则为陆地。

生物量数据的获取时间为 2012 年 8 月 29—31 日,在整个流域范围共选取了 24 个测点(主要分布在环湖草地生长茂盛区域),在每个测点选择一块均质的、面积不小于 900 m² 的规划区域,在该区域内选择 1~2 个 1 m×1 m 具有代表性的样方,将地上部分剪下,立即称重,取平均值作为该测点的地上生物量值,并用 GPS 记录样方的经纬度信息,GPS(Trimble Juno 3B)的定位精度达到 1 m,对于 30 m 空间分辨率的遥感影像来说,样点位置足够精确。

（2）植被指数的提取与分析

选取了6个常见的植被指数,分别进行生物量反演模型构建,包括:NDVI(归一化植被指数)、RVI(比值植被指数)、DVI(差值植被指数)、EVI(增强型植被指数)、SAVI(土壤调节植被指数)、MSAVI(修正的土壤调节植被指数),相应的公式如表3.10所示,其中,NIR(近红外波段)、RED(红波段)分别代表CCD影像4、3波段。按照地面收集的GPS经纬度数据,从HJ-1 CCD影像上,提取出24个测点对应的6个光谱指数,然后对各个指数与草地地上生物量间的相关性进行了分析,主要目的是检测两者间的密切程度,从而为建立生物量的光谱指数估算模型提供依据。各个光谱指数各植被指数与生物量之间的相关系数如表3.11所示,可以看出,从总体上看,由CCD影像提取得到的草地光谱参量与草地地上生物量之间存在着较好的相关性,其中,RVI的相关系数最高,达到0.776,其次为NDVI、MSAVI、SAVI,相关系数为0.6~0.7,DVI、EVI的相关系数相对较低。

表3.10 各个特征参数定义

植被指数	特征描述
NDVI	$(NIR-RED)/(NIR+RED)$
RVI	NIR/RED
DVI	$NIR-RED$
EVI	$2.5(NIR-RED)/(NIR+6RED-7.5BLUE+1)$
SAVI	$1.5(NIR-RED)/(NIR+RED+0.5)$
MSAVI	$(2NIR+1-\sqrt{(2NIR+1)^2-8(NIR-RED)})/2$

表3.11 地光谱指数与生物量之间的相关系数

植被指数	NDVI	RVI	DVI	EVI	MSAVI	SAVI
相关系数	0.667	0.776	0.513	0.597	0.617	0.613

（3）草地生物量的遥感估算模型构建

利用24个草地样本点的光谱指数数据和地上生物量数据,分别按照线性、对数、二次多项式、三次多项式进行了草地地上生物量的线性和非线性遥感估算模型研究。

表3.12为各光谱参量与生物量之间所建立的各种回归方程,表中的x表示光谱参量;y表示草地生物量值;R^2表示复相关系数的平方,它是衡量样本与回归方程之间拟合程度的指标,R^2越接近1,表明拟合程度越好。

从表3.12可以看出,以RVI为自变量的回归方程具有较好的拟合精度,其中三次多项式$y=3.9852x^3-17.661x^2+70.785x+65.624$精度最高,$R^2$达到0.687(图3.14);其次为NDVI的三次曲线模型,其R^2为0.685;然后依次为MSAVI、SAVI、EVI和DVI,这与上述相关性分析结果是一致的。对于所有的光谱指数模型,三次曲线回归模型拟合精度均优于其他的回归模型,而对数模型的拟合精度相对较差。

第 3 章　青海湖流域草地生态参量遥感定量反演

表 3.12　各光谱参量与草地地上生物量之间的回归方程及拟合精度

光谱参量	曲线形式	估算模型	R^2
NDVI	线性	$y=1761.4x-610.03$	0.445
	对数	$y=859.02\ln(x)+888.86$	0.381
	二次曲线	$y=8621.8x^2-7702.3x+1880$	0.613
	三次曲线	$y=46578x^3-67285x^2+32219x-4883$	0.685
RVI	线性	$y=170.88x-283.39$	0.602
	对数	$y=627.67\ln(x)-435.79$	0.507
	二次曲线	$y=38.438x^2-171.29x+384.85$	0.685
	三次曲线	$y=3.9852x^3-17.661x^2+70.785x+65.624$	0.687
DVI	线性	$y=2340x-150.05$	0.263
	对数	$y=459.62\ln(x)+1080.3$	0.237
	二次曲线	$y=4367.8x^2+389.21x+48.86$	0.267
	三次曲线	$y=-320173x^3+217834x^2-44339x+2981.2$	0.365
EVI	线性	$y=1739.8x-268.98$	0.356
	对数	$y=589.85\ln(x)+982.8$	0.322
	二次曲线	$y=5441.8x^2-2357.2x+443.25$	0.383
	三次曲线	$y=-96646x^3+113299x^2-40698x+4781.4$	0.453
MSAVI	线性	$y=1867.1x-268.14$	0.381
	对数	$y=583.6\ln(x)+1019.5$	0.336
	二次曲线	$y=6476.7x^2-2721.2x+478.36$	0.419
	三次曲线	$y=-68956x^3+78798x^2-26724x+2997.5$	0.453
SAVI	线性	$y=2050.6x-370.92$	0.376
	对数	$y=2050.6x-370.92$	0.338
	二次曲线	$y=8931.6x^2-4527.9x+767.58$	0.424
	三次曲线	$y=-65363x^3+80369x^2-29578x+3585$	0.44

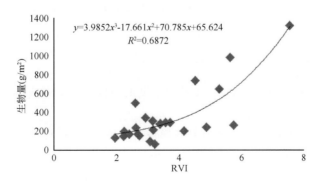

图 3.14　以 RVI 为自变量的三次曲线生物量反演模型

利用以 RVI 为自变量的三次曲线模型对整个青海湖流域的草地生物量进行反演,如图 3.15 所示,可以看出流域草地生物量大多数分布在 $200\sim400$ g/m² 的范围内,而草地生物量在 600 g/m² 以上的草地大多数分布在青海湖环湖区域。

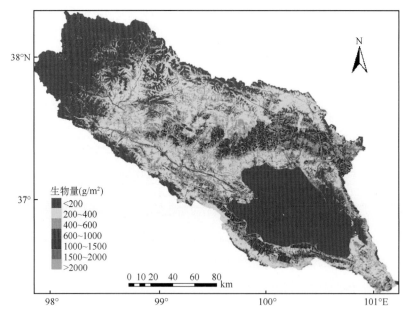

图 3.15　青海湖流域 2012 年 9 月草地生物量遥感反演结果

3.3.2　青海湖流域草地覆盖度的遥感定量反演技术

草地覆盖度是衡量草地生长状况的一个重要指标，也是影响草地品质的主要因子。目前利用遥感数据提取植被覆盖度已成为区域生态监测的重要手段。像元二分模型法是一种常见的利用遥感数据来提取植被覆盖度的方法，其基本思想是根据各像元中所含有的不同土地利用类型，利用像元的植被指数等遥感信息，通过建立不同像元组分的分解模型，分别获得各组分在像元中所占的比例。该方法模拟精度较高，而且适用于不同区域。

假设像元中植被覆盖部分的植被类型一致且密度相同，像元的 NDVI 值为植被部分的 NDVI 值与非植被部分的 NDVI 值之和，则植被的覆盖度 F_c 的计算公式为：

$$F_c = \frac{NDVI - NDVI_{\min}}{NDVI_{\max} - NDVI_{\min}} \tag{3-1}$$

式中：F_c 为草地覆盖度，$NDVI_{\min}$ 对应 20% 覆盖度的 NDVI 值，$NDVI_{\max}$ 对应 98% 覆盖度的 NDVI 值。

本小节以 Landsat TM 和 FY-3 MERSI 影像为遥感数据源，利用像元二分模型法来提取青海湖流域的草地覆盖度数据。其中，由于 Landsat 系列卫星已经在轨运行 40 多年，拥有丰富的历史遥感数据，因此可以利用其对整个流域在较大时间跨度内的草地覆盖度的变化情况进行分析，从而探讨流域草地的退化程度；而风云三号气象卫星上搭载的中分辨率成像光谱仪(FY-3/MERSI)扫描范围大且观测周期短，且具有中等空间分辨率，在流域草地监测方面也具有显著优势。

(1)青海湖流域草地覆盖度季节变化分析

在风云卫星遥感数据网站上筛选了 2013 年 5—9 月完整覆盖整个流域且无厚云遮挡的 MERSI_L1 250 m 地球观测数据，然后根据 MERSI 数据成像特点，利用数据本身所包含的定标参数和经纬度地理信息等对所选取的 MERSI 数据进行了辐射定标和几何较正,生成流域 5—9 月的反射率影像。采用像元二分模型法根据 MERSI 影像对流域 5—9 月的草地覆盖度进行提取,如图 3.16 所示。

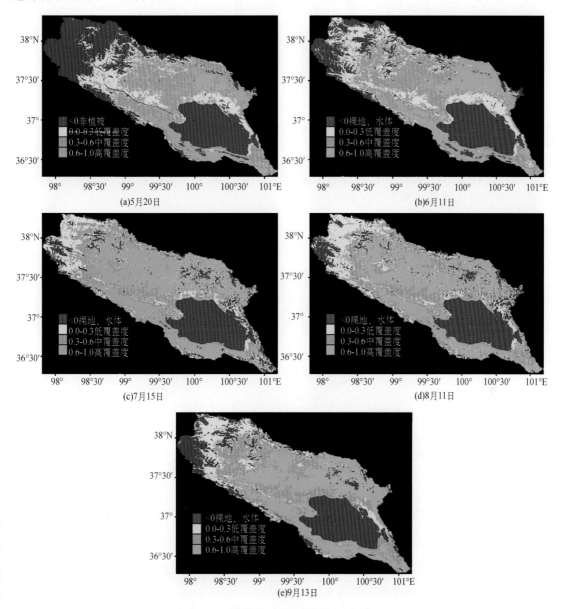

图 3.16 青海湖流域 5—9 月份草地覆盖度动态变化(2013 年,FY-3 MERSI)

根据覆盖度提取结果,对各个月份的高、中、低覆盖度草地的分布比例进行统计(图 3.17),可以看出:牧草地上生物量从返青开始,高覆盖度草地首先呈现逐渐增加的趋势,在 7 月份达到最高值,然后开始有所下降;而中低覆盖度的草地与高覆盖度的草地变化趋势相反,在 7 月份达到最低值。

(2)青海湖流域 20 年间草地覆盖度变化分析

利用 1989 年和 2009 年两个年份的流域 TM 影像(分别由 3~4 景拼接而成),利用像元二分模型法计算出牧草 8 月份的草地覆盖度。

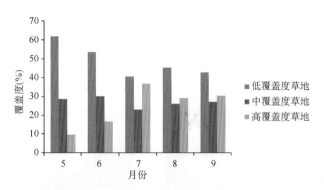

图 3.17　青海湖流域 4—9 月草地覆盖度变化情况（2012 年，FY-3 MERSI）

草地覆盖度被分为三级：植被覆盖度小于 30% 的为低覆盖度草地，大于 60% 的为高覆盖度草地，植被覆盖率介于两者之间的为中覆盖度草地。图 3.18 和图 3.19 分别是 1989 年和 2009 年青海湖流域草地覆盖度分布图。

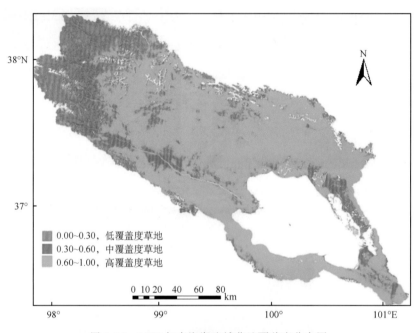

图 3.18　1989 年青海湖流域草地覆盖度分布图

基于草地覆盖度提取结果，对照之前的流域草地分类结果图，将二者叠加分析流域 20 年间的草地总体变化及各类草地类型各自的变化情况。图 3.20 是 1989 年和 2009 年不同等级草地的分布比例图，可以看出：2009 年相比 1989 年高覆盖度草地比例有所减少，低覆盖度草地比例有所增加，而中覆盖度草地比例没有很明显的变化。

进一步分析流域几种主要草地类型中高覆盖度部分所占比重的变化情况，图 3.21 是高寒草甸、沼泽草甸、高寒草原和温性草原高覆盖度部分 20 年间的变化情况，可以看出，高寒草甸的高覆盖度部分所占比重在 20 年间未发生明显变化，沼泽草甸的高覆盖度部分所占比重有所增加，高寒草原高覆盖度部分所占比重有明显的下降，而温性草原高覆盖度部分所占的比例比较小，至 2009 年温性草原草地类型中已无高覆盖度部分。

第 3 章 青海湖流域草地生态参量遥感定量反演

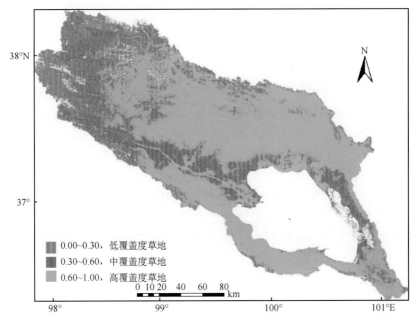

图 3.19 2009 年青海湖流域草地覆盖度分布图

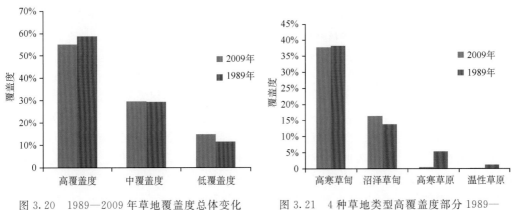

图 3.20 1989—2009 年草地覆盖度总体变化

图 3.21 4 种草地类型高覆盖度部分 1989—2009 年变化情况

3.4 草地营养参数的遥感定量反演模型技术研究

牧草品质参数是草地生态系统的重要参数之一,而粗蛋白(CP)、粗脂肪(CFA)和粗纤维(CFI)含量是评估牧草品质的几项重要指标,提高 CP 含量,降低 CFI 含量是提高牧草营养价值、改善牧草品质的重要内容。对于草地畜牧业来说,牧草品质将很大程度上决定畜牧产品(如奶、肉)的产出,并可为确定合理的草地载畜量提供依据。因此,及时、准确地评估牧草品质参数对于牧场管理、畜牧业可持续发展具有重要意义。

3.4.1 牧草品质遥感监测的国内外研究现状

3.4.1.1 国内外研究现状

传统的实验室化学分析法费时费力,容易产生化学废物,并且存在着以点代面、缺乏总体代表性的缺点。从 20 世纪 70 年代开始,Norris 等(1976)首次尝试用近红外光谱技术(NIRS)评估牧草饲料的营养品质,其后许多研究也成功应用了 NIRS 技术来评估各种青贮饲料、草粉或者研磨冷藏鲜样的品质。

Alexandrow 等(1995)测定了苜蓿草的 CP 和总氮含量。Gislum 等(2004)对 17 个品种的多年生黑麦草和紫羊茅样品的氮含量的分析表明,NIRS 分析技术能很好地分析样品 CP 的含量,其相关系数为 0.97~0.98。Hansen(1992)利用近红外光谱分析技术测定了苜蓿草枯萎前后可溶性蛋白质和氮的含量,其结果显示,枯萎前比枯萎后可溶性蛋白质含量高。Marten 等(1984)建立了紫花苜蓿、三叶草、红三叶和白三叶四种豆科牧草 CFI、ADF(酸性洗涤纤维)、NDF(中性洗涤纤维)、ADL(酸性洗涤木质素)等营养成分的 NIRS 模型,这些模型的决定系数为 0.93~0.99,表明近红外光谱技术可以快速准确地检测多年生豆科牧草的营养品质;Villamarin 等(2002)对连续四年青贮饲料样品的蛋白质、CF、ADF、NDF 等利用改良偏最小二乘法(MPLS)结合光谱数学处理进行了建模,各组分模型的决定系数均大于 0.90,表明模型可用于青贮样品的常规营养成分分析。

国内在 20 世纪 90 年代也开始了 NIRS 在牧草领域的研究,先后对牧草中 CFI、CP、NDF、ADF、ADL 等指标进行了定标。赵环环等(2001)用 NIRS 技术测定了不同品种、不同生育期、不同样地黑麦草的 CP 含量,并用凯氏定氮法进行比较,其相关系数高达 0.99,外部验证相关系数达 0.98,表明 NIRS 技术用于黑麦草 CP 的快速分析是可行的。赵秀芳等(2008)利用 NIRS 技术和偏最小二乘法(PLS),建立了不同品种和不同生育期燕麦干草 CP、NDF、ADF 含量的校正模型,结果表明 NIRS 能够很好地对燕麦干草品质进行定量测定。尚晨等(2009)利用 NIRS 技术并结合偏最小二乘法(PLS),建立了 152 个不同来源的紫花苜蓿粗蛋白和粗纤维含量的校正模型,结果显示其预测值与化学值相关系数分别为 0.96 和 0.92。石丹等(2011)也利用 NIRS 建立了羊草干草 CP、NDF 和 ADF 的校正模型,验证结果与常规化学分析结果十分接近,其相关系数分别为 0.9637、0.9594 和 0.9479。可见,NIRS 技术可以准确测定羊草干草中 CP、NDF 和 ADF 的含量。

3.4.1.2 近红外光谱牧草品质检测基本原理

近红外光是介于可见光和中红外光之间的电磁波,美国材料检测协会(ASTM)定义的近红外光谱区的波长范围为 780~2526 nm。光谱主要是由分子振动的合频和倍频所产生,谱峰较宽,信号易获取且信息量大。有机物对红外光有着显著的吸收,这种吸收与分子中原子以及各种原子团的振动有关。近红外光谱主要是由于分子振动的非谐振性使分子振动从基态向高能级跃迁时产生的,记录的主要是含氢基团 X—H(X=C,N,O)振动的倍频和合频吸收。在红外光的照射下有机分子受激发而产生共振,同时近红外光的能量一部分被吸收,测量被吸收后的近红外光,可以得到复杂的近红外光谱图。有机物质在近红外谱区有丰富的吸收光谱,每种物质成分都有特定的吸收特征,根据朗伯—比尔吸收定律(Lambert-Beer Law),随着样品成分组成或者结构的变化,其光谱特征也将发生变化,这就为近红外光谱定量分析或定性分析提供了基础。有机分子中含氢基团吸收频率的特征性强,受分子内部和外部环境因素影响小,在近红外谱区中有稳定的光谱吸收特性,可用来分析绝大多数种类的化合物及其混合物的成分浓度或者品质参数。

3.4.2 青海湖流域牧草品质的高光谱遥感监测

相比化学分析法,近红外光谱技术(NIRS)能够提供一种相对快速、准确分析牧草品质参数的方法,但对牧草样品进行烘干、研磨等操作也非常耗时,仍然不能实现在宏观尺度上对牧草品质进行实时、无损监测。

高光谱遥感技术的迅速发展,已经能够准确、快速地提供各种地面遥感数据。研究表明,利用高光谱遥感数据能准确地反映植被生长状态、光谱特征以及植被之间光谱差异,从而可以更加精准地获取一些定量的生化指标信息。近几年,在农业遥感领域,利用冠层反射光谱数据来估测小麦、水稻、玉米等农作物的氮素、粗蛋白、粗脂肪、粗淀粉和直链淀粉等营养指标参数已取得了满意的结果,然而目前利用实测草地冠层高光谱数据进行草地品质监测的相关研究仍鲜有报道。

高光谱数据可以直接对地物进行微弱光谱的定量分析,在草地植被遥感研究与应用中表现出强大优势。本节以青海湖环湖地区19种牧草为研究对象,利用野外实测冠层高光谱数据对牧草品质参数的可见—近红外光谱监测模型进行研究,旨在为牧草品质的遥感动态监测提供依据。

(1) 数据获取及处理

实验数据采用的是2013年8月29—31日青海湖环湖地区地面实验获取的19种可食牧草(从获取生物量的24个草地样本中选择了19种可食牧草)冠层高光谱数据和相应的牧草CP、CFA和CFI含量的室内测定数据。光谱数据采集后,在每个子区现场收割草地地上生物量(样方大小0.5 m×0.5 m),现场称重后装入样品袋。外场测量完成后,草地样本品质参数的测定交由青海省海北牧业气象实验站来完成。首先在实验室内将草地样本在干燥箱内65℃恒温烘48 h后阴干,然后将样品粉碎并过1.0 mm分样筛装入瓶中,最后分别采用凯式法、索氏抽取法、硫酸—氢氧化钾法测定草地CP、CFA和CFI的相对含量(%),具体测定方法参照中国气象局《草地生态监测标准》。

光谱数据使用之前首先剔除噪声较强的波段(1365~1410 nm、1801~2500 nm),然后进行三点滑动平均来进一步消除随机噪声,图3.22为各测点的光谱经去噪处理后取平均生成的光谱曲线。

(2) 高光谱数据分析方法

相关研究表明,相比原始光谱反射率,波段比值参数与植物氮含量和色素含量之间的相关性更高,而光谱一阶导数变换可以减弱或消除背景、大气散射的影响和提高不同吸收特征的对比度。因此,本节首先采用一阶导数和波段比值法对牧草高光谱数据进行变换,通过与牧草品质参数进行相关分析,即可建立牧草品质参数估计模型。

小波变换是一种基于时间—尺度的信号分析方法,不仅具有多分辨率分析的特点,而且在时频两域都具有表征信号局部特征的能力。由于植被的各种理化成分的吸收或反射特征具有明显的局部性质,小波分析的局部信号分析能力将会得到有效的利用。近几年小波分析被应

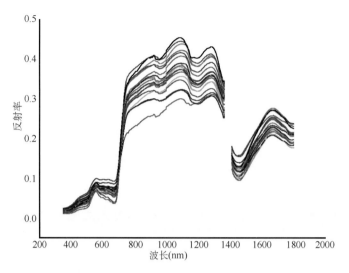

图 3.22 去噪处理后的牧草冠层光谱曲线

用于植物色素含量估计、植物种类识别等领域,取得了较好的效果。本节采用连续小波变换方法对牧草光谱反射率进行分析,进而探讨小波分析在牧草品质参数反演中的可行性。若 $f(\lambda)$ 是原始光谱空间的反射率信息,则 $f(\lambda)$ 的连续小波变换(CWT)定义为:

$$WA(u,s) = \frac{1}{\sqrt{s}} \int_{-\infty}^{\infty} f(\lambda) \varphi\left(\frac{\lambda - u}{s}\right) d\lambda = [f(\lambda), \varphi_{su}(\lambda)] \quad (3-2)$$

式中:λ 为波长序号($\lambda=1,2,\cdots,n$,n 为波段个数),u 为尺度因子,s 为位移因子,$\varphi_{su}(\lambda)$ 称为小波母函数,小波系数 $WA(u_i,s_i)$ 包含 i 和 j 两维,分别是分解尺度($i=1,2,\cdots,m$)和波段($j=1,2,\cdots,n$),组成 $m \times n$ 的矩阵。由此,CWT 将一维光谱反射率转换为二维小波系数,通过与 CP、CFA 和 CFI 分别进行相关分析,即可建立各品质参数估计模型。本节在研究过程中选择了 Morlet、Coiflets 和 Gaussian 三种比较常见的小波母函数对牧草反射率进行小波分解。同时,为了减少计算冗余度,将尺度因子尺度(scale)设为 $2^1,2^2,2^3,\cdots,2^8$。

(3)结果与分析

首先,对牧草品质参数与冠层光谱反射率之间进行相关分析,如图 3.23a 所示。结果表明,牧草的 CP 含量与牧草光谱反射率在可见光 350~700 nm 范围内均达到了负极显著相关水平,而在 692 nm 处相关系数 R 最大,达到 0.668;牧草 CFA 含量与冠层光谱反射率在 446 nm 附近达到负显著相关水平,R 为 0.475;牧草 CFI 含量与冠层光谱反射率的相关性相对较差,在整个波段区间范围内均未通过显著性检验,在 1723 nm 处相关性最高,R 为 0.23。图 3.23b 和图 3.23c 分别为波段比值参数、光谱一阶导数与各个品质参数的相关性分析结果,其中波段比值参数根据与原始光谱反射率相关性最大的波段来计算。可以看出,相比原始光谱反射率,波段比值参数和光谱一阶导数与牧草品质参数之间的相关性大多有所增强。波段比值参数 R692/R1633、R446/R645 和 R1732/R1623 分别与牧草 CP、CFA 和 CFI 含量之间的相关性达到最高,而光谱一阶导数与 CP、CFA 和 CFI 之间相关性最大的波段分别是 424 nm、1668 nm 和 918 nm。通过比较可以看出,在所有空间域光谱变量中,光谱一阶导数与牧草品质参数之间具有更高的相关性,特定波长位置的一阶导数与各品质参数的相关性都达到极显著水平($p<0.001$),与 CP、CFA 和 CFI 含量的相关系数最高为 0.791、0.861 和 0.778。

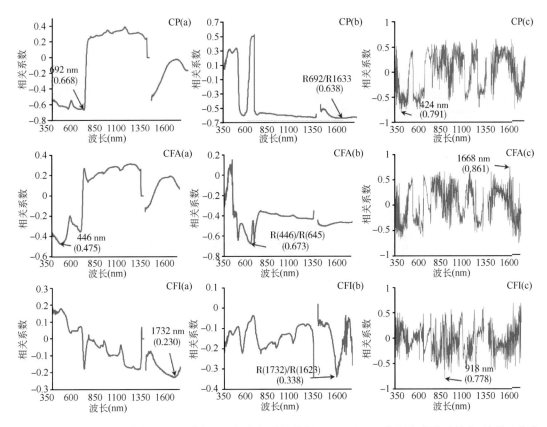

图 3.23 牧草品质参数与各光谱变量之间的相关性分析((a)、(b)、(c)分别为光谱反射率、波段比值参数和光谱一阶导数的分析结果,图中用箭头标注了相关性最高的波段位置及其对应的相关系数值)

然后,应用 Morlet、Coiflets 和 Gaussian 三种小波函数分别对牧草高光谱数据进行连续小波分解,得到不同尺度下的小波系数。将各个尺度下的小波系数与牧草营养参数含量之间进行相关分析,图 3.24 为三种小波函数各个尺度小波系数的最大相关系数,可以看出,不同尺度的小波系数与牧草营养参数之间的相关程度存在着一定的差异,其中低尺度的小波系数与牧草营养参数含量之间相关性相对较强,例如,尺度取 2 时,三种小波系数与各营养参数之间相关性均大于 0.7,且显著性检验都达到了极显著水平。通过比较发现,在几种小波系数中,Coiflets 小波系数(尺度=4,波长=1209 nm)与牧草 CP 含量之间的相关性最高,相关系数达到 0.791,Gaussian 小波系数(尺度=2,波长=1361nm)与牧草 CFA 含量之间的相关性最高,相关系数达到 0.839,Gaussian 小波系数(尺度=4,波长=1618 nm)与牧草 CFI 含量之间的相关性最高,相关系数达到 0.791。

根据光谱变量与牧草营养参数间的相关性分析结果,分别选择特定波段光谱反射率一阶导数值以及与牧草品质参数含量相关性最强的小波系数作为自变量、对应的营养参数含量为应变量建立一元回归模型,选取的回归模型包括:线性模型(M1)、指数模型(M2)和二次多项式模型(M3),建立的牧草营养参数含量高光谱估算方程如表 3.13 所示。采用复相关系数的平方(R^2)来评价样本与回归方程之间拟合程度,并对估算模型进行显著性检验。结果表明,无论是通过反射光谱一阶导数还是小波系数来估算牧草的 3 种营养参数含量,估算模型检验均达到了极显著水平。通过比较可知,以 Coiflets 小波系数(尺度=4,波长=1209 nm)为自变量的二次多项式

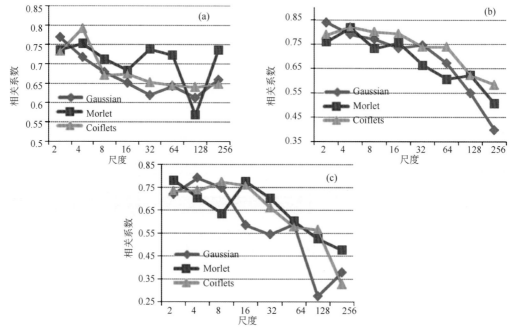

图 3.24 各尺度小波系数最大相关系数变化图
(a)粗蛋白含量;(b)粗脂肪含量;(c)粗纤维含量

模型作为估算牧草 CP 含量的最佳回归模型,拟合 R^2 为 0.646;以短波 1668 nm 波段光谱一阶导数为自变量的二次多项式模型作为估算牧草 CFA 含量的最佳回归模型,拟合 R^2 为 0.762;以近红外 918 nm 波段光谱一阶导数为自变量的指数模型为估算 CFI 含量的最佳回归模型,拟合 R^2 为 0.655。图 3.25~3.27 为各个营养参数与其对应的最佳回归模型之间的拟合图。

表 3.13 牧草营养参数含量的估算回归方程

营养参数	高光谱变量	类型	方程	R^2
CP	$\rho'(424)$	M1	$y=-25939x+20.459$	0.625**
		M2	$y=24.172e^{-2179x}$	0.631**
		M3	$y=-2E+07x^2-11306x+18.19$	0.628**
	Coiflets 小波系数,尺度=4	M1	$y=-47003x+9.4626$	0.627**
		M2	$y=9.6345e^{-3878x}$	0.610**
		M3	$y=-2E+08x^2-77252x+8.6473$	0.646**
CFA	$\rho'(1668)$	M1	$y=8567.1\rho'(1668)+2.9898$	0.742**
		M2	$y=2.9682e^{2932.8x}$	0.750**
		M3	$y=2E+07x^2+9172.2x+2.9667$	0.762**
	Gaussian 小波系数,尺度=2	M1	$y=123.84x+2.0813$	0.704**
		M2	$y=2.1734e^{42.499x}$	0.715**
		M3	$y=3166.8x^2+83.035x+2.1948$	0.713**
CFI	$\rho'(918)$	M1	$y=-26827x+27.521$	0.605**
		M2	$y=27.811e^{-1321x}$	0.655**
		M3	$y=6E+06x^2-29780x+27.687$	0.607**
	Gaussian 小波系数,尺度=4	M1	$y=-58585x+36.579$	0.626**
		M2	$y=41.979e^{-2738x}$	0.610**
		M3	$y=1E+08x^2-120517x+43.632$	0.646**

注:** 代表模型检验均达到了极显著水平。

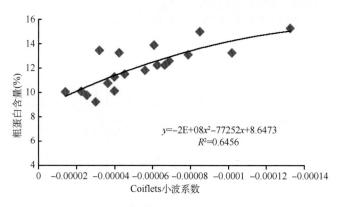

图 3.25　估算粗蛋白的最佳光谱参数模型

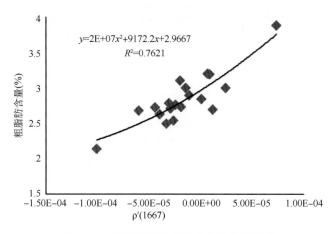

图 3.26　估算粗脂肪的最佳光谱参数模型

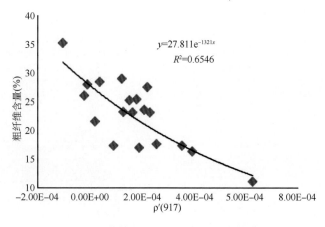

图 3.27　估算粗纤维的最佳光谱参数模型

3.5　基于多源遥感数据的草地植被净初级生产力反演技术

本节充分考虑青海省的需求和地区、植被特征并调整了 CASA(Carnegie-Ames-Stanford

Approach)模型,考虑数据来源和实现方法,采用了改进的 CASA 模型,以 CASA 模型(图 3.28)为基础,根据当地数据特征加以修改,用来评估环青海湖流域的植被净初级生产力(NPP)。

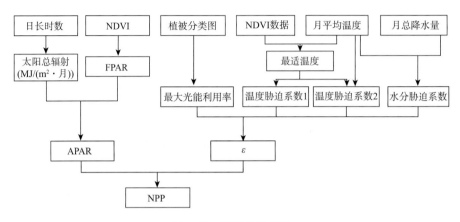

图 3.28 模型构建框架

(1)太阳总辐射

青海省 1—12 月太阳总辐射估算结果如图 3.29 所示,从绿到红色表示月太阳总辐射值从低值到高值。青海湖流域从 1 月份开始太阳总辐射开始增加,到 5 月份达到最高值,这种特征一直持续到 8 月份,4—8 月虽然只有 5 个月,但太阳总辐射量约占全年总辐射的 60%。利用上述公式计算了 30 年平均状况下各月太阳总辐射空间公布。

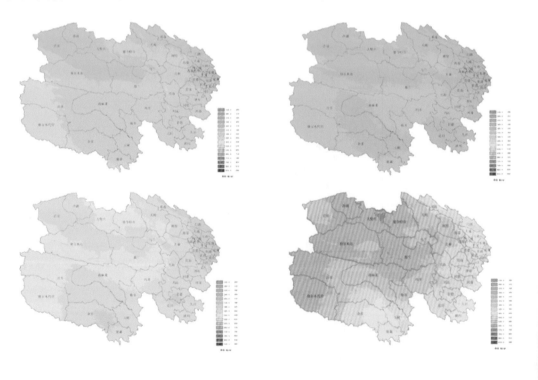

第 3 章 青海湖流域草地生态参量遥感定量反演

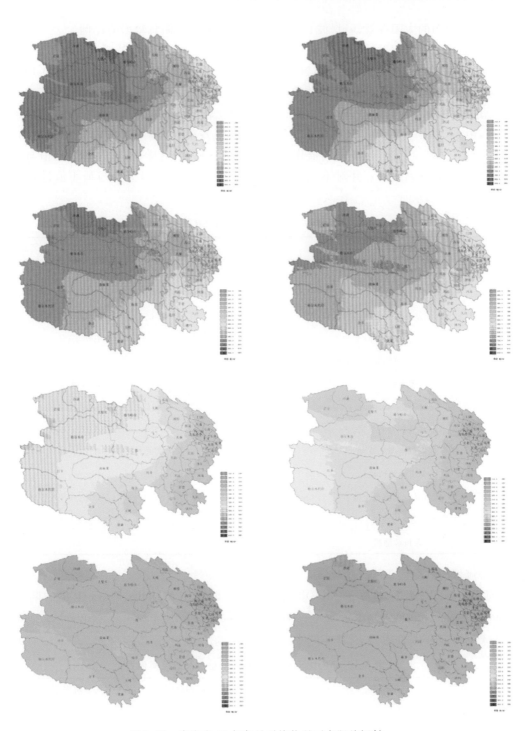

图 3.29 青海省 30 年各月平均状况下太阳总辐射

(2) 辐射量光合有效辐射 (APAR) 估算

$$APAR(x,t) = SOL(x,t) \times FPAR(x,t) \times 0.5 \tag{3-3}$$

式中：$SOL(x,t)$ 是 t 月份像元 x 处的太阳总辐射量 (MJ/m²)；$FPAR(x,t)$ 为植被层对入射光合有效辐射 (PAR) 的吸收比例，由利用归一化植被指数 (NDVI) 和植被类型决定；常数 0.5 表示植被所能利用的太阳有效辐射(波长为 0.4~0.7 um)占太阳总辐射的比例。

植被对太阳有效辐射的吸收比例(FPAR)取决于植被类型和植被覆盖状况。研究证明,由遥感数据得到的归一化植被指数(NDVI)能很好地反映植物覆盖状况。模型中 FPAR 由 NDVI 和植被类型两个因子来表示,并使其最大值不超过 0.95。

通过 FPAR-NDVI 和 FPAR-SR 所估算的结果比较发现,由 NDVI 所估算的 FPAR 比实测值高,由 SR 所估算的 FPAR 则低于实测值,但其误差小于直接由 NDVI 所估算的结果,因此,将两种方法结合起来,取其平均值作为 FPAR 的估算值,这样,估算的 FPAR 值与实测值之间的估算误差达到最小。并对不同植被类型 NDVI 以及 SR 最大值与最小值进行了统计(表 3.14)。

表 3.14 不同植被类型的 NDVI 以及 SR 最大值与最小值

植被类型	$NDVI_{min}$	$NDVI_{max}$	SR_{min}	SR_{max}
常绿叶针叶	0.035	0.7783	1.0725	8.02
灌丛	0.035	0.7785	1.0725	8.03
芨芨草草原	0.035	0.582	1.0725	3.78
紫花针茅草原	0.035	0.5272	1.0725	3.23
羽柱针茅、青藏苔草、垫状驼绒藜荒漠化草原	0.035	0.2544	1.0725	1.68
灌木荒漠	0.035	0.488	1.0725	2.91
矮嵩草草甸	0.035	0.791	1.0725	8.57
小嵩草草原化草甸	0.035	0.7502	1.0725	7
藏嵩草沼泽化草甸	0.035	0.6535	1.0725	4.77
高山垫状植被	0.035	0.4278	1.0725	2.49
高山流石坡稀疏植被	0.035	0.6349	1.0725	4.48
栽培植被	0.035	0.7448	1.0725	6.84
无植被地段	0.035	0.4783	1.0725	2.83

(3)流域内月最大 NDVI 值反演

使用的 NDVI 数据来源于 MODIS 卫星,该数据采用 MODIS/Terra 卫星的陆地产品(Land)数据集(.hdf 格式),来源于 NASA'WIST 数据共享网(https://wist.echo.nasa.gov/api/),具体产品信息如表 3.15 所示。

表 3.15 MODIS/Terra 卫星的陆地产品数据集内容

产品编号	产品内容	时间分辨率	空间分辨率	卫星
MOD13A2.005	MODIS/TerraVegetation Indices 16-Day L3 Global 1 km SIN Grid V005	16 d	1000 m	Terra

数据时间范围是 2003 年 1 月—2012 年 12 月,16 天最大化合成 NDVI 数据,空间分辨率 1 km×1 km,选取投影方式为 Beijing54_Albers_Equal_Area(表 3.16)。同时,根据不同植被类型,从而确定 NDVI 和 SR 最大值和最小值。

第3章 青海湖流域草地生态参量遥感定量反演

表 3.16 投影坐标系统参数

投影坐标系：	Albers
False_Easting：	0.000
False_Northing：	0.000
Central_Meridian：	105.000
Standard_Parallel_1：	25.000
Standard_Parallel_2：	47.000
Latitude_Of_Origin：	0.000
线性单位：	meter
基准面：	D_Beijing_1954

利用 EOS/MODIS 卫星时空数据序列计算出 2003—2012 年牧草生长旺盛期(5—9 月)16 天最大归一化植被指数(NDVI)合成数据。草地植被覆盖度采用下列公式计算：

$$F_c = \frac{NDVI - NDVI_{min}}{NDVI_{max} - NDVI_{min}} \tag{3-4}$$

式中：F_c 为草地覆盖度，$NDVI_{min}$ 为对应 8% 覆盖度的 NDVI 值，$NDVI_{max}$ 为对应 90% 的覆盖度的 NDVI 值。

用式(3-4)计算 2003—2012 年逐年草地植被覆盖度，根据国家土地利用/土地覆盖分类标准，植被覆盖度划分为三级：植被覆盖率小于 20% 为低覆盖度草地，大于 50% 为高覆盖度草地，植被覆盖率介于两者之间的为中覆盖度草地。环青海湖流域 2003—2012 年不同等级草地覆盖度空间分布动态变化状况(图 3.30)，从草地覆盖度空间分布图分析可得知：高覆盖度草地在流域内面积占 50% 以上，主要分布在南岸和北岸，中覆盖度草地主要分部在青海湖流域西北部以及青海湖东北岸；低覆盖度草地呈零星分布。2012 年环青海湖流域草地覆盖度与历年平均相比变化较大。具体而言，低覆盖度草地面积较历年草地面积大幅度减小，减少 628 km²，减少了 34.24%，中覆盖度草地面积较历年减少了 23.74%；而高覆盖度增加了 2091 km²，增加了 12.03%；总体分析，2012 年草地植被覆盖度明显优于 2002—2011 年草地平均状况。

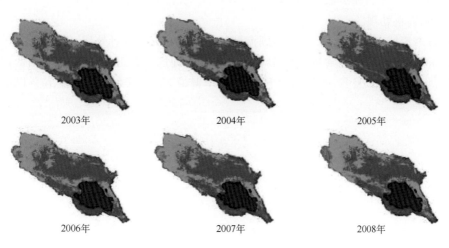

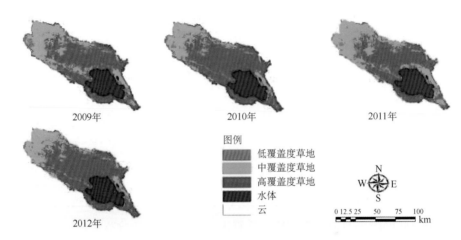

图3.30 青海湖流域草地覆盖度空间分布动态变化状况(2003—2012年)

(4)光能利用率(ε)估算

光能转化率(ε)是指植被把所吸收的入射光合有效辐射(PAR)转化为有机碳的效率。一般认为在理想条件下植被具有最大光能转化率,而在现实条件下光能转化率主要受温度和水分的影响:

$$\varepsilon(x,t) = T_1(x,t) \times T_2 \times W_S(x,t) \times \varepsilon^* \tag{3-5}$$

式中:T_1和T_2表示温度对光能转化率的影响;W_S为水分胁迫影响系数,反映水分条件的影响;ε^*是理想条件下的最大光能转化率,一般认为$\varepsilon=0.389$ gC/MJ。

(5)水分胁迫因子的估算

水分胁迫影响系数($W(x,t)$)反映了植物所能利用的有效水分条件对光能转化率的影响。随着环境中有效水分的增加,$W(x,t)$逐渐增大。它的取值范围为0.5(在极端干旱条件下)～1(非常湿润条件下),由下列公式计算:

$$W(x,t) = 0.5 + 0.5 \times \frac{E(x,t)}{E_p(x,t)} \tag{3-6}$$

式中:$E(x,t)$为区域实际蒸散量(mm),$E_p(x,t)$为区域潜在蒸散量(mm)。

(6)气象资料处理

对青海湖流域1964—2012年青海湖流域的气象观测资料进行处理,包括降水、气温、日照时长。分析可知,青海湖流域基本气候特点为:大部分地区气温正常略高,冬季偏低,其余三季正常略高;年降水北部偏多,南部接近于常年,秋季偏少35%,其余季节偏多10%以上;日照略偏少。

第4章 青海湖流域土地覆被变化监测方法

本书对于青海湖流域土地覆被变化监测算法的研究,将采用多种模型同步对青海湖流域土地覆被信息进行提取,利用模型间的优势互补,尽可能精确地提取青海湖流域土地覆被信息。青海湖流域土地覆被包含了水体、植被、土壤等主要背景地物的波谱信息,各种地物波谱的贡献率不尽相同,而且随着季节和电磁波谱中波长的变化,贡献率也在发生着有规律的变化。将多源遥感信息综合,能更准确、细致地描绘青海湖流域各地物类型、形状、面积、内部结构等相关特征,通过对不同时间、空间、波谱分辨率以及不同传感器的遥感影像进行综合解译和分类研究,可降低遥感数据自身的多解性,增加青海湖流域土地覆被信息识别及提取的精度和可靠性。

4.1 青海湖流域土地覆被分类方法概述

4.1.1 分类系统研究进展

遥感图像分类和变化监测技术是遥感技术领域研究的重要课题之一。建立一个标准的分类系统,使分类系统所定义的类别不受尺度和数据来源的限制,是当前土地覆被分类研究的一个重要内容,对于进行青海湖流域土地覆被分类产品生产也是必要步骤。以下是国内外几种主要的土地覆被分类系统介绍。

(1)美国地质调查局(USGS)土地覆盖分类系统

Anderson等在NASA的支持下,提出了一套土地覆盖分类系统,分为2级,第1级包括6个土地覆被类型,第2级包括18个亚类,该系统很多类别借用了土地利用的类别。1976年USGS对Anderson等人提出的分类系统进行了验证和评估,发展了一种适用于遥感的分类系统。该系统根据卫星高度或制图比例尺分为4级,第1、2级适用于全球或洲际尺度的研究,第3、4级提供了更详细的土地覆被资料,适用于区域性的研究。美国基于20世纪90年代TM数据建立的国家土地覆被数据NLCD(national land cover data)就是从USGS土地覆被分类系统发展出来的。

(2)IGBP和UMD分类系统

20世纪90年代国际地圈生物圈计划(IGBP)和美国马里兰大学(UMD)针对全球区域先后建立了基于AVHRR数据的17类别的IGBP分类系统和14类别的UMD分类系统。UMD的分类系统大部分与IGBP一致,未包括IGBP分类系统中的永久湿地、作物/自然植被镶嵌体、冰/雪3种土地覆被类型。美国地质调查局为IGBP建立的全球土地覆被数据集

(DISCover)和波士顿大学 Strahler 等制作的 MODIS 全球土地覆被分类产品(MOD12)均采用 IGBP 分类系统,马里兰大学的全球土地覆被数据集采用了 UMD 分类系统。

(3)FAO 和 UNEP 分类系统——LCCS

1996 年,联合国粮食及农业组织(FAO)和联合国环境规划署(UNEP)试图建立一个标准的、全面的分类系统 LCCS(land cover classification system)。这个系统适用于不同的使用者,每个使用者只利用分类系统中的一部分,并根据研究的需要在此基础上进行扩展。FAO 分类系统主要分为 2 个阶段:一是二分法阶段(dichotomous),由一系列独立的诊断属性来定义 8 个主要的土地覆被类型;二是模块化分层分类阶段(modular-hierarchical phase),通过一系列的分类器的组合在上一阶段确定的 8 大类的基础上进一步分类。2001 年,世界植被监测组织(global vegetation monitoring unit)和欧洲委员会的联合研究中心(Joint Research Center)执行了 GLC-2000 计划(Global Land Cover 2000),即在世界范围内同 30 多家研究机构合作,利用 1999 年 11 月 1 日到 2000 年 12 月 31 日的 SPOT4-Vegetation 1 km 分辨率数据进行全球土地覆被分类制图,得到数据集 GLC-2000,该数据集在分类上采用了 LCCS 分类系统。Han 等及中科院遥感所吴炳方等参加了 GLC-2000 计划,分别制作了 8 类的法国土地覆被分类图和 22 类的中国土地覆被分类图。

(4)国内的几种分类系统

1992 年中国科学院开展了"国家资源环境遥感宏观调查与动态研究",建立了土地资源分类系统,完成了以 TM 为主要信息源的中国土地覆被/土地利用图。2000 年,潘耀忠等根据 AVHRR-NDVI 和气候综合指标可能蒸散 Holdridge PE,对中国的土地覆被进行了 7 个一级类型、47 个二级类型的分类。2002 年延昊提出一种定量化的土地覆被分类系统。该系统基于 AVHRR 资料,利用反照率、植被指数、陆表温度和净初级生产力 4 个指标,根据像元尺度的生物物理参数值划分土地覆被类型。该分类系统的优点是分类结果对应着定量化的物理指标,使不同的研究结果可以相互比较。刘勇洪等(2006)参照 IGBP 分类系统对 1∶400 万中国植被体系进行重新设计,提出了基于 MODIS 数据的中国土地覆被分类系统,包括 7 个一级类别、22 个二级类别。该分类系统涵盖了 IGBP 的主要土地覆被类型,改 IGBP 的稀树大草原(Savannas)为 4 种草原:草甸草原、典型草原、荒漠草原、高寒草原;对湿地类别作了划分,包括沼泽湿地和近海湿地;同时增加了农田的两类划分。该分类系统的优点是类别划分更加细致,能较好地反映中国的实际情况。

4.1.2 分类方法研究进展

近几十年,研究人员提出了各种理论和方法用于从遥感影像中自动提取信息,所用方法大致可分为两类:第一类是直接从地物光谱特征获得信息,目前较为成熟;第二类是结合外在知识得到信息,如利用专家知识、采用神经网络分类、借助 GIS 分类和基于分形理论的分类等,但这些方法还不很成熟。由于成像时的传感器类型、时相、太阳高度角和大气条件等因素的不同,光谱信号受到干扰,使得基于光谱知识及相关辅助知识的分类难以有效应用。

在对具有高空间分辨率的多光谱数据进行分类研究时,应该着重考虑高空间分辨率和光谱信息两方面因素,并将这两方面因素有效综合起来,进行分类。

近年来在多光谱遥感图像分类方面出现了很多新算法。林剑等(2006)提出为了充分利用各波段的纹理信息,针对遥感图像不同波段之间具有较大相关性的特点,提出了一种用空间模糊纹理光谱描述多光谱遥感图像纹理特征的方法。根据纹理特征具有多尺度的特性,对原始图像进行二次模糊纹理滤波,一次滤波采用平面三角隶属度函数,二次滤波采用空间距离代替平面距离形成滤波隶属度函数,其模糊滤波图像的隶属度分布称之为空间模糊纹理光谱。用 FasART 神经网络分类验证,实验结果表明,该方法具有较高的分类精度,尤其对纹理特征较为复杂的区域的分类效果更为明显。钟燕飞等(2007)提出了一种基于多值免疫网络的多光谱遥感影像分类方法。该方法用选取的训练样本对多值免疫网络进行网络训练,得到具有记忆功能的免疫网络结构,然后利用多值免疫网络对多光谱遥感影像进行分类。实验结果证明,该算法分类精度上优于传统的分类方法,总精度和 Kappa 系数分别达到了 88.84% 和 0.8605,因而具有实用价值。刘新华等(2006)提出了基于灰度共生矩阵的多光谱影像纹理分析的方法,实现了利用 k-mean 聚类算法对多光谱影像进行分类,比较了各种不同的分类结果。郭峰等(2007)提出了基于灰度—基元共生矩阵的遥感影像纹理分析的方法,分析了提取的纹理特征,实现了利用模糊 C—均值算法对多光谱影像和纹理特征影像进行分类,比较和讨论了各种不同的分类结果。刘汉丽等(2011)通过对影像进行光谱特征分析,以及对各种植被类型进行物候特征分析,选用以 NDVI 数据为主的多波段、多时相的 MODIS 影像数据进行最小噪声分离 MNF 变换,然后进行灰度值形态学滤波,运用阈值分割法提取旱地,并运用自组织特征映射 SOM 神经网络聚类模型分离湿地和水田,实验结果与现有的研究成果相比,精度有较大提高。黄立贤等(2011)构建了一种结合光谱特征和纹理特征的多光谱影像决策树分类方法。以 Landsat-7 影像作为试验数据,通过分析 Landsat-7 影像的光谱特征值及 NDVI、NDWI 和 NDBI 特征值,确定各类地物的综合阈值,同时运用灰度共生矩阵对影像进行纹理信息提取,得到对比度、熵、逆差矩和相关性等纹理特征图像。在此基础上,运用决策树分类法对 Landsat-7 影像进行分类。结果表明,结合光谱特征和纹理特征的决策树分类方法,相比传统的最大似然法和决策树法,具有更高的分类精度。高妙仙等(2009)针对基于高斯混合模型的建筑物 QuickBird 多光谱影像数据分类方法进行了研究。

可以看出,针对具有高空间分辨率的多光谱数据,可以考虑进行面向对象的分类方法,在算法设计时,应该有效地将对象的空间结构纹理信息与光谱信息结合起来进行地物提取和分类。

4.2 青海湖流域土地覆被分类指标与技术方法

4.2.1 总体描述

青海湖流域土地覆被变化检测技术的主要思路是利用遥感影像的光谱特征及空间和纹理特性,同时结合专家背景知识信息、地学知识信息及辅助多种非遥感信息资料,参量化青海湖流域土地覆被关键特征。在已有数据条件基础上,比较了分块主成分分析、最佳波段指数、自适应波段选择、J_M 距离可分性计算等,以有效降低数据量保留特征波段为原则,研究针对青海湖流域特点的特征波段库优化算法;利用 LISA(local indicator spatial analysis)与 GLCM (grey level co-occurrence matrix)进行图像空间纹理分析,研究加入空间纹理信息的多光谱图像分类;对多时相数据分类后处理算法进行研究比较,初步建立多时相数据分类后处理算法流程。

详细技术方案如图4.1所示。

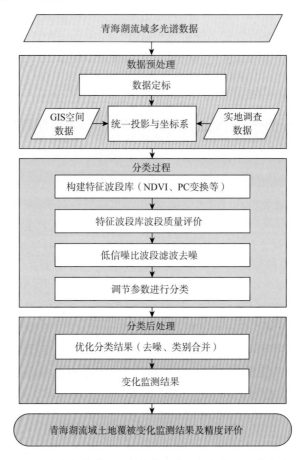

图 4.1　青海湖流域土地覆被信息非监督变化监测技术流程

4.2.2　分类系统确定

本节对青海湖流域进行土地覆被分类系统确定方案时考虑了以下几个要点:①与青海省当地部门国土调查分类体系的兼容性;②研究目的的需要,进行遥感数据处理是为了获取2008—2013年间青海湖流域土地覆被分类数据,同时以便后续研究草地精细分类奠定基础;③该研究区的土地覆被状况和变化特点,建立的土地覆被分类体系要能够反映青海湖流域的土地覆被状况;④遥感影像的分辨率,本节应用的遥感数据是分辨率为 30 m×30 m 的 Landsat-5 的 TM 数据和 Landsat-8 的 OLI 数据,所建立的分类系统要适应这个分辨率。参照国内外现有土地利用/土地覆被的分类体系,结合开展的目的和要求以及遥感信息源的情况,制定了有 15 个类型的土地覆被分类体系,如表 4.1 所示。

第4章 青海湖流域土地覆被变化监测方法

表 4.1 青海湖流域土地覆被分类体系

编号	1	2	3	4	5
类别	山区旱地	平原旱地	灌木林	疏林地	高覆盖度草地
编号	6	7	8	9	10
类别	中覆盖度草地	低覆盖度草地	河渠	湖泊	滩地
编号	11	12	13	14	15
类别	城乡工矿用地	沙地	沼泽地	裸岩石砾地	未分类

4.2.3 分类指数构建与分析

本分类方法中主要利用了 NDVI 指数、PCA 分析和 MNF 分析进行分类指数的构建。下面一一进行描述。

(1) 归一化植被指数 NDVI

植物叶面在可见光红光波段有很强的吸收特性,在近红外波段有很强的反射特性,NDVI 是植被遥感监测利用卫星不同波段探测数据组合而成的,能反映植物生长状况的指数。植物叶面在可见光红光波段有很强的吸收特性,在近红外波段有很强的反射特性,这是植被遥感监测的物理基础,通过这两个波段测值的不同组合可得到不同的植被指数。NDVI 植被指数是目前使用最广泛的植被指数计算公式,尤其在干旱地区,该指数是应用最成熟,也是最常用的方法。NDVI 植被指数综合了差值植被指数和比值植被指数的算法,NDVI 能够检测植被生长状态、植被覆盖度,同时能够消除部分辐射传输误差。NDVI 能反映出植物冠层的背景影响,如土壤、潮湿地面、雪、枯叶、粗糙度等,且与植被覆盖有关。研究表明,土壤退化程度的高低严重影响着地表植被的覆盖度、多样性等,受影响的植被,其植被指数比没有受影响的植被指数要低,在遥感影像中的表现是影像色调较暗。

研究区影像为三个夏季时相的 Landsat-5 数据和 Landsat-8 的 OLI 数据,此时植被覆盖度相对较高,研究区裸土区域相对较少,需要进行归一化差值植被指数(NDVI)变换。

$$NDVI = \frac{b_5 - b_4}{b_5 + b_4} \tag{4-1}$$

式中:b_4、b_5 表示 Landsat-8 的 OLI 影像中相应波段的反射率值,b_4 为红波段,b_5 为近红外波段。统计研究区的归一化植被指数(NDVI)的最大值和最小值,对统计值进行数据的归一化处理。

$$N = \frac{NDVI - NDVI_{min}}{NDVI_{max} - NDVI_{min}} \times 100\% \tag{4-2}$$

式中:$NDVI_{min}$ 表示 NDVI 的最小值,$NDVI_{max}$ 表示 NDVI 的最大值,N 表示 NDVI 的归一化值。

(2) 主成分分析(PCA)

在遥感图像的实际使用中,常常需要从大量图像数据中提取特定用途的信息,这称为特征提取,常常还需要进行分类和聚类处理,以识别地物类型。

多光谱图像数据包含多个波段,数据量较大,当复合使用时数据量更大,往往难以直接使用。实际上各波段图像之间虽有差别,但也存在一定的相关关系。例如,明亮的物体反射的电磁波强度在各波段上虽有差别,但都比阴暗的物体反射的电磁波强度大。主成分分析法是用各波段图像数据的协方差矩阵的特征矩阵进行多波段图像数据的变换,以消除它们之间的相关关系。把大部分信息集中在第一主成分,部分信息集中在第二主成分,少量信息保留在第三主成分和以后各成分的图像上。因此,前面几个主成分就包含了绝大部分信息。主成分分析法有时称为 K-L 变换。信息过分集中的主成分图像往往并不一定有利于分析应用。用计算机分类时,多光谱图像数据的波段数目越多,计算量就越大。对指定类别的分类常用各类别样区间的分离度作为指标,从已有波段中选取最佳的几个波段组合来进行分类。以尽可能少的波段来获得尽可能好的分类效果,这是另一种特征提取方法。

在遥感影像中,通过主成分分析(PCA)处理,输出互不相关的波段,达到隔离噪声和减少数据集维数的方法。一般情况下,第一主成分(PC1)包含所有波段中 80% 的方差信息,前三个主成分包含所有波段中 95% 以上的信息量。PCA 方法有正向和逆向主成分(PC)旋转两种方法,正向 PC 旋转用一个线性变换使数据方差达到最大;反向 PC 旋转可以将主成分图像变换回原来的数据空间。本节中,通过对遥感影像进行主成分分析,选择前两个主成分进行后续的分类处理。图 4.2 为本节中所使用的遥感影像进行主成分分析后的特征值窗口。

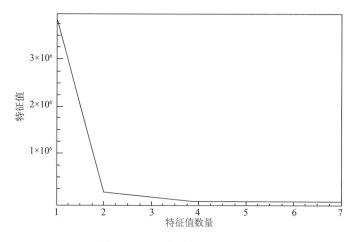

图 4.2 主成分分析特征值窗口

(3)最小噪声分离

最小噪声分离(minimum noise fraction,MNF)将一幅多波段图像的主要信息集中在前面几个波段中,主要作用是判断图像数据维数、分离数据中的噪声、减少后处理中的计算量。MNF 也是一种线性变换,本质上是含有两次叠置的主成分分析。MNF 的第一次变换是利用主成分中噪声协方差矩阵,分离和重新调节数据中的噪声(噪声白化),使变换后的噪声数据只有最小的方差且没有波段间的相关。第二次变换是对噪声白化数据进行主成分分析。为了进一步进行波谱处理,检查最终特征值和相关图像来判定数据的内在维数。数据空间被分为两部分:一部分是联合大特征值和相对应的特征图像,另一部分与近似相同的特征值和噪声图像。本节使用噪声分离后的前两个波段进行后续的分类处理,图 4.3 为噪声分离后的特征值图。

第 4 章 青海湖流域土地覆被变化监测方法

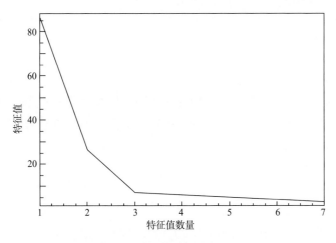

图 4.3 噪声分离后特征值图

(4) 分类指标集构建

对拼接后得到的青海湖流域影像进行分析实验，目前确定可以用于青海湖流域土地覆被信息提取的遥感数据的特征指标包括 4 个波段、DEM 数据；对于 PC、MNF 变换，通过分析各波段信噪比，最终保留前两个主成分，对第三主成分进行 Enhanced LEE 3×3 窗口滤波后保留，第四主成分舍去；NDVI、RVI、GRVI、DVI、GNDVI、CVI、NDWI、EVI 等 8 个植被水体指数波段。具体计算如表 4.2 所示。

表 4.2 青海湖流域土地覆被分类特征波段库

特征波段	描述
BAND-1st	band 1 (Blue Band)
BAND-2nd	band 2 (Green Band)
BAND-3rd	band 3 (Red Band)
BAND-4th	band 4 (NIR Band)
DEM	DEM data
PC-1st	The 1st component of PC transformation
PC-2nd	The 2nd component of PC transformation
PC-3rd	The 3rd component of PC transformation, Enhanced LEE filter
MNF-1st	The 1st component of MNF transformation
MNF-2nd	The 2nd component of MNF transformation
MNF-3rd	The 3rd component of MNF transformation, Enhanced LEE filter
NDVI	NDVI=(BAND$-4^{th}-$BAND-3rd)/(BAND$-4^{th}+$BAND-3rd)
RVI	RVI=BAND$-4^{th}/$BAND-3rd
GRVI	GRVI=BAND$-4^{th}/$BAND$-2^{nd}-1$
DVI	DVI=BAND$-4^{th}-$BAND-3rd
GNDVI	GNDVI=(BAND$-4^{th}-$BAND-2nd)/(BAND$-2^{nd}+$BAND-4th)
CVI	CVI=(BAND$-4^{th}/$BAND-2nd)×(BAND$-3^{rd}/$BAND-2nd)
NDWI	NDWI=(BAND$-2^{nd}-$BAND-4th)/(BAND$-2^{nd}+$BAND-4th)
EVI	EVI=2×(BAND$-4^{th}-$BAND-3rd)/(BAND$-4^{th}+6×$BAND$-3^{rd}+7.5×$BAND$-3^{rd}+1$)

4.2.4 最大似然分类方法

最大似然法是将遥感影像中多波段数据的分布作为多维正态分布来构造判别分类函数。基本思想是：各类的已知像元的数据在平面或空间中构成一定的点群；每一类的每一维数据都在自己的数轴上形成一个正态分布，该类的多维数据就构成该类的一个多维正态分布；各类的多维正态分布模型在位置、形状、密集或者分散程度等方面不同。

最大似然法是一种常用的监督分类方法。从概率统计理论我们知道 Bayes 公式可以如下表述：设 $B_1, B_2, \cdots, B_n$ 是全样本空间 S 的划分，且概率 $P(B_i) \geqslant 0$。对于某个事件 A，$P(A) \geqslant 0$，则有 Bayes 公式：

$$P(B_i \mid A) = \frac{P(A \mid B_i)P(B_i)}{\sum P(A \mid B_i)P(B_i)} \tag{4-3}$$

设有两个总体 G_1 和 G_2，从使得误判概率最小的角度，我们可以使用如下的判别规则：

$$X \in G_1, \text{若 } P(G_1 \mid X) > P(G_2 \mid X)$$
$$X \in G_2, \text{若 } P(G_2 \mid X) > P(G_1 \mid X)$$

Bayes 公式的特点是利用以往对研究对象的认识——先验概率来辅助判断，以期得到更精确的分析结论。它在使误判概率或风险最小的意义上是最佳的。

4.2.5 多时相数据分类后处理算法研究

对多时相数据分类后处理算法进行研究比较，初步建立多时相数据分类后处理算法流程。流程图如图 4.4 所示。

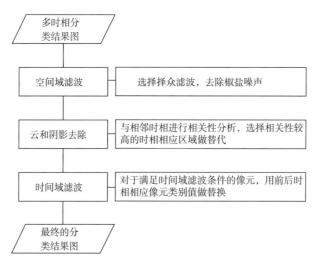

图 4.4 多时相数据分类后处理流程图

对像元进行时间域滤波时主要考虑以下 3 个条件：①各时相遥感影像分类总体精度应达到 80% 以上；②该像元在前后时相遥感分类结果图中类别一致；③该时相像元类别与相邻时相像元类别满足土地误分或非转换关系表，具体如表 4.3 所示。表格中各编号对应类别见表 4.1。

第4章 青海湖流域土地覆被变化监测方法

表4.3 土地类别误分及非转换关系表

		前后时相地物类别												
		1	2	3	4	5	6	7	8	9	10	11	12	13	14
中间时相地物类别	1		χ						⊘	⊘	⊘	χ	⊘		⊘
	2	χ							⊘	⊘	⊘		⊘		⊘
	3					χ				⊘		⊘			
	4							χ		⊘		⊘			
	5			χ											
	6														
	7				χ										
	8							χ				⊘			
	9	⊘	⊘	⊘	⊘	⊘	⊘	⊘	χ		⊘		⊘		
	10											⊘			
	11	χ	⊘	⊘	⊘	⊘	⊘	⊘	⊘	⊘			⊘	⊘	
	12								⊘	⊘		⊘		⊘	
	13														
	14								⊘	⊘					

注：χ表示类别间属于误分关系，⊘表示类别间不满足转换关系。

(1)处理过程

从遥感数据空间、光谱、时间分辨率来看，结合青海湖流域地区数据可获取性，确定最终生成产品的光学遥感数据源为Landsat-TM/ETM/OLI数据。

(2)青海湖流域遥感影像预处理

青海湖流域需要6景Landsat影像进行拼接，在拼接之前需要对每景影像进行辐射校正、大气校正及几何精校正，预处理步骤可选择多种商业软件进行处理。

(3)青海湖流域遥感影像拼接

针对青海湖流域遥感影像数据，多景影像的拼接镶嵌对后续分类有重要影响。经过试验，本节采用基于重叠区域不变地物回归分析的相对校正方法，拼接后影像细节展示如图4.5所示，绿色线为拼接线位置示意。拼接后影像相同地物类型具有相同和相近的反射率(图4.6~4.8)。

图4.5 青海湖流域多景遥感影像数据拼接细节图

图 4.6　2000 年夏季青海湖流域拼接影像(Landsat-5,4、3、2 波段合成)

图 4.7　2008 年夏季青海湖流域拼接影像(Landsat-5,3、2、1 波段合成)

第 4 章 青海湖流域土地覆被变化监测方法

图 4.8 2013 年夏季青海湖流域拼接影像(Landsat-8 OLI,4、3、2 波段合成)

(4)青海湖流域遥感影像分类

把经过预处理后的遥感影像、表 4.2 所示的波段合成为一景多波段影像,按照表 4.1 进行样本选择,确定每个类别的样本都能尽可能多地覆盖整个研究区,利用选择的监督样本进行最大似然法分类。图 4.9 为初次分类后的结果(图例中数字代表类别见表 4.1)。对初分类结果与影像中实际地物情况进行对比分析,查看是否有错分漏分的地物类别,判断分类精度,进一步调整分类阈值,并对分类结果进行后处理及优化。利用表 4.2 对 HJ-1A CCD 数据进行分类,结果如图 4.9 所示。

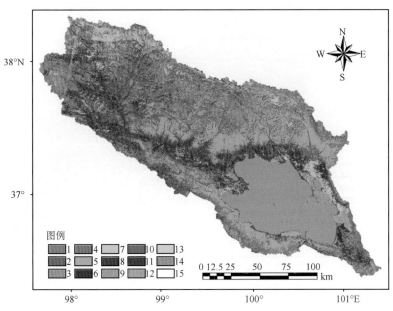

图 4.9 青海湖流域 HJ-1 星 CCD 数据基于特征库的 2012 年 9 月青海湖流域土地覆盖最大似然分类结果图

4.2.6 青海湖流域土地覆被变化

(1)青海湖流域土地覆被变化检测结果

2000年、2008年、2013年的土地覆被分类图如图4.10～4.12所示。

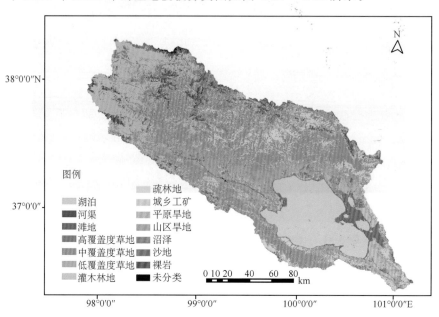

图4.10 青海湖流域土地覆被分类结果(2000年夏季,以Landsat ETM+为数据源)

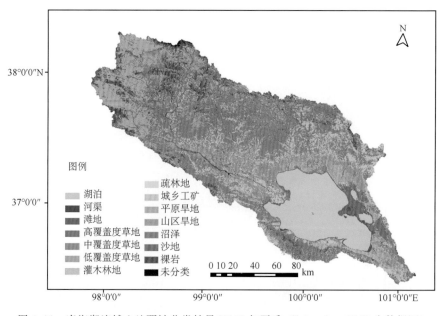

图4.11 青海湖流域土地覆被分类结果(2008年夏季,以Landsat TM5为数据源)

第 4 章 青海湖流域土地覆被变化监测方法

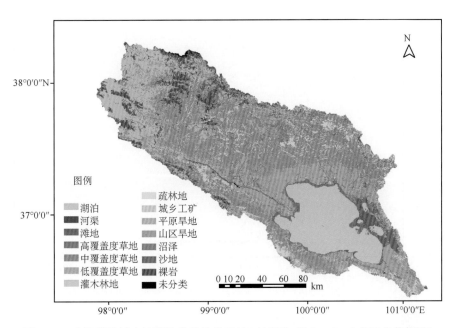

图 4.12 青海湖流域土地覆被分类结果(2013 年夏季,以 Landsat8 OLI 为数据源)

2000—2008 年的变化监测与 2008—2013 年的变化检测结果如图 4.13,图 4.14 所示。

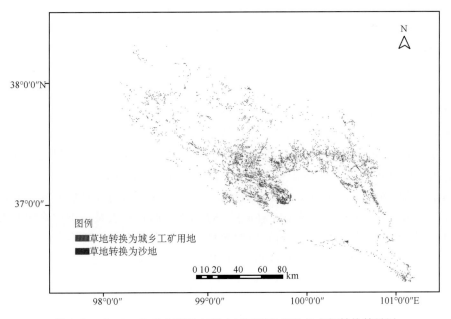

图 4.13 2000—2008 年草地与城乡工矿用地和沙地之间转换结果图

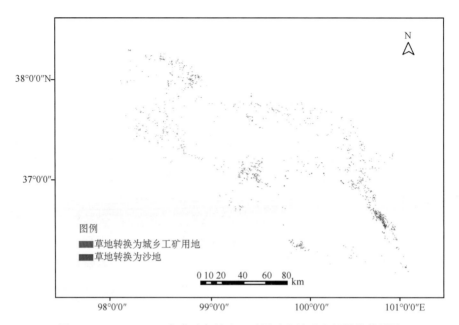

图 4.14　2008—2013 年草地与城乡工矿用地和沙地之间转换结果图

(2) 精度评价

对分类结果的精度分析和评价是分类工作中不可缺少的环节。目前国内外学者普遍采用的遥感影像处理结果精度评价方法是混淆矩阵法。在图像精度评价中,混淆矩阵主要用于比较分类结果和实际测得值,可以把分类结果的精度显示在一个混淆矩阵里面。混淆矩阵是通过将每个实测像元的位置和分类与分类图像中的相应位置和分类相比较计算的。混淆矩阵的每一列代表了实际测得信息,每一列中的数值等于实际测得像元在分类图像中对应于相应类别的数量;混淆矩阵的每一行代表了遥感数据的分类信息,每一行中的数值等于遥感分类像元在实测像元相应类别中的数量。混淆矩阵是一个 N 行 $\times N$ 列的矩阵(矩阵的行代表分类点,列代表参照点,主对角线上的点为分类完全正确的概率)。本节中除了使用混淆矩阵法之外,还用总体精度、Kappa 系数、生产者精度、用户精度来检测分类精度。

总体分类精度(overall accuracy):指对每个随机样本而言,所分类的结果与地面对应区域实际类型相一致的概率,数值上等于被正确分类像元数除以总像元数。

Kappa 系数(Kappa coefficient):是用多元统计的方法来评价分类精度。它是通过把所有真实参考的像元总数(N)乘以混淆矩阵对角线(XKK)的和,再减去某一类中真实参考像元数与该类中被分类像元总数之积之后,再除以像元总数的平方减去某一类中真实参考像元总数与该类中被分类像元总数之积对所有类别求和的结果。其计算公式为:

$$K = \frac{N\sum_{k}^{x} - \sum_{k}^{x}k\sum^{x}\sum k}{N^2 - \sum_{k}^{x}k\sum^{x}\sum k} \tag{4-4}$$

式中:N 表示所有真实参考像元总数。

生产者精度(prod. acc):指分类器将整个影像的像元正确分为 A 类的像元数(对角线值)与 A 类真实参考总数(混淆矩阵中 A 类列的总和)的比率。

用户精度(user. acc):是指正确分到 A 类的像元总数(对角线值)与分类器将整个影像的像元分为 A 类的像元总数(混淆矩阵中 A 类行的总和)比率。

第4章 青海湖流域土地覆被变化监测方法

本节通过以上精度评定指标,对 2000 年、2008 年、2013 年的土地利用分类结果进行精度评定,结果如表 4.4~4.6 所示。

表 4.4 青海湖流域 2000 年 Landsat 数据土地覆被分类精度

类别	2000 年土地覆被	
	生产者精度(%)	用户精度(%)
低覆盖度草地	94.00	66.55
山区旱地	100.00	60.38
平原旱地	73.91	100.00
灌木林地	96.62	58.13
疏林地	83.33	75.00
高覆盖度草地	77.51	96.28
湖泊	100.00	100.00
沙地	99.64	89.03
裸岩石砾地	82.58	99.61
总体精度(%)	87.08	
Kappa 系数	0.8421	

表 4.5 青海湖流域 2008 年 Landsat 数据土地覆被分类精度

类别	2008 年土地覆被	
	生产者精度(%)	用户精度(%)
低覆盖度草地	65.75	64.26
山区旱地	87.50	50.91
平原旱地	76.00	79.17
灌木林地	76.12	41.80
疏林地	100.00	16.07
高覆盖度草地	56.53	94.67
湖泊	100.00	100.00
沙地	92.76	94.39
裸岩石砾地	91.66	90.26
总体精度(%)	81.88	
Kappa 系数	0.7573	

表 4.6 青海湖流域 2013 年 Landsat 数据土地覆被分类精度

类别	2013 年土地覆被	
	生产者精度(%)	用户精度(%)
低覆盖度草地	81.14	63.51
山区旱地	78.57	84.62
平原旱地	94.16	54.20
灌木林地	97.27	71.33
高覆盖度草地	81.04	90.66

续表

类别	2013年土地覆被	
	生产者精度(%)	用户精度(%)
湖泊	100.00	100.00
沙地	100.00	98.23
裸岩石砾地	83.02	100.00
总体精度(%)	86.77	
Kappa系数	0.8382	

通过青海湖流域的土地覆被分类精度可以看出，低覆盖度草地、山区旱地、平原旱地、灌木林地、疏林地、高覆盖度草地、湖泊、沙地、裸岩石砾地等9类地物分类精度较高，三个时相均达到80%以上，但其他地物类别如中草、河渠、滩地等都存在一定程度的混分，这是因为中覆盖度草地和低覆盖度草地较难区分，而河渠和滩地又受到所采用数据源空间分辨率的限制而造成精度较低。但是总体上来看总体精度达到80%以上，Kappa系数也在0.75以上，生产者精度和用户精度除个别小的类别外，也都能达到60%以上，对于采用多期影像进行大流域范围自动分类，结果是可以接受的。在进行草地精细分类时，可以用本结果作为底图进行进一步细分类。

第5章 青海湖流域土壤含水量雷达遥感定量反演

土壤含水量是指地表面以下至地下水面(潜水面)以上的水分,亦即土壤非饱和带土层中包含的水分(王浩等,2006;杨培岭,2005)。土壤含水量在全球水资源总量中所占的比例很小(Shukla et al.,1982),但却是地球圈层中重要的组成部分,是联系地表水与地下水的纽带,在全球水循环中是决定性因素之一,是农业、气象和水文研究中的重要参数(Moran et al.,2004;Jagdhuber et al.,2013),也是旱灾预测和农作物估产的重要指标。区域范围和全球尺度范围土壤含水量的监测有助于解决全球水循环和碳循环规律问题,协助进行流域水文模型的研究和水资源管理,提高区域和全球天气和气候模式预报精度(高峰等,2001),对于防洪防旱及农作物产量评估具有重要意义。在高原草场中,土壤含水量的作用非常重要,它的时空变化涉及一系列的生态和环境问题,如草场退化、土壤荒漠化等,严重影响我国西部高原畜牧业的发展。进行大面积高精度的土壤含水量的反演,对我国西部高原区域的畜牧业和生态环境具有非常重要的意义(侯雨乐,2010;董雯,2007)。传统的土壤含水量测量方法,包括土壤湿度计法、烘干法、时域反射仪(TDR)法等,这些方法均属于样点式的采集方法,可以测定多个土层深度,但是样点式测量采样点数量较少,代表范围有限,并且无法快速实时获取,动态性较差,在大尺度范围采集速度较慢并且消耗大量财力物力人力。这些因素导致传统测量方法无法高效获取大范围区域实时动态的土壤含水量信息,难以反映多种尺度下土壤含水量的时空变化及其影响,难以满足农作物估产及水文、生态、气候预报等研究的要求。随着遥感技术的发展进步,利用遥感技术准确和同步获取大范围区域土壤含水量的时空分布信息成为可能。

合成孔径雷达(synthetic aperture radar,SAR)是一种主动微波遥感技术,与光学遥感方法相比,其不受或者很少受到雨、云、雾的影响,无需光照条件,能够全天时全天候工作,具有一定穿透能力,能探测地表5cm以上的土壤含水量信息,并且对于植被也有一定的穿透能力,最为重要的是,微波波段对于土壤含水量的变化十分敏感。利用SAR遥感技术获取大范围地区高精度的土壤含水量信息,能够提高水文、生态模型的预测精度,并为旱涝灾害监测和农作物估产等提供重要辅助信息,对我国经济和社会的发展都具有十分重要的意义。

5.1 土壤含水量雷达卫星遥感定量反演方法

5.1.1 土壤含水量雷达遥感反演的国内外研究现状

自20世纪70年代以来,国内外学者已经在微波遥感监测土壤含水量领域做了大量的研究,取得了丰硕的成果。主动微波遥感主要是通过发射脉冲的方式来测量地表的后向散射系数,地表的后向散射系数主要由介电常数和地表粗糙度决定,而土壤含水量决定介电常数,因此可以利用后向散射系数反演土壤的含水量。干燥土壤的介电常数一般为2~3,而水的介电常数则为80,因此,土壤水分含量的微小变动就可以在很大程度上改变土壤复介电常数,从而影响主动微波观测的后向散射系数,使图像的亮度值发生很明显的改变,这是微波遥感提取土壤含水量信息的理论基础(Ulaby et al.,1986)。

在裸露地表条件下,要得到地表土壤含水量绝对值,必须通过理论模拟或利用地表实测数据与雷达数据建立多极化地表散射模型,去除地表粗糙度与土壤水分对雷达后向散射系数的影响,反演得到地表粗糙度和土壤水分。为了研究裸露地表散射特征,诸多学者提出了基于麦克斯韦理论来分析裸露地表微波散射特性的正演理论模型,主要有Kirchhoff模型(包括物理光学模型和几何光学模型)、小扰动模型(SPM),但这类模型使用的粗糙度范围较窄,难以用于实际地表反演土壤含水量(Yisok,2000)。此后,Fung et al.(1992)提出了基于辐射传输方程的积分方程模型(IEM)以及之后的改进的积分方程模型(AIEM),其适用的粗糙度范围得到了提高,覆盖了集中传统理论模型的粗糙度范围,并在之后得到许多专家的改进和完善,但这类模型计算复杂并且所需参数较多,限制了其实际应用。在裸露地表条件下,要得到地表土壤含水量绝对值,必须通过理论模拟或利用地表实测数据与雷达数据建立多极化地表散射模型,去除地表粗糙度对雷达后向散射系数的影响,反演得到土壤含水量。为解决这一问题,在理论模型基础上简化得到的半经验模型得到了广泛的应用,这些半经验模型针对裸露地表条件,经过适当的调整也适用于稀疏地表植被覆盖条件,目前主要有Oh模型、Dubois模型、Chen模型和Shi模型(Oh et al.,1992;Dubois et al.,1995;Chen et al.,1995;Shi et al.,1997)。这类模型在建立时需要的参数较少,并且反演数据时也要比理论模型容易,但模型在使用区域范围上则受到一定限制。

在植被覆盖地表条件下,植被层对雷达后向散射贡献的大小是影响雷达对地表土壤含水量敏感性的重要因素。研究表明,植被类型、覆盖度、几何结构(包括高度、枝条和叶的形状、分布、密度等)、含水量等都会对雷达后向散射产生影响,从而影响不同频率、极化、入射角雷达波对植被层的透过率(Ulaby et al.,1990;Yueh et al.,1992;Picard et al.,2003;Bindlish et al.,2001)。上述用于裸露地表的理论模型以及经验半经验模型,在用于植被覆盖区域时,由于植被的影响会导致获取的土壤含水量偏低(刘伟等,2005)。为了消除植被层对于雷达后向散射的影像,更精确地反演土壤含水量,许多学者提出了基于多角度、多极化或者多时相雷达数据的经验算法(Narayan et al.,2006;Kim et al.,2009;Balenzano et al.,2011;Baghdadi et al.,2006)。Kim et al.(2009)用L波段多极化散射计进行了裸露地表和植被覆盖地表土壤含水量的反演算法,需要用两种同极化数据进行反演,同时模型中有两个参数需要先验知识的优化,以提高算法的精度。Balenzano et al.(2011)分析了不同波段SAR数据与不同农作物之间相互作用导致的散射机制的差异,在此基础上研究了土壤含水量的变化与不同波段不同极化方式SAR数据的关系,结果表明,在不以体散射为主时,不同时相雷达后向散射的比值可以有效去除雷达后向散射中植被覆盖和地表粗糙度的影响,并且分析了不同时相雷达数据之间入射角的差异对这一方法的影响,提出了土壤含水量变化监测的算法,并对不同农作物区的应用进行了对比分析。Srivastava et al.(2009)提出利用高入射角和低入射角SAR数据相结合来体现地表粗糙度、植被覆盖和土壤质地影响的土壤含水量反演模型,并且无需对这些参数的分布情况进行任何假设,但这一模型仅仅针对单一植被,对于混合植被覆盖区没有进行进一步

第5章 青海湖流域土壤含水量雷达遥感定量反演

的研究。Hajnsek et al.(2009)用L波段SAR数据进行极化分解,讨论了面散射、二面角散射和植被散射的散射过程,并用极化分解参数对3种农作物覆盖区进行了土壤含水量反演。Jagdhuber et al.(2013)结合L波段的多角度极化SAR数据和极化分解技术,研究了利用极化分解在植被覆盖区进行土壤含水量反演,分离植被覆盖影响的可能性。但大量数据的要求限制了以上土壤含水量反演模型的进一步广泛应用。

当前对植被覆盖区的土壤含水量微波遥感监测研究的另一种方向是基于现有的植被模型,在获取实验区植被层的信息后,对模型参数进行校正,从而去除植被对于雷达后向散射的影响。影响力最大的理论模型是基于辐射传输方程的密歇根微波植被散射模型(MIMICS),其对植被后向散射机制刻画非常细致,但其所需参数较多,并且主要针对森林等高大植被,对于低矮植被覆盖区域使用条件有限。此外,Attema et al.(1978)根据实际农作物的植被覆盖类型和覆盖度及其后向散射特性,得到了更适用于低矮植被覆盖区域的"水-云"半经验模型,并在随后得到了其他研究人员的不断改进,目前在土壤含水量反演研究中得到了广泛的应用(Ulaby et al.,1984;Jackson et al.,1991;De Roo et al.,2001)。在"水-云"模型基础上,基于同步光学等多源遥感数据去除植被影响获取地表土壤含水量信息成为应用最为广泛的方法,Yang et al.(2006)基于水-云模型和AVHRR光学数据建立了半经验植被后向散射模型,从雷达后向散射中去除植被覆盖影响,进而反演土壤含水量。Gherboudj et al.(2009)基于RADARSAT-2的全极化数据计算同极化后向散射系数及其比值等参数,与地面实测地表粗糙度、植被高度、植被含水量等参数进行敏感性分析,建立经验关系,借此进行水-云模型的参数校正,提高土壤含水量反演精度。

虽然国内外专家已经在基于SAR数据的土壤含水量反演方面取得了诸多成果,但这些研究主要集中在农业用地的土壤含水量反演方面,对高山高原地区的土壤含水量研究较少。Paloscia et al.(2010)首先用基于辐射传输理论的discrete elements模型校正植被影响,然后利用人工神经网络算法基于ENVISAT/ASAR的VV极化数据尝试获取了阿尔卑斯山脉Cordevole流域的土壤含水量信息,取得了不错的结果,但仅仅研究了VV极化影像,并且研究区在地形和土地分类方面并不具有典型的变化,限制了其在山区的进一步利用。Pasolli et al.(2011)基于全极化RADARSAT-2SAR数据提取并分析了影像各种特征(极化强度和相位,H/A/α极化分解和独立成分分析)在高山草甸土壤反演中的可能性,但实验区域仅限于较小的空间范围。Bertoldi et al.(2014)利用RADARSAT-2SAR数据获得高山草场表层土壤含水量信息,分析其变化趋势,为水文模型的参数化和验证提供帮助。在高山高原地区,植被覆盖的异质性增加了从雷达信号中去除植被影响的难度。除了植被覆盖和表面粗糙度,地形是在这一类地区进行土壤含水量反演的另一重要影响因素。由于地形因素导致的中断和遮蔽效果,基于多角度或者多时相雷达数据去除植被覆盖和表面粗糙度影像的土壤含水量反演算法很难用于高山高原地区,理论模型在这一地区的应用也面临大量参数和先验信息不足的问题。因此,对于高原山地地区土壤含水量方法的研究十分必要。

以上是目前利用多频、多极化雷达反演植被覆盖下土壤水的研究情况,但还没有成熟的算法能够完全利用雷达数据去除植被影响得到地表土壤水分信息,采用同步光学等多源遥感数据反演植被散射信号是近年来的研究热点。在利用多源遥感反演植被覆盖下土壤水方面,余凡等(2011)提出了一种利用ASAR数据和TM数据协同反演植被覆盖土壤水分的半经验耦合模型,该模型通过简化MIMICS模型,将研究对象分为植被冠层和土壤层两部分,模拟了冠层叶片含水量与单位体积内植被消光系数,后向/双向散射系数的经验关系,减少了模型的输入参数,使模型最关键的输入参数为光学易于反演的叶面积指数LAI。曾远文等(2012)结合微波雷达和光学影像在检测表层土壤水分信息上的优势,利用合成孔径雷达的后向散射系数对土壤表层(0~5 cm)水分非常敏感的特点,首先对雷达影像进行了正射校正,消除了地形起伏对影像的影响,然后基于光学数据获取植被含水量信息,并利用"水-云"模型去除植被覆盖对土壤后向散射的影响,运用去除地形和植被影响的后向散射系数,结合现有的土壤水介电模型,计算出了研究区的土壤表层水分信息。

综上所述,未来关于植被覆盖下土壤水的反演方法的发展趋势分为两个方向:一个是研究完全利用雷达数据去除植被影响得到地表土壤水分信息的方法,另一个方向是利用多源遥感数据反演植被覆盖下的土壤含水量。

5.1.2　土壤含水量雷达遥感定量反演机理

雷达入射波束与地表相互作用发生散射现象,雷达传感器接收到的散射信号携带有土壤含水量的信息,这是雷达遥感土壤含水量反演的理论基础。但是地表几何特征非常复杂,发生的散射现象也极其复杂。为了获取土壤含水量信息,通常需要建立散射模型来描述和分析地表散射特征,进而从雷达数据中提取有效信息。地表参数是指用来描述地表几何特征、介电特征等的参数。这里的地表参数主要是指地面与雷达入射波相互作用过程中影响地面散射特性的一系列因子,包括土壤含水量、地表粗糙度、土壤介电常数等。地表参数的变化对雷达后向散射系数影响也较大,其中起决定作用的是土壤含水量参数和地表粗糙度参数,而土壤含水量又是土壤介电特性的主要决定因素。在雷达系统参数和地表部分参数已知的情况下,可以用雷达系统参数建立后向散射系数与土壤含水量或土壤介电常数之间的关系,从而进行土壤含水量或者土壤介电常数的反演。

(1)土壤水分

自然界的土壤都是由很多大小不同的土粒,按不同的比例组合而成。按照颗粒不同大小,可以把土壤颗粒分为砂土粒、壤土粒和黏土粒,各粒级在土壤中所占的相对比例不同,称为土壤的机械组成,即土壤质地。土壤水便存在于这些土壤颗粒之间的空隙里,它是土壤液相的重要组成部分。根据土壤水分存在的物理状态、可移动性等,可将其分为固态水、气态水、化学结合水和结晶水、物理束缚水、膜状水、毛管水、重力水等。土壤水分是土壤介电常数的决定性因素。

土壤含水量的表示方法主要有:重量含水量、体积含水量、土壤水贮量、土壤水层厚度等,其中前两种较常用。

①重量含水量(重量百分数)

重量含水量是土壤水的重量占烘干土重的百分数,是土壤持水量最基本的
表示方法。公式为:

$$含水量\% = \frac{土壤含水量}{烘干土重量} \times 100\% = \frac{W_1 - W}{W} \times 100\% \qquad (5-1)$$

式中:W_1 为原样土重,W 为烘干土重。

②体积含水量(容积百分数)

体积含水量指土壤水的容积占土壤容积的百分数。它表明了土壤水填充土壤孔隙的程度。常温下土壤水的密度为 1 g/m³，此时土壤水重量的数值与土壤容积的数值相等，用公式表示为：

$$水容积\% = \frac{W_1 - W}{W/\rho} \times 100\% = 水重\% \times \rho_b \tag{5-2}$$

式中：ρ_b 为土壤容重（单位体积的原状土体的干土重），亦即土壤的体密度。

(2) 土壤介电常数

物体的介电常数是物体物理特性之一，用于描述物体的表面电学性质，由物质组成和温度决定。介电常数对于雷达遥感有着重要的意义。当雷达的入射波束到土壤表面时，在土壤表面发生散射和透射，散射波和透射波与入射波相比都发生了不同程度的衰减，其传播速度也随之发生改变，这种改变主要是由土壤的介电常数导致的，而介电常数受到多种因素的影响，包括土壤的物质组成、土壤温度及雷达入射波束频率等，其中对于土壤介电常数影响最大的就是土壤含水量，这也就是雷达反演土壤含水量的基础。

土壤介电常数可以表示为如下形式：

$$\varepsilon = \varepsilon' + i\varepsilon'' \tag{5-3}$$

式中：ε' 为表示复介电常数的实部，主要由土壤含水量决定，表示电磁波在两种介质表面表示发生反射和折射的现象；ε'' 为复介电常数的虚部，主要由土壤盐度决定，表示电磁波在介质中传播时的衰减(Shao et al., 2003)。由此，复介电常数的实部变化与土壤含水量变化密切相关。干沙土的介电常数大约为 2～5，纯水的介电常数大约为 80，随着土壤中水分的增加，其介电常数实部迅速增加，导致雷达回波增强。因此，为了描述土壤介电常数与土壤成分的关系，诸多专家开展了土壤介电模型的研究，提出了物理模型和经验、半经验模型，如四参数混合模型、Dobson 的半经验模型和 Topp 的经验模型等(Hallikainen et al., 1985; Dobson et al., 1985; Topp et al., 1980)。

土壤含水量与土壤介电常数有着直接的对应关系，所以精确测量土壤介电常数对于雷达遥感反演土壤含水量非常重要。介电常数的测量方法分为两大类：一是频域测量法，在频域中进行测量，把连续周期的电磁波当作探测信号，根据被测信号的响应状态进行测量，常用的有传输线法、自由空间法和谐振腔法；另外一类是时域测量法，如 TDR，在时域中进行测量，用脉冲电磁波作为探测信号，根据被测信号的瞬态响应进行测量。

(3) 粗糙度参数

地表粗糙度通常用两个参数来表示，分别为均方根高度 σ 和表面相关长度 l 这两个统计变量，它们分别从水平和垂直两个方向上来描述随机地表的几何特征。

① 均方根高度 σ

假设某一表面在 $x-y$ 平面内，其中一点 (x,y) 的高度为 $z(x,y)$，在表面上取统计意义上有代表性的某一块，尺度分别为 L_x 和 L_y，并假设这块平面的中心位于原点，则该表面平均高度为：

$$\bar{z} = \frac{1}{L_x L_y} \int_{-L_x/2}^{L_x/2} \int_{-L_y/2}^{L_y/2} z^2(x,y) \mathrm{d}x \mathrm{d}y \tag{5-4}$$

其二阶矩为：

$$\overline{z^2} = \frac{1}{L_x L_y} \int_{-L_x/2}^{L_x/2} \int_{-L_y/2}^{L_y/2} z^2(x,y) \mathrm{d}x \mathrm{d}y \tag{5-5}$$

表面高度的标准偏差即均方根高度 σ 为：

$$\sigma = (\overline{z^2} - \overline{z}^2)^{1/2} \tag{5-6}$$

对于一维离散数据，表面高度的均方根高度 σ 为：

$$\sigma = \left\{ \frac{1}{N-1} \left[\sum_{i=1}^{N} (z_i)^2 - N(\overline{z})^2 \right] \right\}^{1/2} \tag{5-7}$$

$$\overline{z} = \frac{1}{N} \sum_{i=1}^{N} z_i \tag{5-8}$$

式中：N 为采样数目。

②表面相关长度 l

一维表面剖视值 $z(x)$ 的归一化自相关函数可以定义为：

$$\rho(x') = \frac{\int_{-L_x/2}^{L_x/2} z(x) z(x+x') \mathrm{d}x}{\int_{-L_x/2}^{L_x/2} z^2(x) \mathrm{d}x} \tag{5-9}$$

它是对 x 点的高度 $z(x)$ 与偏离 x 的另一点的高度 $z(x+x')$ 之间相似性的一种度量。对于离散数据，相距 $x'=(j-1)\Delta x$ 的归一化自相关函数则由下式给出（其中 $j \geqslant 1$ 的整数）：

$$\rho(x') = \frac{\sum_{i=1}^{N+1-j} z_i z_{j+i-1}}{\sum_{i=1}^{N} z_i^2} \tag{5-10}$$

当相关系数 $\rho(x')$ 等于 $1/e$ 时的间隔值 x' 被定义为表面相关长度 l。表面相关长度 l 提供了估计表面上两点相互独立的一种基准，即如果这两点在水平距离上相隔距离大于表面相关长度 l，那么从统计意义上说，该两点的高度值是近似独立的。极限情况下，即当表面为完全纯光滑（镜面）表面时，面上每一点与其他各点都是相关的，相关系数为 1，因此在该特殊情况下，$l = \infty$。

5.2 土壤含水量地面卫星同步试验

5.2.1 研究区描述

青海湖位于青藏高原的东北部，是我国最大的高原内陆咸水湖，本章以青海湖西北部刚察县附近和鸟岛附近的高原草场为研究区域，共进行了三次 SAR 卫星同步地面观测试验，采样点分布如图 5.1 所示。研究区分布有 7 种土壤类型，包括栗钙土、高山草甸土、沼泽土、风沙土、山地草甸土、黑钙土和盐土，其中主要为栗钙土类。地表植被覆盖类型不是十分复杂，以草原牧草类为主，有芨芨草、针茅、高山蒿草、华扁穗草等类型。该地区为典型的高原半干旱高寒气候，全年降水量为 300～400 mm，90% 的降水集中在 5—9 月份。因此，这一时期土壤含水量的时空变化对牧草的生长状况非常重要。

第 5 章 青海湖流域土壤含水量雷达遥感定量反演

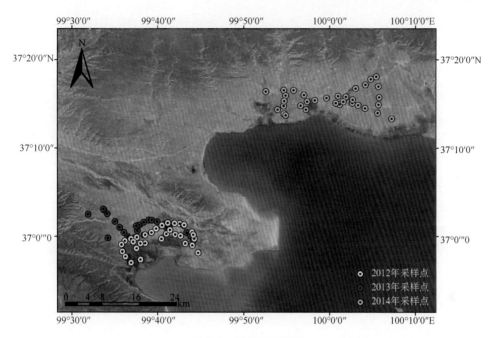

图 5.1 研究区示意图

5.2.2 图像数据描述

图像数据包括全极化 Radarsat-2 雷达数据和同步的 ETM+、TM 光学遥感影像数据。

Radarsat-2 是由加拿大太空署和 MDA 公司合作，联合出资开发的星载合成孔径雷达系统，雷达频率是 C 波段，为多极化雷达，是加拿大继 Radarsat-1 之后的新一代商用合成孔径雷达卫星，除延续了 Radarsat-1 的拍摄能力和成像模式外，还增加了 3 m 分辨率超精细模式和 8 m 全极化模式，并且可以根据指令在左视和右视之间切换，由此不仅缩短了重访周期，还增加了立体成像的能力，可以提供 11 种波束模式（表 5.1）及大容量的固态记录仪等，是目前世界上最先进的商业卫星。

表 5.1 radarsat-2 雷达卫星模式一览表

波束模式	极化	入射角	标称分辨率		景大小（标称值）
			距离向	方位向	
超精细	可选单极化	30°～40°	3 m	3 m	20 km×20 km
多视精细	(HH、VV、HV、VH)	30°～50°	8 m	8 m	50 km×50 km
精细	可选单 & 双极化	30°～50°	8 m	8 m	50 km×50 km
标准	(HH、VV、HV、VH)	20°～49°	25 m	26 m	100 km×100 km
宽	&(HH&HV、VV&VH)	20°～45°	30 m	26 m	150 km×150 km
四极化精细	四极化(HH&VV、HV&VH)	20°～41°	12 m	8 m	25 km×25 km
四极化标准		20°～41°	25 m	8 m	25 km×25 km
高入射角	单极化(HH)	49°～60°	18 m	26 m	75 km×75 km
窄幅扫描	可选单 & 双极化 (HH、VV、HV、VH)	20°～46°	50 m	50 m	300 km×300 km
宽幅扫描	(HH&HV、VV&VH)	20°～49°	100 m	100 m	500 km×500 km

在青海湖流域试验区先后获得三景 Radarsat-2 全极化(HH、HV、VH、VV)的雷达图像,图像的具体信息见表 5.2。

表 5.2 研究区 Radarsat-2 数据参数列表

获取时间	波段	入射角(°)	轨道	极化方式
2012-9-29	C	27.45	升轨	HH、HV、VH、VV
2013-5-13	C	28.20	降轨	HH、HV、VH、VV
2014-5-15	C	26.80	升轨	HH、HV、VH、VV

获取的 Radarsat-2 数据,利用 ESA 开发的 NEST(next esasar toolbox)软件和 ENVI 软件进行了预处理。通过 NEST 辐射定标,得到了研究区的后向散射系数图,运用 5×5 的增强型 Lee 滤波来减少雷达图像斑噪的影响,然后再经过基于 SRTM DEM 的距离—多普勒地形校正,最后得到分辨率为 3.13 m 的研究区后向散射系数图。然后利用 ENVI 根据采样点的地理坐标(实测时用 GPS 记录),提取采样区的后向散射系数值,由于研究区植被分布、土壤状况的空间异质性以及雷达侧视成像的独特性,每个像元对应的后向散射系数并不能代表该像元的真实后向散射情况,以采样点为圆心,取属性相同的圆形区域的后向散射系数的平均值来代表该采样点的后向散射系数值。

5.2.3 实测数据描述

与雷达图像获取同步,开展了 3 次青海湖研究区地面观测实验,获取了实验区土壤的理化参数。

(1)土壤体积含水量

共选取 122 个采样区,每个样区取 3 个样点,样点之间相距大概 30 m,然后用 TDR 法测定了每个样点 3 层剖面的土壤体积含水量(m_v)。

(2)土壤质量含水量

122 个采样区共 366 个采样点,每层剖面采集一个铝盒(规格 50 mm×35 mm)的土壤样品(图 5.2),共采集 1098 个土壤样品。土壤质量含水量测量方法是烘干法。每个样区的土壤含水量数据由 3 个采样点的数据进行平均得到。

(3)地表粗糙度参数

本章采用粗糙度板(长 2 m)测量粗糙度参数,获取了均方根高度 h 和相关长度 l。同样是每个样点测量 3 次,然后取平均作为这个样区的粗糙度(图 5.3)。

图 5.2 分层土壤样品采集

第 5 章　青海湖流域土壤含水量雷达遥感定量反演

图 5.3　地表粗糙度参数测量

(4) 介电常数

本章采用矢量网络分析仪测各个频率对应下的土壤介电常数,用线性内插插值出与 Radarsat-2 对应频率的介电常数,每个样点测 3 次,3 次取平均作为该样点最终的介电常数(图 5.4)。

图 5.4　介电常数测量

(5) 辅助数据

为了减小植被覆盖和地形对地表后向散射系数的影响,需要辅助数据来做处理。通过研究区的 SRTM DEM 数据来对 SAR 数据做地形校正。同时,也获取了研究区与 SAR 数据准同步的 Landsat8 OLI 数据,用 ENVI 做辐射定标、flaash 大气校正等预处理,再经过波段运算得到研究区的归一化水指数(normalized difference water index,NDWI)数据。然后再根据采样点的地理坐标(实测时用 GPS 记录),提取采样区的 NDWI 值(取每个样区 3 个采样点的平均值)。这些辅助数据都要经过几何校正和重采样匹配到 SAR 数据上。

5.3 青海湖流域土壤含水量反演模型

5.3.1 半经验植被后向散射模型

在雷达遥感反演土壤水分的研究中,地表覆盖的植被层会干扰土壤的后向散射信号,必须建立合理的植被散射模型,去除植被对后向散射信号的影响。严密的理论模型可被用于消除不同植被类型的散射影响,但是理论模型要求的输入参数众多,算法太过复杂,限制了它的适用性。本章采用"水-云"模型来从总的雷达后向散射信号中分离出植被层的影响。

"水-云"模型建立在辐射传输模型基础之上,通常使用很少的参数,但这些参数具有一定的机理性意义,在将模型用到具体的研究时,模型的参数用实测数据来确定。该模型建立的基本假设为:①假设植被为水平均匀的云层,土壤表层与植被顶端之间分布着均匀的水粒子;②不考虑植被和土壤表层之间的多次散射;③模型中的变量仅为植被高度、植被含水量和土壤湿度。模型的形式如下:

$$\sigma^0 = \sigma^0_{veg} + \tau^2 \sigma^0_{soil} \tag{5-11}$$

$$\sigma^0_{veg} = aVWC\cos\theta(1-\tau^2) \tag{5-12}$$

$$\tau^2 = \exp(-2bVWC\sec\theta) \tag{5-13}$$

式中:σ^0 为植被覆盖地表总的后向散射系数,σ^0_{veg} 为直接植被层的后向散射系数,τ^2 为雷达波穿透植被层的双层衰减因子,σ^0_{soil} 为直接土壤层的后向散射系数,θ 是入射角,VWC 是植被层的含水量,a、b 是经验常数,依赖于植被类型和入射角。准确获取 a、b 值需要大量的先验知识,如植被含水量、生物量等。这里 a、b 作为未知参数,通过实测数据拟合建立的模型来得到。除此之外,VWC 是一个很重要的输入参数,根据 Jackson et al.(1991)的研究,植被含水量 VWC 与一些植被生物指数如 NDVI(归一化植被指数)、NDWI(归一化水分指数)等之间是存在函数关系的。然而,根据先前的研究,NDVI 是基于红波段和近红外波段的运算得到的,这两个波段分别位于叶绿素强吸收带和植被层高反射区。因此,NDVI 更多代表的是叶绿素信息而不是含水量信息。相比于 NDVI,通过一些定量研究表明,基于 NDWI 的 VWC 估算优于 NDVI。因此,本节采用 NDWI 来计算植被含水量 VWC,公式如下:

$$VWC = e_1 NDWI^2 + e_2 NDWI \tag{5-14}$$

式中:e_1、e_2 是模型参数,$NDWI$ 通过下式计算:

$$NDWI = \frac{R_{NIR} - R_{SWIR}}{R_{NIR} + R_{SWIR}} \tag{5-15}$$

最后,结合前面的公式,"水-云"模型可以表达为:

$$\sigma^0 = aVWC\cos\theta(1-\exp(-2bVWC\sec\theta)) + \sigma^0_{soil}\exp(-2bVWC\sec\theta) \tag{5-16}$$

5.3.2 环青海湖草场植被覆盖地表土壤含水量反演模型

在建立了半经验植被散射模型的基础上,就可以在总雷达后向散射系数中去除植被层的

第 5 章　青海湖流域土壤含水量雷达遥感定量反演

影响,获得裸露地表的雷达后向散射系数。地表影响雷达后向散射系数的另一个重要因素是地表粗糙度,裸露地表微波散射理论模型可以正确地描述地表粗糙度对雷达后向散射系数的影响,但理论模型表达形式非常复杂,根本无法给出土壤含水量的具体解析形式,因此这些理论模型无法直接用于土壤含水量的反演,并且大量的地表参数数据难以获取,所以很难用理论模型从有限的地表观测数据中建立用于反演土壤含水量等地表参数的有效模型,因此国内外专家基于理论模型发展了更为实用的半经验模型。

具体到环青海湖草场的土壤含水量反演,因 Dubois 模型和 Chen 模型均可以在一定程度上去除地表粗糙度的影响,所需先验知识较少,有利于在高原高山等难以获取大量数据支持的地区使用,本节选用 Dubois 模型和 Chen 模型对比进行环青海湖草场植被覆盖地表土壤含水量反演。

Dubois 模型的公式如下所示:

$$\sigma_{vv}^0 = 10^{-2.35} \cdot \left(\frac{\cos^3\theta}{\sin^3\theta}\right) \cdot 10^{0.046 \cdot \varepsilon \cdot \tan\theta} \cdot (ks \cdot \sin\theta)^{1.1} \cdot \lambda^{0.7} \quad (5\text{-}17)$$

$$\sigma_{hh}^0 = 10^{-2.75} \cdot \left(\frac{\cos^{1.5}\theta}{\sin^{1.5}\theta}\right) \cdot 10^{0.028 \cdot \varepsilon \cdot \tan\theta} \cdot (ks \cdot \sin\theta)^{1.4} \cdot \lambda^{0.7} \quad (5\text{-}18)$$

式中:k 为自由空间波数,其值为 $2\pi/\lambda$,s 为地表均方根高度,θ 是雷达入射角,λ 是雷达入射波波长,σ^0 为雷达后向散射系数,h 和 v 分别为水平极化和垂直极化,ε 为土壤介电常数。结合 Dubois 模型的两个方程,可以将其转化为土壤介电常数和其他已知雷达系统参数的表达式,如下所示:

$$\varepsilon = \frac{1}{0.024\tan\theta}\log_{10}\left(\frac{10^{0.19}\lambda^{0.15}\sigma_{HHsoil}^0}{(\cos\theta)^{1.82}(\sin\theta)^{0.93}\sigma_{VVsoil}^{0\ 0.786}}\right) \quad (5\text{-}19)$$

式中:σ_{HHsoil}^0 和 σ_{VVsoil}^0 分别为 HH 极化和 VV 极化的裸土雷达后向散射系数,通过水-云模型来去除植被影响,可以表示为:

$$\sigma_{soil}^0 = 1 + \frac{\sigma_{image}^0 - cVWC\cos\theta}{\exp(-2dVWC\sec\theta)} \quad (5\text{-}20)$$

式中:σ_{image}^0 为雷达图像中获取的总后向散射系数,c、d 均为经验参数,对于不同极化方式 HH 和 VV,其值也有所不同,因此,σ_{HHsoil}^0 可以表示为:

$$\sigma_{HHsoil}^0 = 1 + \frac{\sigma_{HHimage}^0 - a_h VWC\cos\theta}{\exp(-2b_h VWC\sec\theta)} \quad (5\text{-}21)$$

$\sigma_{HHimage}^0$ 可以表示为:

$$\sigma_{VVsoil}^0 = 1 + \frac{\sigma_{VVimage}^0 - a_v VWC\cos\theta}{\exp(-2b_v VWC\sec\theta)} \quad (5\text{-}22)$$

式中:$\sigma_{HHimage}^0$ 和 $\sigma_{VVimage}^0$ 分别为从 SAR 图像中获取的 HH 极化和 VV 极化的总后向散射系数,先通过公式(5-14)和式(5-16)去除植被层影响,然后通过公式(5-19)、(5-21)和(5-22),可以用雷达系统参数和 SAR 数据后向散射系数表示土壤介电常数 ε,最后通过 Topp 等建立的土壤含水量与土壤介电常数的经典土壤介电模型来计算获取土壤含水量信息,如下所示:

$$m_v = -5.3 \times 10^{-2} + 2.92 \times 10^{-2}\varepsilon - 5.5 \times 10^{-4}\varepsilon^2 + 4.3 \times 10^{-6}\varepsilon^3 \quad (5\text{-}23)$$

Chen 模型假设地表粗糙度可以用指数相关方程来表示,对 IEM 模型进行多重线性回归得到的。该模型用 HH 和 VV 极化的后向散射系数的比值来描述地表的后向散射特征。公式如下所示:

$$\ln M_v = C_1 \frac{\sigma_{HHsoil}^0}{\sigma_{VVsoil}^0} + C_2\theta + C_3 f + C_4 \quad (5\text{-}24)$$

式中：$\sigma^0_{HHsoil}/\sigma^0_{VVsoil}$ 为用 dB（分贝）表示的裸露土壤的 HH 与 VV 极化的后向散射系数的比，为用度数表示的入射角，为观测的微波频率（GHZ），C_1，C_2，C_3 和 C_4 是待拟合参数。

对于 Chen 模型，也同样先用公式(5-14)和(5-16)去除植被含水量，由于其没有介电常数作为中间值，可以直接进行土壤含水量的计算，需要注意的是，Chen 模型中的 $\sigma^0_{HHsoil}/\sigma^0_{VVsoil}$ 为用 dB 表示的裸露土壤的 HH 与 VV 极化的后向散射系数之比。

5.3.3 精度评价标准

建立的模型的好坏可以用以下两个指标来评价：均方根误差（RMSE）、标准差（SD）与均方根误差的比值（the ratio of (standard error of) prediction to standard deviation，RPD）

$$RMSE = \sqrt{\frac{1}{N}\sum_{i=1}^{N}(P_i - O_i)^2} \tag{5-25}$$

$$RPD = \frac{SD}{RMSE} \tag{5-26}$$

式中：N 是总的样本数，P_i 是样本 i 的预测值，O_i 是样本 i 的测量值。RPD 是评价模型鲁棒性和有效性的重要指标，很多研究中都用它作评价指标。本节采用了 Chang 的模型评价标准，如果 $RPD > 2$，说明模型适用，如果 $1.4 \leqslant RPD \leqslant 2.0$，说明模型适用性可以通过改进来提高，如果 $RPD < 1.4$，说明模型不适用。

5.4 青海湖流域土壤含水量监测结果

5.4.1 反演流程

运用上一节建立的反演模型，进行研究区的土壤水分反演，技术流程如图 5.5 所示，整个处理步骤如下所示。

①预处理，对 SAR 数据、辅助数据及实测数据进行预处理；
②建立反演模型，结合"水-云"模型、Chen 模型及 VWC 和 NDWI 之间的经验关系，建立一个新的反演模型；
③反演模型的参数拟合，利用实测数据、SAR 和辅助数据，进行参数拟合；
④反演模型验证，利用实测数据、SAR 和辅助数据，对拟合好的模型进行精度验证；
⑤反演研究区土壤含水量，生成土壤水含量图。

植被覆盖下土壤水反演模型建立以后，用研究区的实测数据以及 SAR、辅助数据进行参数拟合和验证。分别对 3 次卫星地面同步试验建立反演模型，2012 年 9 月在研究区获取了 33 个合格的样本数据建立模型，2013 年 5 月在研究区获取了 32 个合格的样本数据建立模型，2014 年 5 月在研究区获取了 32 个合格的样本数据。随机选取 2/3 的样本数据进行模型的校正，其余样本数据用于模型的验证。模型的输入参数包括 Radarsat-2 的配置参数（入射角、频率）、实测的样区的土壤体积含水量、每个样区的 HH、VV 极化的后向散射系数以及相应的 NDWI。模型校正过程的优化算法为准牛顿法，用于拟合算法的经验参数。

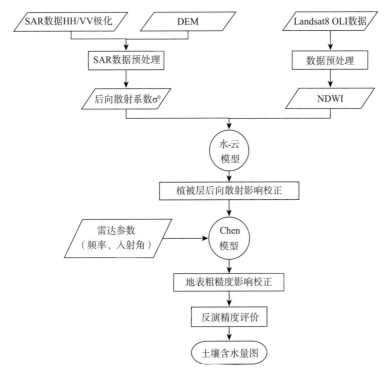

图 5.5 土壤水分反演技术流程图

5.4.2 模型判识结果

将 2012 年、2013 年、2014 年的样本集分别建立土壤含水量反演模型,得到的评价结果见表 5.3。

表 5.3 土壤含水量反演结果

试验日期	数据集	RMSE	R^2	RPD
2012/09	校正集	4.81	0.70	1.57
	验证集	6.6	0.80	1.25
2013/05	校正集	1.76	0.88	3.5
	验证集	2.56	0.78	1.84
2014/05	校正集	3.21	0.78	2.19
	验证集	3.77	0.71	1.64

图 5.6 为两个模型的土壤含水量预测值和实测值的对比结果。从图中可以看出,Chen 模型的 2012 年 9 月、2013 年 5 月和 2014 年 5 月的反演结果 R^2 和 RMSE 分别为 0.59 和 4.81、0.92 和 0.76 以及 0.4 和 3.05,而 Dubois 模型相对应的反演结果 R^2 和 RMSE 分别为 0.7 和 4.3、0.88 和 2.2 以及 0.7 和 3.36。从 2012 年 9 月和 2014 年 5 月的反演结果来看,Dubois 模型的反演结果要好于 Chen 模型的结果,而二者基于 2013 年 5 月数据的反演结果大体一致。因此,无论是稳定性还是精确性,Dubois 模型在研究区的应用结果更为均衡,能够满足研究区土壤含水量反演的要求。

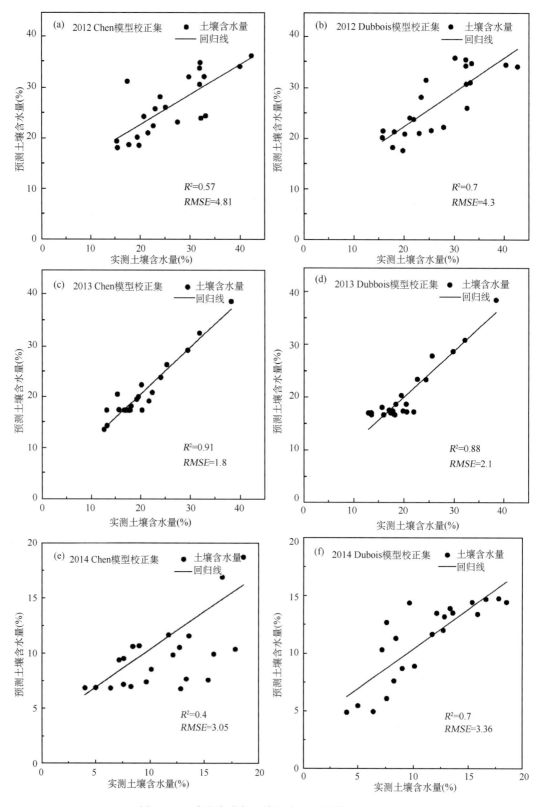

图 5.6 环青海湖草场土壤含水量反演模型校正结果

5.4.3 模型验证

为了评估模型的合理性,用研究区实测数据验证集对模型进行精度验证。将校正集拟合得到的经验参数应用于验证数据集,再结合雷达系统参数、NDWI 和后向散射系数用模型预测土壤含水量。图 5.7 为两个模型的土壤含水量预测值和实测值的对比结果。

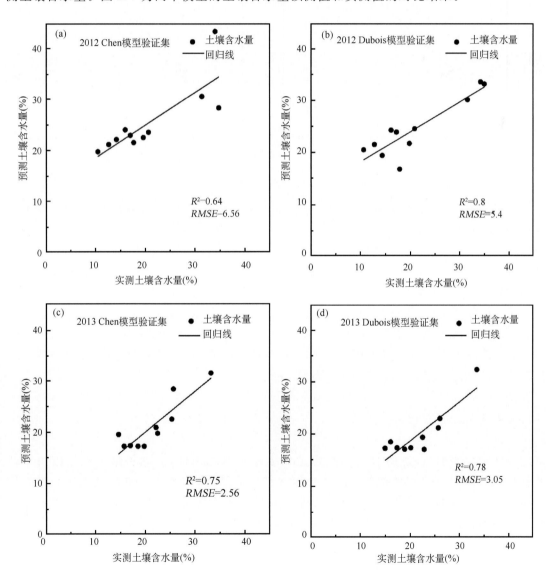

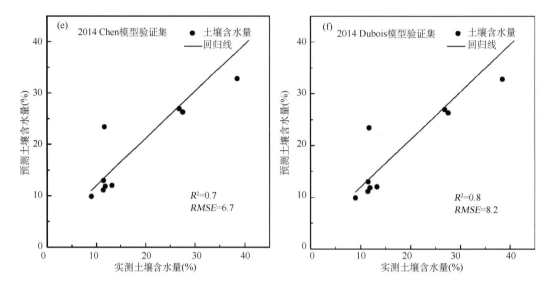

图 5.7 环青海湖草场土壤含水量反演模型验证结果

由图可知,验证结果与之前的结果一致,Dubois 模型的表现比 Chen 模型更稳定,精度也更高。Dubois 模型验证结果的 $RMSE$、R^2 和 RPD 分别为(5.4,0.8,1.6)、(3.05,0.78,1.74)和(8.2,0.8,1.6),而 Chen 模型验证结果的 $RMSE$、R^2 和 RPD 分别为(6.6,0.64,1.25)、(2.56,0.75,1.84)和(6.7,0.7,1.06)。而两个模型 2013 年 5 月的验证结果均优于 2012 年 9 月的结果。根据两个模型的校正结果和验证结果,Dubois 模型更适用于这一地区的土壤含水量反演。精度验证的结果表明,水-云模型与 Dubois 模型的结合相对于 Chen 模型更加适用于研究区,三次验证结果的 RPD 和 R^2 分别为 1.6 和 0.8、1.74 和 0.78 以及 1.6 和 0.8,根据 Chang 等的评估标准,这一模型属于 B 级,亦即在精度和稳定性上能够满足研究区土壤含水量反演的要求,虽然该模型还有进一步提高的可能。

5.4.4 土壤水分空间分布

验证结果表明,改进的 Dubois 模型适用于这一研究地区,因此将这一模型应用于研究区反演环青海湖草场植被覆盖地表土壤含水量信息,图 5.8~5.10 为基于这一模型所获取的研究土壤含水量信息,其中无法进行土壤含水量反演的地区根据研究区覆盖信息进行了掩膜处理,其中图 5.8 和图 5.9 为环青海湖草场的西部地区,图 5.10 为环青海湖草场的北部地区。

第 5 章 青海湖流域土壤含水量雷达遥感定量反演

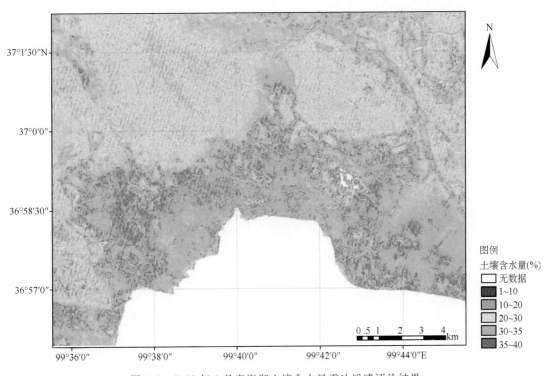

图 5.8 2012 年 9 月青海湖土壤含水量雷达遥感评价结果

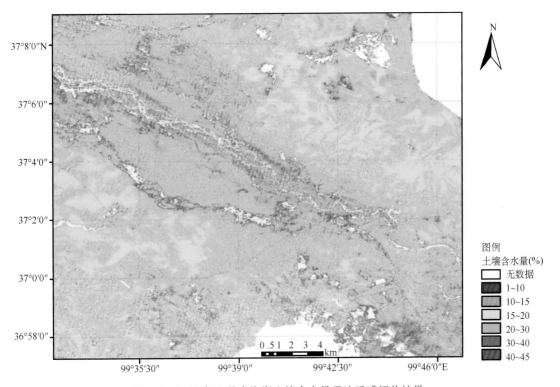

图 5.9 2013 年 5 月青海湖土壤含水量雷达遥感评价结果

图 5.10　2014 年 5 月青海湖土壤含水量雷达遥感评价结果

本节结合"水—云"模型和 Chen 模型、Dubois 模型,提出了一种适用于青海湖流域植被覆盖地表土壤水分反演模型,将该模型应用到青海湖流域研究区,验证结果表明,该模型在研究区取得了很好的反演精度,因此该模型能被推广到生产高原牧草区域土壤水分含量图,如图 5.8~5.10 所示,2014 年 5 月期间,研究区大部分的土壤含水量都集中在 5%~15%,且这些区域大多位于远离湖和河流的山区,而在靠近水体的区域,土壤含水量都比较高,基本上与水体的距离成反比,另外在研究区的东南部,土壤含水量整体要高一点,这是因为这块区域主要是垄状的人工草场与农场,两边有灌溉的水渠,灌溉和靠近湖使得这块区域的土壤含水量会相对高一点,在 NDWI 图上,这块区域是个相对高值区,说明水分含量高。由研究区的土壤水分含量图,可以很好地预测高原牧草的生长状况,这对于研究该区域的草场退化具有重要的意义。

第6章　青海湖流域生态质量评价指标体系

本章主要讲述基于多源遥感数据的草地生态质量评价遥感评价标准体系的构建。草地生态质量因素作为流域重要的环境参数之一,直接决定流域草场生长状态。本章将基于多源数据,重点攻克牧草生态质量信息的获取与分析技术,开发牧草生产管理决策系统,具有创新性。

本章基于国内外已有的生态环境质量评价指标体系与获取的遥感监测指标,针对青海湖流域草地生态演化的特征,建立包括草地组成特征、草地生产力、牧草品质、物种退化、环境条件等因素的青海湖流域草地生态质量遥感评价指标体系。采用单因子模型、多因子模型和空间变化模型,对青海湖流域草地生态质量进行遥感定量评价及变化趋势分析,为青海湖草地生态保护和修复提供直观、快速、动态和业务化的定量评价方法和技术体系,并为国内其他高寒草地生态管理应用提供借鉴。

6.1　青海湖流域生态质量评价指标体系建立

6.1.1　青海湖流域草地生态质量评价指标体系研究

6.1.1.1　适用范围
本体系规定了青海湖流域草地生态质量评价技术的内容和方法。适用于基于遥感数据的青海湖流域草地生态质量的评价工作。

6.1.1.2　适用时间
本体系对青海湖流域草地生态质量评价的适用时间应以所使用数据的时间跨度范围为准。

6.1.1.3　评价指标体系的确立原则
(1)科学性和可操作性结合原则

要充分认识区域生态环境系统结构功能特征,选取能较客观和真实反映系统发展状态及不同组成部分相互联系的指标,且含义要明确清楚;同时,充分考虑理论研究是否现实可行、指标是否易于量化、资料是否便于获取以及计算过程是否过于繁杂等,故应尽量利用现有资料,选择有代表性的主要指标。

(2)完备性与主导性结合原则

作为有机整体,指标体系应能从不同角度涵括区域生态环境主要特征,综合反映影响区域生态环境的各种因素;但也不排除抓住反映区域生态环境质量水平的主要因素,选取的指标要能反映生态环境质量的优劣状况及生态环境的突出特点。

(3) 动态指标与静态指标结合原则

景观的过程动态性,要求选取能反映区域生态环境质量演变序列和发展趋势的指标,以反映生态环境的动态变化;与此同时,由于现状生态环境既是过去相关因素作用的结果,也影响着未来生态环境状况,我们同样要注意选取能够反映景观格局的静态指标。

(4) 系统性与层序性结合原则

区域生态环境的系统性要求选取的评价指标在服从于客观真实衡量区域生态环境状况前提下成为一个体系;指标间的组织必须依据一定的逻辑规则,具有较强结构层次性和顺序性,一般由 3～4 层构成,越往上指标越综合,越往下指标越具体。

6.1.1.4 评价单元

对草地生态质量的评价主要是基于遥感影像,再结合其他的一些统计分析数据等。因此,最终构建的评价指标体系是以遥感影像的像素作为评价单元。

6.1.1.5 评价内容

基于国内外已有的生态环境质量评价指标体系与项目获取的遥感监测指标,针对青海湖流域草地生态演化的特征,建立包括自然指标、牧草利用指标、牧业经济指标的青海湖流域草地生态质量遥感评价指标体系。采用单因素分析、多因素结合的评价方法,对青海湖流域草地生态质量进行遥感定量、定性评价及变化趋势分析,可以直观地了解流域内的生态状况,为流域内的放牧及草地生态的保护提供指导意见,并为国内其他高寒草地生态管理应用提供借鉴。

6.1.2 青海湖流域草地生态质量评价方法

6.1.2.1 青海湖流域草地生态质量评价流程

青海湖流域草地生态质量评价的流程包括:评价指标体系的构建、评价指标的收集和筛选、评价指标的预处理和权重赋值、综合评价指标的计算及研究区域草地生态质量的分级评价。

根据青海湖流域草地生态质量评价指标体系,通过单因素分析、多因素结合的评价方法,得到青海湖流域的草地生态质量评价分级图,能够直观地了解研究区的草地生态质量的优劣情况,并做出相应的评价分析。具体的流程见图 6.1。

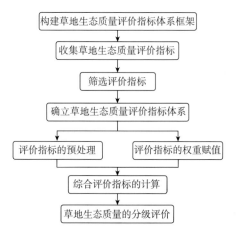

图 6.1 青海湖流域草地生态质量评价流程图

6.1.2.2 草地生态质量评价指标体系的基础框架

生态环境质量一般是在多种因素共同作用下的一个结果反映。不同地区的自然条件不同,形成了种类繁多的生态系统。同样,在这不同的生态系统中生活着不同民族的居民,他们固有的生产生活方式也影响着其居住范围内的生态环境质量。

在对青海湖流域草地生态质量进行评价的时候,不仅要考虑流域范围内的自然生态环境的状况,还要考虑当地居民的生产生活与自然环境的相互作用。因此,本章的评价指标体系主要包括以下三个部分。

(1)自然指标

自然条件对生态环境有着最直接的影响,决定着生态系统的演替发展方向。在进行生态质量评价指标体系构建时,自然因素是最基础的组成部分。

(2)牧草利用指标

在对草地生态质量进行评价时,不仅要分析其生长的自然环境,还需要考虑草地自身的一些条件因素。相同的自然条件下,草地自身的差异性同样影响着其分布区域内的生态质量。

(3)牧业经济指标

随着社会的发展,人类的活动对生态环境的影响力越来越大,同样,两者之间又是相互作用、相互制约的。评价一个区域生态质量的优劣,仅仅考虑自然环境的好坏是不全面的,还应加入自然条件资源对人类生产生活的贡献。

6.1.2.3 评价指标的收集和筛选

评价指标体系的好坏取决于其构建过程中收集和选择的单因素指标是否全面、合理。依据评价指标体系框架,收集与本章研究相关的单因素指标,并在已确立的指标体系构建原则的基础上,对所收集的单项指标进行筛选。

(1)自然指标

草地的生态质量跟其生长环境和自然条件息息相关。温度作为草地生长最为重要的条件之一,其对于草地生态质量的评价是必不可少的。利用收集到的流域范围内的气象数据,结合DEM高程数据,计算得到全流域的温度分布值。此外,光照时长及降水量虽然对草地的生长状况也具有一定的影响,但由于其只是单个站点的零散数据,且全流域的数据难以获取,因此在本章的评价过程中不做选择。

植被指数利用卫星不同波段探测数据组合而成,能反映植物生长状况的指数。植物叶面在可见光红光波段有很强的吸收特性,在近红外波段有很强的反射特性,这是植被遥感监测的物理基础,通过这两个波段测值的不同组合可得到不同的植被指数。本章选用的是归一化植被指数,通过近红外与红光的波段运算,能够直观地反映地表草地的生长状态和覆盖度。

坡度是指地表单元陡缓的程度,通常把坡面的垂直高度和水平距离的比值称为坡度。坡度的差异在一定程度上能够反映草地生态质量的优劣,坡度大的地方地势陡峭,不易于土壤水分的保持,反之,坡度小的地方地势平坦,土壤水分含量高,易于草地的生长。

因此,自然指标主要包括温度、归一化植被指数及坡度,同时还加入了地表的土地覆被分类数据。此外,土壤厚度与草地的生态质量也是密切相关的,小范围的土壤厚度数据可以通过实地的土层样本采集并结合相应的遥感数据获得,而全流域的土壤厚度数据的获取是相当困难的,即便是通过遥感反演的手段,也会因为受限于样本数量的局限,造成较大的误差,不适用于评价研究。

(2)牧草利用指标

生物量是指某一时刻单位面积内实际存在的生活有机物质(干重)总量,其反映的是地表植被的生产力的差异。本章引用的生物量数据是通过地面实测的光谱数据,结合实地同步的地上生物量采集建立估算模型,然后利用遥感数据得到全流域的生物量反演数据,能够直观量化地反映地表植被的丰度差异,较好地体现草地的生态质量状况。

然而一个完整草地生态质量不能只局限于草地的自然属性,实际生产生活中,某些长势较好的草地并不能作为放牧的牧草,或者受限于地理位置的限制而不能用作放牧。因此,在选用生物量指标的同时还应在指标体系中加入草地类型及草地的实际利用率,以使得本章的评价指标体系更为合理、全面。

(3)牧业经济指标

评价草地生态质量,不仅要考虑自然因素,还应当考虑其社会因素。随着人类社会的发展,其生产生活方式与自然环境的和谐统一已经越来越引起人们的关注。作为与草地生态质量最为相关的畜牧业,其发展水平能够间接地反映草地生态质量的优劣,理应作为草地生态质量评价指标体系的一个重要的组成部分。

为反映评价区的畜牧业水平,本章收集并分析了流域范围内各区县的畜牧业经济指数,最终选定载畜量和牧业产值作为牧业经济指标的评价因子。通过比较各区县所能承受的放牧牲畜量及其实际的牧业产出效益,反映其畜牧业水平差异,从而间接地体现了各区县的草地生态质量的差异。

(4)草地生态质量评价指标体系

针对青海湖流域草地生态质量进行评价,指标的选择应着重于那些对于草地生态环境影响较大的指标,且在研究区域内具有较大的差异,以便进行等级划分。同时,评价指标的确定还需要符合实际情况并且要考虑评价指标获取的难易程度。在参考了国内外已有的关于生态环境质量评价指标体系构建的文献的基础上,结合研究需求及研究区域的地理和生态特征,建立以自然指标、牧草利用指标和牧业经济指标为分类的青海湖草地生态质量评价指标体系。其中自然指标包括温度、植被指数(NDVI)、坡度、土地覆被分类;牧草利用指标主要有生物量、草地类型、天然草地可利用百分率;牧业经济指标则包含牧业产值及载畜量(表6.1)。

表6.1 青海湖流域草地生态质量遥感评价指标体系表

一级类	自然指标				牧草利用指标			牧业经济指标	
二级类	温度	植被指数NDVI	坡度	土地覆被分类	生物量	草地类型	天然草地可利用百分率	牧业产值	载畜量

6.1.2.4 评价指标的预处理

(1)指标同趋势化

在多指标综合评价中,指标值越大、评价越好为正向指标;指标值越小、评价越好为逆向指标;指标越接近某个值越好为适度指标。为了进行综合的评价分析,需要将逆向指标和适度指标转化为正向指标,也称指标的正向化。

(2) 指标标准化

多指标评价中,由于各个指标的单位不同、量纲不同、数量级不同,不便于分析,甚至会影响评价的结果。因此,为统一标准,首先要对所有评价指标进行标准化处理,以消除量纲,将其转化成无量纲、无数级差别的标准分,然后再进行分析评价。

本体系采用的标准化处理公式为:

$$a = (X - X_{\min})/(X_{\max} - X_{\min}) \times 10 \tag{6-1}$$

式中:a、X、$X_{\max}$、$X_{\min}$ 分别为某一指标的标准化值、实际值、最大值和最小值。经标准化处理后指标数值变为 0~10 的无量纲化值。

6.1.2.5 评价指标的权重赋值

不同指标对草地生态质量的影响程度是不一样的,因此需要对各单项指标进行权重赋值。指标的权重通常是通过专家咨询或通过建立各评价指标与草地生态质量之间的多元线性回归方程等方法确定。

通过单因素分析、多因素结合,综合多源数据,确定宏观尺度上对流域范围内的草地生态质量进行定量评价的因子和指标体系。在此基础上综合分析收集的资料、参考文献、先验知识及专家意见,确立了指标体系的一级类权重,同时还细化了二级类的权重,最终得到了各评价指标的综合权重,具体的权重分布见表 6.2。

表 6.2 草地生态质量评价指标权重分布值

	一级类	一级权重	二级类	二级权重	综合权重
评价指标体系权重值	自然指标	6/10	温度	3/10	18/100
			归一化植被指数	3/10	18/100
			坡度	2/10	12/100
			土地覆被分类	2/10	12/100
	牧草利用指标	3/10	生物量	5/10	15/100
			草地类型	3/10	9/100
			天然草地可利用百分率	2/10	6/100
	牧业经济指标	1/10	牧业产值	5/10	5/100
			载畜量	5/10	5/100

6.1.2.6 综合评价指标的计算

草地生态质量的影响因素很多,单一的指标只能在草地生态的某一方面体现其质量的好坏。因此,要想科学合理地评价草地生态的质量需要综合考虑多个因素,如植被、坡度、温度、载畜量等。通过分析不同因子对草地生态质量的影响状况,并根据各单因子对草地生态质量的影响程度的不同,赋予其相应的权重,从而建立一个综合的评价体系。

通过采用专家打分的方法,确定各评价指标的权重,建立评价模型,通过模型内的综合评价指标来反映青海湖流域的草地生态质量。计算模型为:

$$EI = \sum \lambda_i \times P_i \tag{6-2}$$

式中:λ_i 为第 i 个指标的权重值,P_i 为第 i 个单项指标的标准化值。

6.1.3 青海湖流域草地生态质量分级与评价

定量的评价指数反映的是数值上的差异,而定性的评价则能在宏观上更为直观地描述草地生态质量的优劣。为此,我们需要依据草地生态质量遥感综合评价指数,对其进行阈值划分,并对每一级的阈值范围给予一个大体上的定性评价指标,来体现不同地区的草地生态质量的差异性。

根据研究区的实际情况,结合往年的统计数据、相关文献及专家的意见,在综合各方面的资料信息后,将草地生态质量分为四级,大体可表示为:

$$\begin{array}{l} 0 \leqslant EI < a \quad 差 \\ a \leqslant EI < b \quad 中 \\ b \leqslant EI < c \quad 良 \\ c \leqslant EI \leqslant 10 \quad 优 \end{array} \quad (6\text{-}3)$$

式中:EI 为草地生态质量遥感综合评价指数,a、b、c 为分级模型的阈值。

在已确立的四级分类模型的基础上,参考各方面的资料信息,进一步确定了其分级阈值,得到分级阈值表,如表 6.3 所示。

表 6.3　草地生态质量评价分级阈值表

评价	差	中	良	优
阈值	0～3	3～5	5～7	7～10

根据给定的阈值范围,对标准化后的草地生态质量综合评价指数进行分级处理,得到青海湖流域草地生态质量遥感评价分区图。通过分析可以得到评价区内的草地生态质量的区域信息及变化趋势,从而为流域内的草地生态质量的保护提供借鉴。

6.1.4 青海湖流域草地生态质量评价指标体系的完善和优化

青海湖流域草地生态质量评价指标体系是一个综合性的指标体系,以遥感影像分析为基础,结合评价区的统计数据及生产生活需求,对流域范围的草地生态质量做出定量和定性的评价。通过对结果的分析评价,对指标的设置和权重赋值进行调整,从而完善指标体系,使得指标体系更为科学、合理,为评价区的草地生态保护和生产生活提供正确的决策和导向。

6.2 青海湖流域生态质量评价

6.2.1 研究目标

以青海湖为示范研究区,拟通过基于多源数据,开展流域草地生态质量评价指标体系的构建,对青海湖流域草地生态质量进行遥感定量评价及变化趋势分析,为青海湖草地生态保护和修复提供直观、快速、动态和业务化的定量评价方法和技术体系,并为国内其他高寒草地生态管理应用提供借鉴。

6.2.2 研究范围

草地生态质量评价研究范围为整个青海湖流域,其位于青藏高原东麓,流域总面积3万km²,主要包含共和、天峻、刚察和海晏四个县,水域面积约4000 km²,为我国内陆最大的湖泊,是维系青藏高原东北部生态安全的重要水体,具有阻挡西部荒漠化向东蔓延的天然屏障作用(图6.2)。

图6.2 青海湖流域2009年8月TM遥感影像真彩色合成遥感影像

6.2.3 研究数据

宏观上定性评价青海湖流域的草地生态质量,并获得其量化值,需要借助遥感的途径和方法。相对于传统的方法,遥感在宏观上获取地面数据具有较大的优势。通过对遥感卫星获取的遥感影像的处理,很容易就能获取大面积范围的植被及地物覆盖信息等。但遥感影像受限于传感器的分辨率、波段数、幅宽、时相及天气的影响,也具有一定的局限性。因此,仅仅通过遥感影像一种数据源是无法合理、有效地对青海湖流域的草地生态质量进行评价的。

以遥感影像数据为基础,结合流域范围内的DEM高程数据、矢量数据、气象数据及一些统计年鉴数据,通过对这些来自不同途径的数据的综合处理分析,很大程度上避免了使用单一数据源来进行评价分析的不合理性,弥补了单一数据源的局限性等问题,为最后评价结果的真实有效提供了保障。

具体包括:

①遥感影像数据

包括:Landsat 2009—2011年7、8月的TM影像数据,分辨率为30 m,通过四景影像数据的镶嵌,覆盖整个青海湖流域;Landsat8 2013年夏季OLI遥感影像数据;两景2012年9月HJ-1 CCD卫星遥感影像数据。

②DEM 高程数据

包括:ASTER 30 m 分辨率的 DEM 数据,裁剪出整个青海湖流域的范围。

③统计数据

包括:1961—2012 年环湖气象资料及全国气象站台号及经纬度;青海省各地可利用草地面积;《2011 青海统计年鉴》中 2010 年青海湖流域范围内各区县的实际牧业产值;2002 年青海湖地区各区县的现存载畜量。

6.2.4 青海湖流域草地生态质量的定量分析

6.2.4.1 单个指标的定量分析

(1)温度

温度与草地的生长有着密切的联系,是评价草地生态质量不可缺少的因子。同时温度与高程也存在着一定的相关性,即海拔高度每上升 1000 m,温度下降 6.5℃。在这一关系的基础上,本节收集统计了刚察气象站 2000—2012 年的年平均气温,求得总的年平均气温,并依据气象站点的经纬度及高程值(表 6.4),结合流域范围的 DEM 数据,最终获得了全流域范围的温度反演图(图 6.3)。计算公式为:

$$T = t - ((H - h)/1000) \times 6.5$$

式中:t 为刚察气象站点 2000—2012 年的年平均气温,h 为刚察气象站点的高程值。

表 6.4　刚察气象站点(52754)2000—2012 年年平均气温(℃)

年份	2000	2001	2002	2003	2004	2005	2006	2007	2008	2009	2010	2011	2012
年均温	−0.16	0.42	0.17	0.65	0.23	0.56	0.91	0.61	0.18	0.72	1.13	0.5	−0.06
多年平均温度	0.45												

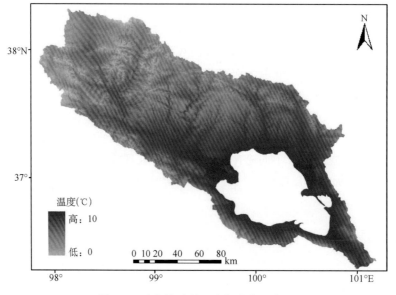

图 6.3　青海湖流域温度标准化反演图

第6章 青海湖流域生态质量评价指标体系

(2)归一化植被指数(NDVI)

归一化植被指数是反映土地覆盖植被状况的一种遥感指标,在遥感影像中表示为近红外波段的反射值与红光波段的反射值之差与之和的商,即 NDVI=(NIR-R)/(NIR+R)。在 TM 影像中 TM 第四波段为近红外波段,第三波段表示为红光波段,因此,若通过 TM 影像来计算 NDVI,则公式可表示为 NDVI=(TM4-TM3)/(TM4+TM3)。

NDVI 可用于检测植被生长状态、表示地表植被覆盖度,并能消除部分辐射误差,能够消除大部分与仪器定标、太阳角、地形、云阴影和大气条件有关辐照度的变化,增强对植被的响应能力。$-1 \leqslant NDVI \leqslant 1$,负值表示地面覆盖为云、水、雪等,对可见光高反射;0 表示有岩石或裸土等,NIR 和 R 近似相等;正值表示有植被覆盖,且随覆盖度增大而增大。水体虽然在 NDVI 里反映为负值,但实际情况中,水体对于草地的生态是十分重要的,因此,在 NDVI 的量化结果里,将水体的 NDVI 纠正为 1。

利用 ENVI 的 bandmath 功能,根据 NDVI 的计算公式,选取 TM 影像红光和近红外波段,可以获取青海湖流域的归一化植被指数(图 6.4)。

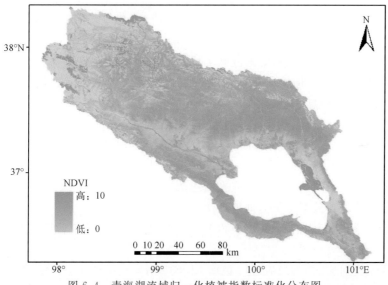

图 6.4 青海湖流域归一化植被指数标准化分布图

(3)坡度

坡度是指地表单元陡缓的程度,通常把坡面的垂直高度和水平距离的比值称为坡度。坡度的差异一定程度上能够反映草地的生态质量的优劣,坡度大的地方地势陡峭,不易于土壤水分的保持,反之,坡度小的地方地势平坦,土壤水分含量高,易于草地的生长。

坡度的计算公式:α(坡度)$=\tan^{-1}$(高程差/水平距离),利用 ArcGIS 软件中的坡度计算工具(slope 模块),通过 DEM 数据可以计算得到青海湖流域的坡度数据(表 6.5)。

此外,根据耕地坡度分级标准,将坡度分为五级(上含下不含),然后进行标准化处理,如图 6.5 所示。

表 6.5 耕地坡度分级表

级别	一级	二级	三级	四级	五级
坡度	≤2°	2°~6°	6°~15°	15°~25°	>25°

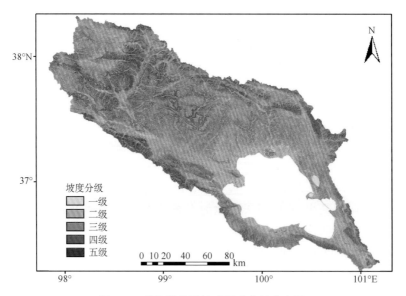

图 6.5　青海湖流域坡度标准分级分布图

(4) 土地覆被分类

土地覆被分类的数据来自《青海湖流域土地覆被变化高精度监测技术》(内部资料),其主要思路是利用遥感影像的光谱特征及空间和纹理特性,同时结合专家背景知识信息、地学知识信息及辅助多种非遥感信息资料,参量化青海湖流域土地覆被关键特征,在已有数据条件的基础上,比较了分块主成分分析、最佳波段指数、自适应波段选择、J_M 距离可分性计算等,以有效降低数据量保留特征波段为原则,研究针对青海湖流域特点的特征波段库优化算法;利用 LISA(local indicator spatial analysis) 与 GLCM(grey level co-occurrence matrix) 进行图像空间纹理分析,研究加入空间纹理信息的多光谱图像分类;对多时相数据分类后处理算法进行研究比较,初步建立多时相数据分类后处理算法流程。

以 Landsat8 OLI 为数据源,获取了 2013 年夏季青海湖流域土地覆被分类图,如图 6.6 所示。

在已有的分类类别及分类图的基础上,根据不同类型分类结果对草地生态质量的贡献程度的差异,结合研究需求,对其进行进一步归类和标准化处理,分类及标准化结果如表 6.6、图 6.7 所示。

表 6.6　土地覆被分类分级表

一级			二级			三级		四级		五级				六级
5	6	7	3	4	13	8	9	1	2	10	11	12	14	15
高覆盖度草地	中覆盖度草地	低覆盖度草地	灌木林	疏林地	沼泽地	河渠	湖泊	山区旱地	平原旱地	滩地	城乡工矿用地	沙地	裸岩石砾地	未分类

(5) 生物量

生物量的数据来自《青海湖流域草地生物量的遥感定量反演技术》(内部资料),其主要思路是利用野外观测获得的天然草地高光谱数据和地上生物量数据,利用各种植被光谱特征参量进行地上生物量的高光谱遥感估算模型研究。

第6章 青海湖流域生态质量评价指标体系

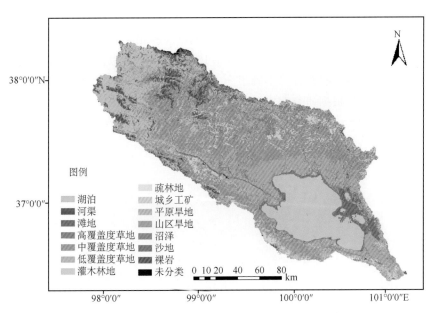

图 6.6 青海湖流域 2013 年夏季土地覆被分类结果图

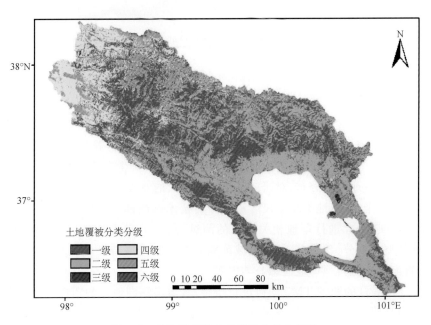

图 6.7 青海湖流域土地覆被分类分级图

在对 12 个观测点进行地面高光谱数据获取的同时，选取了部分典型的草地测点进行同步的地上生物量采集。利用野外实测获得的 39 个草地样本点的高光谱数据，提取出了 6 个光谱指数：NDVI（归一化植被指数）、RVI（比值植被指数）、DVI（差值植被指数）、EVI（增强型植被指数）、SAVI（土壤调节植被指数）、MSAVI（修正的土壤调节植被指数）。再基于地上生物量数据，运用各种光谱特征参量，分别按照线性、对数、二次多项式、三次多项式进行了地上生物量的草地线性和非线性遥感估算模型研究。

由地面实测草地高光谱数据提取得到的 6 个植被指数 NDVI、RVI、DVI、EVI、MSAVI 和 SAVI

与草地地上生物量之间均存在着不同程度的相关性。其中,RVI 与生物量之间的相关性最高(相关系数 0.789),其次为 NDVI、MSAVI、SAVI 和 EVI,DVI 的相关系数最低。以 RVI 为自变量建立的三次曲线模型 $y=-0.1164x^3+2.488x^2+4.1053x+151.07$ 拟合精度最高,R^2 达到 0.63。

依据建立的三次曲线模型,计算得到了 2012 年 9 月基于 HJ-1 卫星 CCD 数据的青海湖流域草地生物量反演数据,根据研究需求对其进行了标准化处理(图 6.8)。

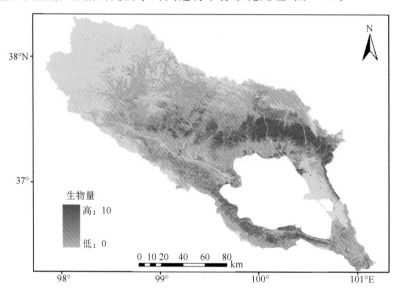

图 6.8 青海湖流域生物量标准化分布图

(6)草地类型

草地类型是草地群落集中生长分布的体现,与草地生态质量息息相关。草甸类一般是优势牧草,营养价值比较高;在两种草原中,高寒草原为优势牧草(营养仅次于草甸类),温性草原是次优牧草,仅在冬季其他草地枯萎的时候牛羊才食,但其对生态稳定性具有贡献。因此,区分出流域范围内的草地类型分布,对研究结果具有很大的意义。

草地分类数据来自《草地类型多尺度遥感分类技术》(内部资料),通过对流域特征草地类型地面光谱采集实验,并进行草地相关指标的测试,制定了流域典型草地遥感分类体系。在《青海省草地类型的划分》基础上,结合流域草地的多时相光谱特征及其在遥感图像的多维特征,制定了《青海湖流域典型草地遥感分类方案》。

选定 2009 年 8 月的两景 TM5 图像进行拼接,裁剪出环湖地区的图像,对拼接图像进行相应的预处理(包括辐射定标和大气校正)。根据实地调查资料和地面植被分类图,在遥感图像上选定感兴趣区域(ROI),利用 TM 6 个波段的光谱数据,基于最大似然法(MLC)进行监督分类,得到了青海湖流域 8 月份 TM 数据草地二级分类结果图,分类结果如图 6.9 所示。

在已有的草地类型二级分类的基础上,结合研究所需,根据不同草地类型对草地生态质量影响的差异进行二次分类并做标准化处理,结果如表 6.7、图 6.10 所示。

表 6.7 草地类型二级分类分级表

一级		二级		三级		四级	五级
高寒草甸	沼泽草甸	高寒草原	温性草原	高寒灌丛	河谷灌丛	高寒流石坡植被	人工草地	非植被类

第6章 青海湖流域生态质量评价指标体系

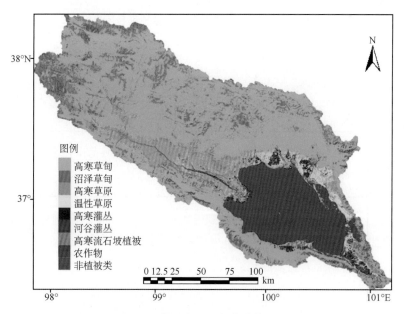

图 6.9 草地类型二级分类结果图

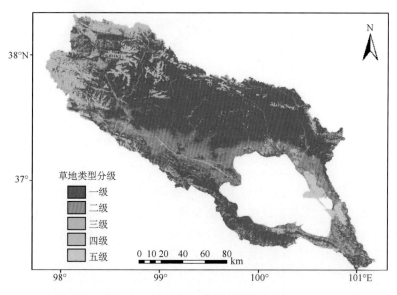

图 6.10 青海湖流域草地类型分级图

(7) 天然草地可利用百分率

要综合评价青海湖流域草地的生态质量,仅仅从自然角度去考虑是不合理也是不全面的。之前的一些单因素指标反映的是草地的长势及分布情况,如果从实际利用角度出发,有些长势良好并且分布较广的草地也许无法放牧,如毒杂草;或者是地理位置较为险峻、偏僻且分布较散,也无法大规模利用,不利于生产生活,不能带来直接的经济效益。

因此,为保证研究成果的合理性,需要在指标体系内加入流域范围内各区县的天然草地可利用百分率,统计结果如表 6.8 所示。

表 6.8　青海湖流域各区县天然草地可利用情况

地区	天然草地总面积(万亩)	天然草地可利用面积(万亩)	可利用百分率(%)
海晏县	457.38	448.36	98.03
刚察县	1035.96	956.86	92.36
共和县	1931.67	1827.56	94.61
天峻县	2306.75	1945.16	84.32

根据统计获取的各区县的天然草地可利用百分率,结合流域范围内各区县的矢量数据,计算得到青海湖流域天然草地可利用百分率分布图(图 6.11)。

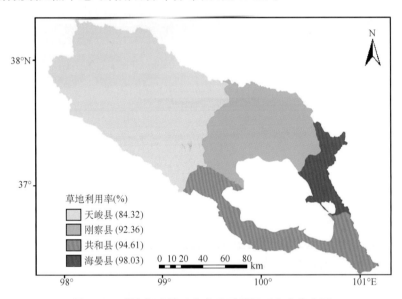

图 6.11　青海湖流域天然草地可利用百分率分布图

(8)牧业产值

牧业产值能够实际反映草地资源带来的生产效益,是草地生态在流域范围内的生产实践的客观反映,是评价草地生态质量优劣不可缺少的一个因素。

通过查阅《2011 青海统计年鉴》,得到 2010 年流域范围内各区县的实际牧业产值:海晏县为 8582 万元、刚察县为 19742 万元、共和县为 35505 万元、天峻县为 17035 万元。根据各区县具体的牧业产值数据,结合各区县的流域分布范围矢量数据,计算得到了全流域的牧业产值分布图(图 6.12)。

(9)载畜量

载畜量指一定的草地面积在放牧季内以放牧为基本利用方式,在适度放牧的原则下,能够使家畜良好生长及正常繁殖的放牧时间及放牧的家畜头数。载畜量可分为合理载畜量(理论载畜量)和现存载畜量。载畜量同牧业产值一样,同样反映的是草地的生产潜力,也是评价体系需要考虑的一部分。通过查阅相关文献,得到了 2002 年青海湖流域各区县的现存载畜量:海晏县为 52.71 万只羊单位、刚察县为 142.17 万只羊单位、共和县为 136.84 万只羊单位、天峻县为 108.98 万只羊单位。参照之前的处理方法,同理得到了青海湖流域载畜量分布图,结果如图 6.13 所示。

第6章 青海湖流域生态质量评价指标体系

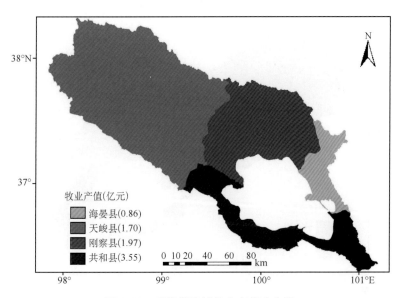

图 6.12　青海湖流域牧业产值分布图

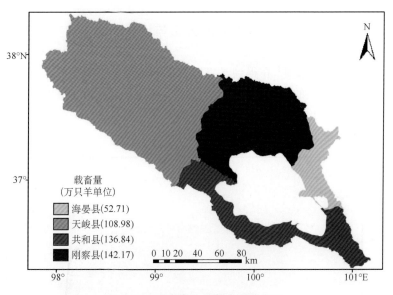

图 6.13　青海湖流域载畜量分布图

6.2.4.2　综合指标的定量分析

为满足研究需求,在已获取的单因素指标的基础上,还需要建立一个综合评价指标来评价青海湖流域草地生态质量。

首先,参照评价指标体系中的预处理原则,对各单因素指标进行正向化处理,并根据标准化处理公式,消除各单因素指标的量纲。然后通过综合评价指标计算模型 $EI = \sum \lambda_i \times P_i$ (λ_i 为第 i 个指标的权重值,P_i 为第 i 个单项指标的标准化值),结合评价指标体系中确立的评价指标权重值,计算得到综合评价指数(EI),并生成青海湖流域草地生态质量综合评价指数分布图,定量反映流域范围内的草地生态质量,结果如图 6.14 所示。

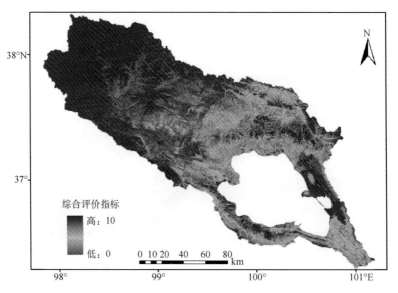

图 6.14　青海湖流域草地生态质量综合评价指数分布图

6.2.5　青海湖流域草地生态质量的分级与评价

根据评价指标体系中的要求,在得到了青海湖流域草地生态质量综合评价指数的基础上,还需要对综合指标进行定性的分级。为此,结合评价指标体系中确立的四级分类模型及具体的分级阈值,对标准化后的草地生态质量综合评价指数分布图做进一步的分级处理,得到青海湖流域草地生态质量遥感评价分区图,如图 6.15 所示。

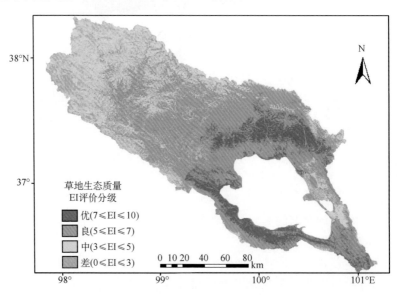

图 6.15　青海湖流域草地生态质量遥感评价分区图

从最终的研究结果可以发现,青海湖流域草地生态质量的优劣分布存在一定的地域差异,主要是受地理位置和环境的影响,具体表现为天峻县所在的流域范围的草地生态质量整体上要略差于其他三个县。总体上,青海湖流域的草地生态质量基本处于一个良好的状况,其大部分范围的草地生态质量都分布于一般和良之间。同时,从结果图上还可发现,草地生态质量为优的地区分布较少,且分布范围较为破碎,而生态质量为差的分布范围大于优。因此,青海湖流域的草地生态质量的整体状态是喜忧参半,随着湖区面积的萎缩及土地荒漠化和放牧范围的扩大,整个流域内的草地生态质量将向恶性循环发展。只有意识到目前草地生态所面临的问题的严峻性,积极持续地开展流域范围内的草地生态的保护工作,才能保证青海湖流域草地生态的稳定性及其良性发展。

第7章 青海湖流域草地生态质量遥感反演系统及湖泊环境遥感监测系统

7.1 青海湖流域草地生态参量遥感反演系统

7.1.1 青海湖流域草地生态质量遥感定量反演软件系统需求分析

专业的遥感数据处理软件（如 ENVI、ERDAS 等）功能齐全，但操作复杂，需要使用人员有一定遥感图像处理基础，而且软件占用较多系统资源，对硬件要求高。在"青海湖流域草地生态参量遥感定量反演"研究中，为快速、便捷、准确从遥感数据获取该研究中所需的数据及处理结果，需要一套针对性强、操作简便、功能全面的遥感图像处理系统。

"青海湖流域草地生态参量遥感定量反演"研究对软件系统的需求如图 7.1 所示。

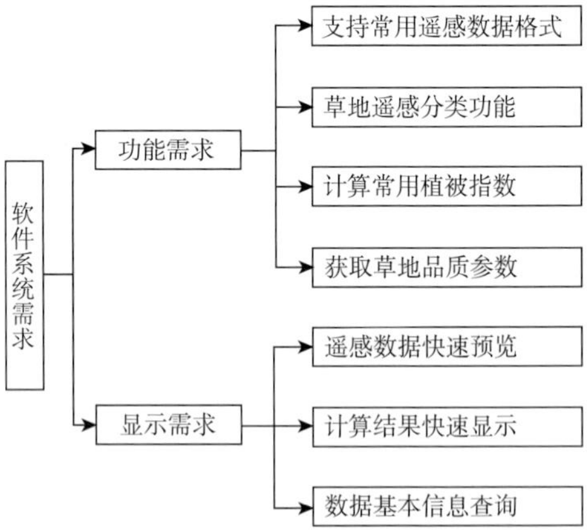

图 7.1 软件系统需求分析

7.1.2 软件系统运行环境及要求

本软件系统是为了集成上述草地遥感分类、草地品质参数反演算法模块，并对一些常见的植被指数进行计算。本软件系统支持 Windows 2000/XP/Vista/Win7/Win8 操作系统，32 位或 64 位均支持。系统需要调用 ENVI 软件的函数，因此计算机需要安装 ENVI 5.0 或更高版本。

运行该软件前需要进行如下配置：

(1) 安装 ENVI 5.0 软件；

(2) 修改 ini 配置文件，打开 idlviewer_useenvi.ini 文件；

(3) 修改

①将"Show=True"改为"Show=False"；

②将图 7.2 中方框中"DefaultAction="的路径改为：本机安装系统下的 idlrt.exe - rt 的具体路径（区分 32/64 位系统）。

第 7 章 青海湖流域草地生态质量遥感反演系统及湖泊环境遥感监测系统

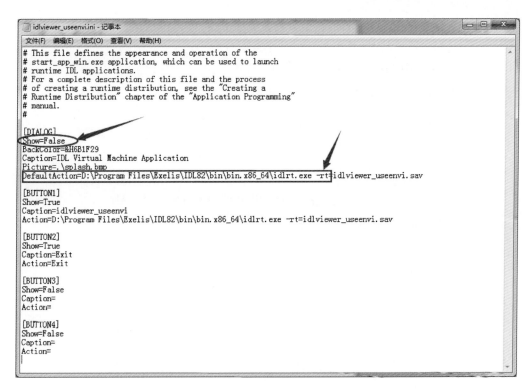

图 7.2 idlviewer_useenvi.ini 文件的修改

(4)ENVI 参数设置(建议设置)

①如图 7.3 所示,系统开始菜单,打开 Tools 文件夹下的 ENVI Classic;

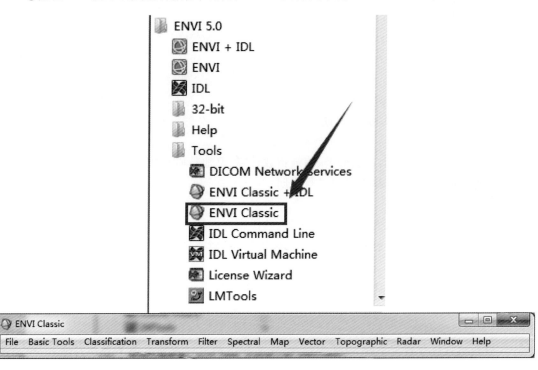

图 7.3 ENVI 参数的设置

②打开 File 菜单下 Preferences，在参数设置界面点击 Miscollaneous 选项卡（图 7.4）
Cache Size(Mb)：设置为计算机内存的一半或四分之一；
Image Tile Size(Mb)：推荐设置 1～4。

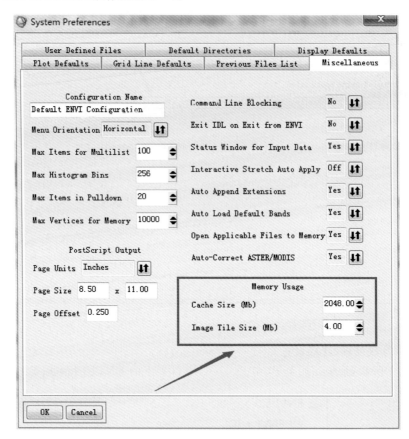

图 7.4 Miscollaneous 选项卡参数设置

7.1.3 功能模块及接口说明

软件系统主要包括草地遥感分类、植被指数计算、草地品质参数计算三个功能模块。分别对每个模块的组成和输入、输出接口进行说明。

(1)草地遥感分类

该模块包括最大似然、光谱角、马氏距离、欧氏距离四种分类方法。其输入、输出数据约束如图 7.5 所示，其中图像数据为已经过预处理的地表反射率影像。

(2)植被指数计算

该模块支持 NDVI、RVI 等 7 种常用植被指数的计算。其输入、输出数据约束如图 7.6 所示。

(3)草地品质参数

该模块可计算草地覆盖度、草地生物量、叶面积指数三种草地品质参数。其输入、输出数据约束如图 7.7 所示。

第 7 章　青海湖流域草地生态质量遥感反演系统及湖泊环境遥感监测系统

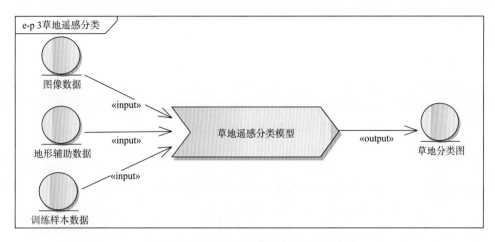

图 7.5　草地遥感分类模块输入、输出数据

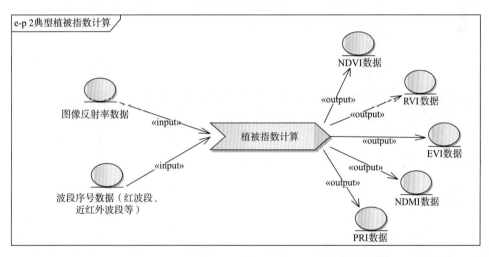

图 7.6　植被指数计算模块输入、输出数据

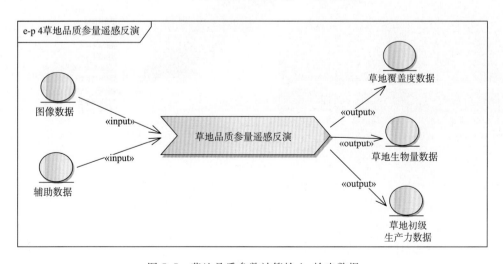

图 7.7　草地品质参数计算输入、输出数据

7.1.4 软件使用说明

(1) 草地遥感分类模块

草地分类模块的操作界面如图 7.8 所示(以最大似然算法为例)。首先输入分类图像,并导入 ROI 文件,然后选择输出路径,点击"开始"按钮开始计算。图 7.9 为算法运算结果。

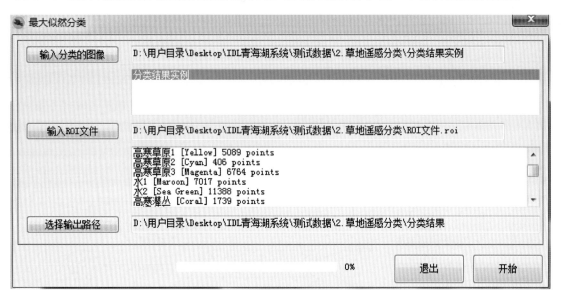

图 7.8　最大似然分类算法界面

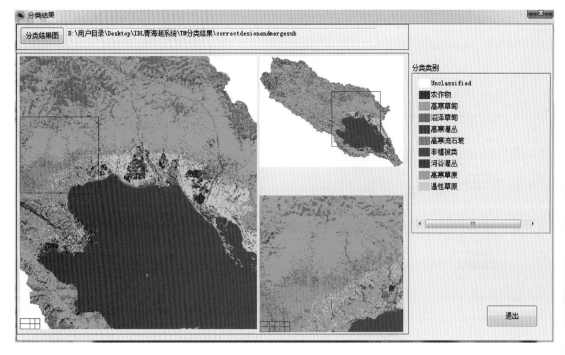

图 7.9　遥感分类结果界面

第7章 青海湖流域草地生态质量遥感反演系统及湖泊环境遥感监测系统

(2) 植被指数计算

草地植被指数计算的操作界面如图 7.10 所示（以 NDVI 植被指数的计算为例）。首先选择经过预处理的遥感图像文件，然后选择计算该指数需要用到的波段，最后选择输出路径，点击"确定"按钮开始计算，计算结果将以 ENVI 标准格式保存在预先设置的输出路径下。

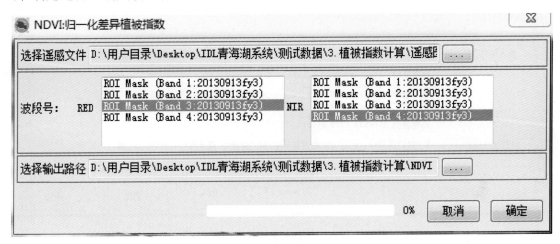

图 7.10　植被指数计算界面

(3) 草地品质参数计算

草地品质参数计算的操作界面如图 7.11 所示（以草地生物量的计算为例）。首先选择计算草地生物量的植被指数的类型（有 NDVI、RVI 两种选择），然后选择 ENVI 标准格式的植被指数影像，最后选择输出路径，点击"确定"按钮开始计算，计算结果将以 ENVI 标准格式保存在预先设置的输出路径下。

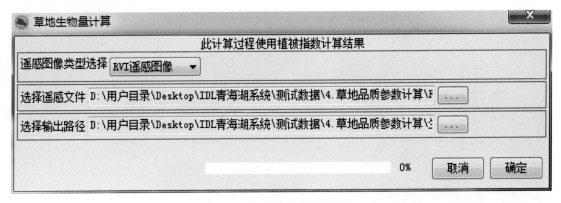

图 7.11　草地品质参数计算界面

7.1.5　草地生态质量遥感反演系统应用个例

下面将对软件系统的三个主要功能模块，各举一例进行介绍。

(1) 草地遥感分类

① 最大似然法

最大似然分类界面如图 7.12 所示。

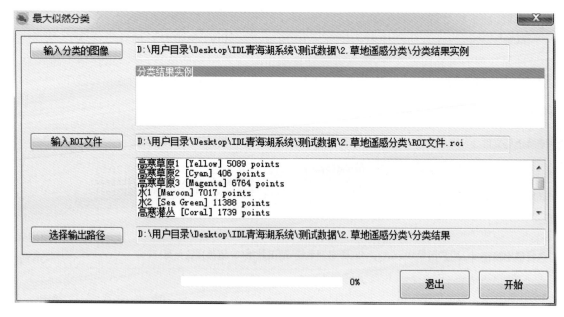

图 7.12　最大似然分类界面

第一步：输入分类图像；
第二步：输入 ROI 文件；
第三步：选择输出路径；
第四步：计算结束后打开计算结果，如图 7.13 所示。

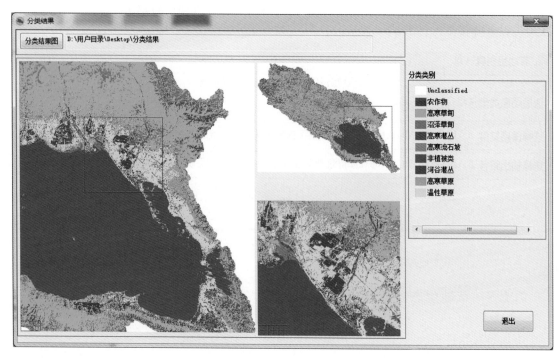

图 7.13　分类结果显示界面

第7章 青海湖流域草地生态质量遥感反演系统及湖泊环境遥感监测系统

②其他分类方法

其他分类方法可参照最大似然法步骤操作。

(2)植被指数计算

①NDVI

NDVI 的计算界面如图 7.14 所示。

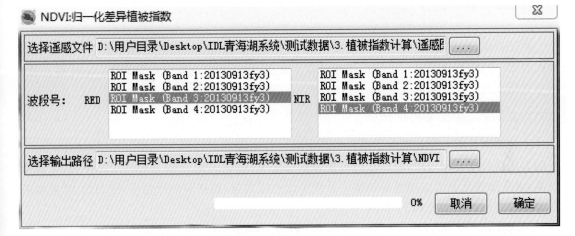

图 7.14 NDVI 计算界面

第一步:选择遥感文件选择波段号;

第二步:选择输出路径;

第三步:确定,计算;

第四步:计算结果在左侧文件列表中,双击可显示。

②其他植被指数计算

RVI 等植被指数计算可参照 NDVI 计算过程操作。

(3)草地品质参数计算

①草地覆盖度

如图 7.15 所示,草地覆盖度的计算需要输入 NDVI 计算结果文件,设置输出路径,点确定开始计算。

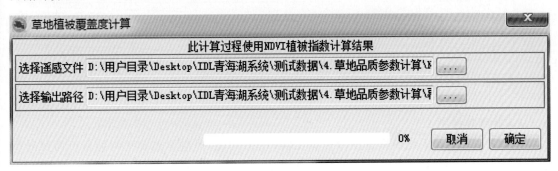

图 7.15 草地覆盖度计算界面

②其他草地品质参数

其他草地品质参数的计算可参照草地覆盖度的计算过程。

7.2 青海湖湖泊环境遥感监测系统

7.2.1 系统设计

本子系统包含3类主要业务功能模块,系统的输入、输出项主要针对支撑数据库中存储的类同数据。而模型计算过程中可能使用到多个系数,这些系数将通过参数文件(.xml格式等)进行存储管理。

7.2.1.1 系统架构设计

土地覆被分类与变化检测子系统以高空间分辨率多光谱数据为主要数据源,结合示范区域的大比例尺数字化地图、地面辅助数据及算法模型,提供土地覆被分类与变化检测、气溶胶反演、水质参数反演等应用业务功能。系统采用三层构架,包括基础数据层、控制层、功能业务层。系统逻辑结构如图7.16所示。

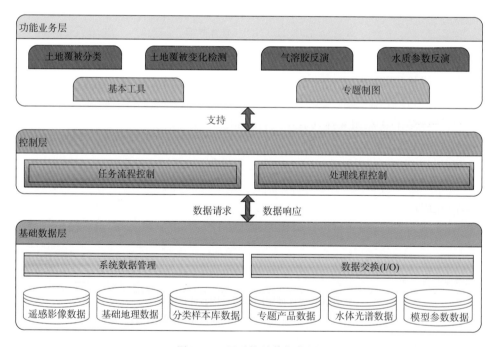

图 7.16 子系统总体架构图

(1) 基础数据层

基础数据层执行系统数据管理和数据交换(I/O)功能,提供本系统正常运行所需要的所有数据读取以及系统业务运行生成的数据存储;需要纳入此层进行管理的数据包括遥感影像数据(GF、TM5、TM8、HJ-1A/B、MODIS以及FY-3 Mersi 250 m多光谱数据)、基础地理数据、专题产品数据、分类样本库数据、水体光谱数据和模型参数数据。其中,对于遥感影像数据与基础地理数据,本子系统按照系统总体集成提供的接口规范,设计对于卫星遥感数据、基础

第7章　青海湖流域草地生态质量遥感反演系统及湖泊环境遥感监测系统

地理数据的读入模块;对于专题产品数据、分类样本库数据、水体光谱数据以文件的形式存放于本子系统设定的目录中;而模型参数文件以 xml 格式存放于指定的目录中。

(2) 功能业务层

功能业务层包含基本工具、业务模块、产品输出三个方面。其中,基本工具为数据(栅格及矢量)的读写;业务模块由土地覆被分类模块、土地覆被变化检测模块、气溶胶反演模块、水质参数反演模块组成;产品输出包含专题图制作模块。

功能业务层将直接与用户交互,采用窗口交互方式,方便用户使用。作为系统与用户的交互接口,功能业务层负责接收用户的输入以及将处理结果输出给用户。本层对读入数据的正确性和有效性负责,对输出结果的样式负责,同时负责在数据不正确时给出相应的异常信息。业务功能模块需要通过选择获取的参数,尽量不需要用户手动输入;对于各个功能运算,系统都给予输入数据的要求与提示信息,方便用户正确使用。

(3) 控制层

控制层是系统的中枢,包括任务流程控制和处理线程控制。任务流程控制实现对于用户要求的管理,根据用户需求,优化处理流程,包含各种事物处理逻辑;处理线程控制按照用户需求和系统任务流程控制结果,对功能实现的数据处理流程进行控制。

控制层是系统运行的关键,负责处理用户的请求,并把处理结果返回给功能业务层。它与基础数据层进行通信,实现数据的运算处理。控制层包括所有的业务规则及所有执行业务规则所需的业务逻辑。

7.2.1.2　系统功能设计

土地覆被分类与变化检测子系统以高空间分辨率多光谱数据为主要数据源,结合示范区域的大比例尺数字化地图、地面辅助数据及算法模型,完成土地覆被分类与变化检测、气溶胶反演、水质参数反演等应用业务功能,生产与制作土地覆被分类图、土地覆被变化检测图、水质参数反演结果图、气溶胶反演结果及图件等应用产品。

7.2.1.3　系统处理流程

系统处理流程如图 7.17、图 7.18 所示。

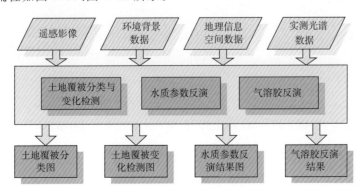

图 7.17　系统处理流程图

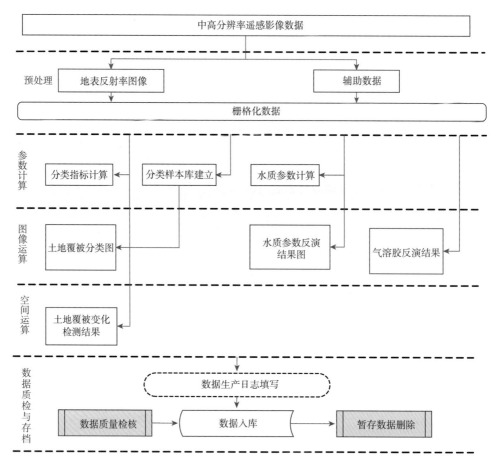

图 7.18　数据流程图

7.1.2.4　系统软硬件运行环境配置

(1)软件环境

①系统开发工具软件

IDL、VS2010

②系统运行环境

客户端:Windows XP;Windows 7/8;Office 2003/2010;

(2)硬件环境

客户端:

普通 PC 机,若干;双核 CPU,2G 以上内存,1G 以上独立显卡,500G 以上硬盘。

7.1.2.5　主要技术指标

①能够实现对于主流栅格和矢量数据的读入读出,如 *.img、*.GeoTiff、*.hdf 等;

②具有二次开发和模块加载与删减功能;

③具有大数据的批处理功能;

④从数据输入开始至产品输出,处理时长不超过 20 分钟。

7.2.2 系统功能模块设计

7.2.2.1 土壤含水量反演模块

(1) 概述

土壤含水量反演模块主要是用来反演土壤含水量,生成土壤含水量分布图。输入参数包括两景 HH、VV 极化的 SAR 数据,一景植被指数 NDWI 数据,还需要输入 SAR 图像的入射角信息。另外,包含放大、缩小、漫游等常用的图像显示功能。

(2) 模块主界面

为了方便用户操作,模块主界面采用经典的 Windows 应用程序模式,主窗口按功能分为四个功能区:菜单区、工具条区、数据管理区、数据显示区。具体布局如图 7.19 所示。

图 7.19 土壤含水量反演模块主界面

(3) 模块功能操作

反演功能模块包括土壤水反演、土壤含水量图两个功能。功能入口在主窗口的"反演"主菜单下,子菜单如图 7.20 所示。

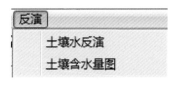

图 7.20 反演功能入口菜单

- 点击"反演"菜单下的"土壤水反演"菜单项,系统将弹出入射角对话框(图7.21);

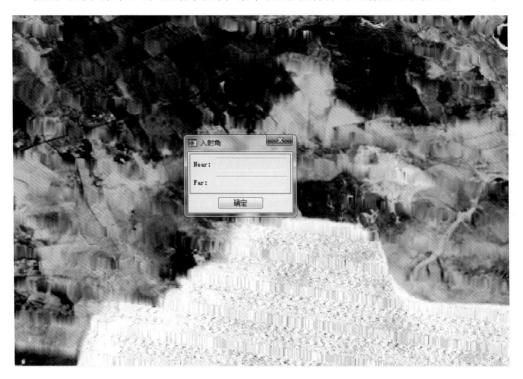

图 7.21 入射角对话框

- 在弹出的入射角对话框中,输入所用的 SAR 图像的近地入射角和远地入射角。输入形式为 XX.XXX 度(图7.22);

图 7.22 入射角对话框

- 点击确定按钮,则反演出土壤含水量图(图7.23),若不准备反演,则在"入射角对话框"中点击 X 按钮即可;

第7章 青海湖流域草地生态质量遥感反演系统及湖泊环境遥感监测系统

图 7.23 土壤含水量图

- 点击"反演"菜单下的"土壤含水量"菜单项,生成假彩色合成的土壤含水量分布图(图 7.24)。

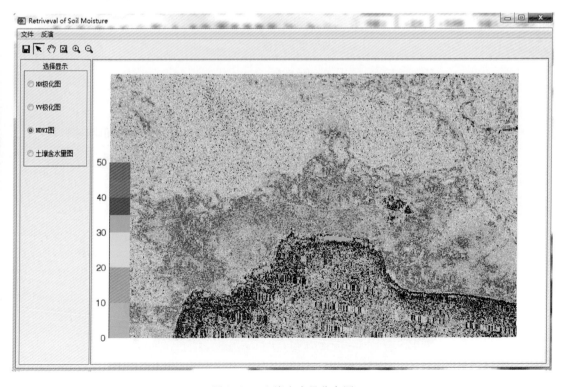

图 7.24 土壤含水量分布图

7.2.2.2 湖水面积反演模块

(1) 概述

湖水面积反演模块主要是用来反演青海湖湖水面积。输入参数包括一景青海湖 SAR 图像，一景相应地区的 DEM 数据。另外，包含放大、缩小、漫游等常用的图像显示功能。

(2) 模块主界面

为了方便用户操作，模块主界面采用经典的 Windows 应用程序模式(图 7.25)，主窗口按功能分为三个功能区：菜单区、工具条区、数据显示区。

图 7.25　湖水面积反演模块主界面

(3) 模块功能操作

反演功能模块包括湖水面积反演、生成矢量图两个功能。功能入口在主窗口的"反演"主菜单下，子菜单如图 7.26 所示。

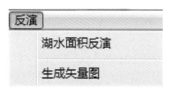

图 7.26　反演功能入口菜单

- 点击"反演"菜单下的"湖水面积反演"菜单项，系统将生成青海湖区域的二值图(图 7.27)；

图 7.27　入射角对话框

第 7 章　青海湖流域草地生态质量遥感反演系统及湖泊环境遥感监测系统

- 弹出显示有湖水面积的窗口（图 7.28）；

图 7.28　湖水面积显示窗

- 点击"反演"菜单下的"生成矢量图"菜单项，弹出存储矢量图路径的对话框（图 7.29）；

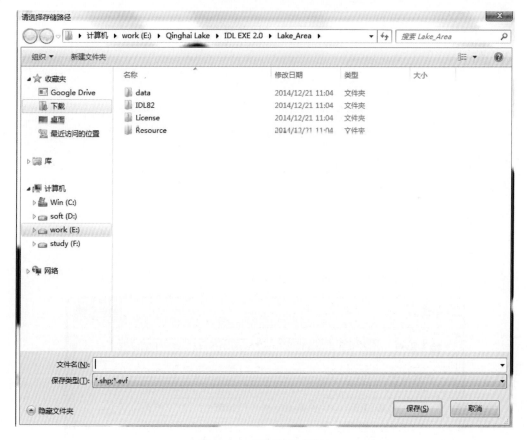

图 7.29　存储路径对话框

- 在文件保存对话框中，选择存储路径，并输入名称，点击"保存"按钮，即可保存；
- 若放弃保存，点击文件保存对话框中的"取消"按钮，返回上一步；
- 保存完存储路径后，即可生成青海湖轮廓矢量图（图 7.30）。

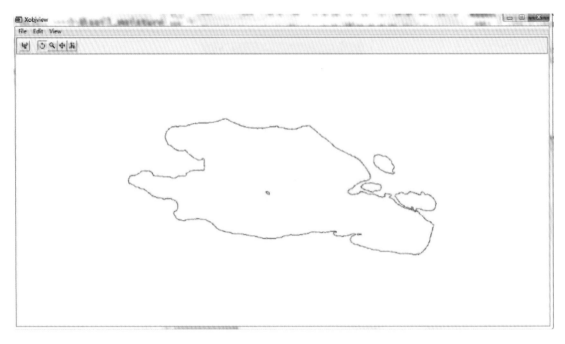

图 7.30　青海湖轮廓矢量图

7.2.2.3　青海湖叶绿素 a 反演模块

(1) 概述

完成叶绿素 a 参数反演功能,读入反射率图像文件数据,基于多波段反演模型,计算水体叶绿素 a,输出反演结果并制图。

(2) 模块界面

青海湖叶绿素 a 反演模块界面如图 7.31 所示。

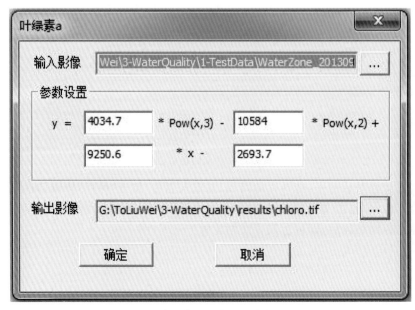

图 7.31　青海湖叶绿素 a 反演模块界面

(3) 模块功能操作

本模块操作步骤如下:
- 选择输入影像,输入影像为掩膜过的青海湖水体区域;
- 参数是选择影像后自动生成,若输入影像有变化,则须重新计算参数,并输入计算;
- 选择输出影像的位置和名称,点击确定。

7.2.2.4 青海湖悬浮物浓度反演模块

(1) 概述

完成悬浮物浓度参数反演功能,读入反射率图像文件数据,基于多波段反演模型,计算水体悬浮物浓度,输出反演结果并制图。

(2) 模块界面

青海湖悬浮物浓度反演模块界面如图 7.32 所示。

图 7.32 青海湖悬浮物浓度反演模块界面

(3) 模块功能操作

本模块操作步骤如下:
- 选择输入影像,输入影像为掩膜过的青海湖水体区域;
- 参数是选择影像后自动生成,若输入影像有变化,则须重新计算参数,并输入计算;参数设置如下:

{S00,S10,S01,S20,S11,S02}分别为回归计算得出的经验系数,分别为:

$S00 = -1607 \in (-5274, 2060)$;$S10 = 1.099e+05 \in (-9.932e+04, 3.191e+05)$;
$S01 = 2332 \in (-3190, 7854)$;$S20 = -1.331e+06 \in (-4.019e+06, 1.358e+06)$;
$S11 = -8.515e+04 \in (-2.462e+05, 7.588e+04)$;$S02 = -831.7 \in (-2904, 1241)$。

- 选择输出影像的位置和名称,点击确定。

7.2.2.5 青海湖水体透明度反演模块

(1)概述

完成水体透明度参数反演功能,读入反射率图像文件数据,基于多波段反演模型,计算水体透明度,输出反演结果并制图。

(2)模块界面

青海湖水体透明度反演模块界面如图 7.33 所示。

图 7.33　青海湖水体透明度反演模块界面

(3)模块功能操作

本模块操作步骤如下:

- 选择输入影像,输入影像为掩膜过的青海湖水体区域;
- 参数是选择影像后自动生成,若输入影像有变化,则须重新计算参数,并输入计算;
- 选择输出影像的位置和名称,点击确定。

参考文献

陈桂琛,陈孝全,苟新京,2008.青海湖流域生态环境保护与修复[M].西宁:青海人民出版社.
陈桂琛,彭敏,周立华,等,1994.青海湖地区生态环境演变与人类活动关系的初步研究[J].生态学杂志,13(2):44-49.
邓自旺,周晓兰,倪绍祥,等,2005.环青海湖地区草地蝗虫发生遥感监测方法研究[J].遥感技术与应用,20(3):326-331.
董雯,2007.西安地区人工林地与农田土壤含水量变化研究[D].陕西师范大学学位论文.
杜庆,1990.初探青海湖地区生态环境演变的起因[J].生态学报,10(4):317-322.
范燕敏,武红旗,靳瑰丽,2006.新疆草地类型高光谱特征分析[J].草业科学,23(6):15-18.
高峰,孙成权,2001.微波遥感土壤湿度研究进展[J].遥感技术与应用,16(2):97-102.
高妙仙,毛政元,2009.基于高斯混合模型的建筑物 QuickBird 多光谱影像数据分类研究[J].国土资源遥感,02:19-23.
郭峰,舒宁,2007.基于灰度—基元共生矩阵的多光谱遥感影像分类[J].测绘信息与工程,06:20-22.
韩永荣,2000.青海湖环境恶化危害与防治对策[J].中国水土保持,8(1):18-19.
侯雨乐,2010.青海省刚察县南部土壤含水量研究[D].陕西师范大学学位论文.
黄敬峰,1999.利用 NOAA/AVHRR 资料监测北疆天然草地生产力[J].草业科学,16(5):62-72.
黄立贤,沈志学,2011.基于决策树的 Landsat 多光谱影像分类方法[J].光电技术应用,03:49-52.
科学版),04:399-402.
李建龙,黄敬峰,王秀珍,1997.草地遥感[M].北京:气象出版社,146-151.
李小雁,许何也,马育军,等,2008.青海湖流域土地利用/覆被变化研究[J].自然资源学报,23(2):285-296.
林剑,王润生,鲍光淑,等,2006.基于空间模糊纹理光谱的多光谱遥感图像分类方法[J].中国图象图形学报,02:146,186-190.
刘汉丽,裴韬,周成虎,朱阿兴,2011.结合 MNF 变换与灰值形态学的三江平原多光谱、多时相 MODIS 遥感影像分类[J].武汉大学学报(信息科学版),02:153-156,253.
刘进琪,王一博,程慧艳,2007.青海湖生态环境变化及其成因分析[J].干旱区资源与环境,21(1):33-37.
刘良云,黄木易,黄文江,等,2004.利用多时相的高光谱航空图像监测冬小麦条锈病[J].遥感学报,8(3):275-281.
刘伟,施建成,王建明,2005.极化分解技术在估算植被覆盖地区土壤水分变化中的应用[J].遥感信息(4):3-6.
刘新华,舒宁,2006.纹理特征在多光谱遥感影像分类中的应用[J].测绘信息与工程,03:31-32.
刘勇洪,牛铮,徐永明,等,2006.基于 MODIS 数据设计的中国土地覆盖分类系统与应用研究[J].农业工程学报,05:99-104,240.
彭玲,赵忠明,马江林,2004.基于树状分解隐马尔可夫树的纹理分类模型研究[J].武汉科技大学学报(自然科学版),04:399-402.
钱育蓉,杨峰,李建龙,等,2009.利用高光谱数据快速估算高羊茅牧草光合色素的研究[J].草业学报,18(4):94-102.
钱育蓉,于炯,贾振红,等,2013.新疆典型荒漠草地的高光谱特征提取和分析研究[J].草业学报,22(1):157-166.
尚晨,张月学,李炎,等,2009.紫花苜蓿粗蛋白和粗纤维近红外分析模型的建立[J].光谱学与光谱分析,29(12):3250-3253.
石丹,张英俊,2011.近红外光谱法快速测定羊草干草品质的研究[J].光谱学与光谱分析,31(10):2730-2733.

唐军武,陈清莲,谭世祥,等,1998.海洋光谱测量与数据分析处理方法[J].海洋通报,01(17):71-79.
唐军武,田国良,汪小勇,等,2004.水体光谱测量与分析Ⅰ:水面以上测量法[J].遥感学报,8(1):37-44.
王浩,杨贵羽,贾仰文,等,2006.土壤水资源的内涵及评价指标体系[J].水利学报,37(4):389-394.
王鹏新,陈晓玲,李飞鹏,2002.典型干草原退化草地的时空分布特征及其动态监测[J].干旱地区农业研究,20(1):92-94.
王晓爽,2011.北方内陆温带草原带草地遥感分类研究[D].首都师范大学硕士学位论文.
王艳荣,1997.利用植被近地面反射光谱季节特征对大针茅草原不同利用强度的植物群落的鉴别研究[J].内蒙古大学学报(自然科学版),28(5):698-706.
魏立飞,2011.基于随机场模型的遥感影像变化检测方法研究[D].武汉大学学位论文.
杨可明,郭达志,2006.植被高光谱特征分析及其病害信息提取研究[J].地理与地理信息科学,22(4):31-34.
杨培岭,2005.土壤与水资源学基础[M].北京:中国水利水电出版社.
余凡,赵英时,2011.ASAR和TM数据协同反演植被覆盖地表土壤水分的新方法[J].中国科学(地球科学),41(4):532-540.
曾远文,陈浮,雷少刚,等,2012.基于雷达和光学影像监测土壤表层水分[J].江苏农业科学,40(5):320-323.
张超,黄清麟,朱雪林,等,2010.西藏灌木林遥感分类方法对比研究[J].山地学报,28(5):572-578.
张风丽,2005.草地多时相光谱特征研究——以环青海湖地区为例[D].中国科学院上海技术物理研究所博士学位论文.
张贺全,彭敏,王彬,等,2006.青海湖生态环境恶化现状及原因分析[J].青海环境,16(2):51-56.
赵环环,胡跃高,赵其波,2001.近红外光谱分析技术在黑麦草粉粗蛋白测定中的应用[J].动物营养学报,13(4):40.
赵连春,刘荣堂,杨予海,等,2006.基于地形因子的草地遥感分类方法的研究[J].草业科学,23(12):26-30.
赵秀芳,李卫建,黄伟,等,2008.燕麦干草品质的近红外光谱定量分析[J].光谱学与光谱分析,28(9):2094-2097.
郑玮,康戈文,陈武凡,等,2008.基于模糊马尔可夫随机场的无监督遥感图像分割算法[J].遥感学报,12(2):246-252.
钟燕飞,张良培,李平湘,2007.基于多值免疫网络的多光谱遥感影像分类[J].计算机学报,12:2181-2188.
周伟,杨峰,钱育蓉,等,2012.天山北坡草地遥感分类及其精度分析[J].草业科学,29(10):1526-1532.
朱海涛,张霞,王树东,等,2013.基于面向对象决策树算法的半干旱地区遥感影像分类[J].遥感信息,28(4):50-56.
Alexandrov A N, Atanassova S L, Peltekova V D, et al., 1995. The use of near infrared spectroscopy for estimation of microbial contamination of in sacco forage residues and protein and dry matter degradability in the rumen[J]. *Proceedings 7th International Symposium*, *Vale de Santarem*, *Portugal*, EAAP Publication,(81):133.
Attema E P W, and Ulaby F T, 1978. Vegetation modeled as a water cloud[J]. *Radio Science*,13(2):357-364.
Attema E P W, and Ulaby F T, 1978. Vegetation modeled as a water cloud[J]. *Radio Science*,13(2):357-364.
Baghdadi N, Abou Chaaya J, and Zribi M, 2011. Semiempirical calibration of the integral equation model for SAR data in C-band and cross polarization using radar images and field measurements[J]. *Geoscience and Remote Sensing*,8(1):14-18.
Baghdadi N, Holah N, and Zribi M, 2006. Soil moisture estimation using multi-incidence and multi-polarization ASAR data[J]. *International Journal of Remote Sensing*,27(9-10):1907-1920.
Balenzano A, et al., 2011. Dense temporal series of C-band and L-band SAR data for soil moisture retrieval over agricultural crops[J]. *Applied Earth Observations and Remote Sensing*,4(2):439-450.
Bennouna T, Nejmeddine A, et al., 2000. Innovative Evaluation of Field and Spatial Remote Sensing Data for

参考文献

Analysis of Vegetation Bio-types in Arid Range Land Taznakht, Moroccan Anti-atlas[J]. *Arid-Soil-Research-and-Rehabilitation*, **14**(1):69-85.

Bertoldi G, et al., 2014. Estimation of soil moisture patterns in mountain grasslands by means of SAR RADARSAT2 images and hydrological modeling[J]. *Journal of Hydrology*, **516**:245-257.

Bindlish R, and Barros A P, 2001. Parameterization of vegetation backscatter in radar-based, soil moisture estimation[J]. *Remote Sensing of Environment*, **76**(1):130-137.

Chen K S, Yen S K, and Huang W P, 1995. A simple-model for retrieving bare soil-moisture from radar-scattering coefficients[J]. *Remote Sensing of Environment*, **54**(2):121-126.

De Roo R D, et al., 2001. A semi-empirical backscattering model at L-band and C-band for a soybean canopy with soil moisture inversion[J]. *Geoscience and Remote Sensing*, **39**(4):864-872.

Dobson M C, et al., 1985. Microwave dielectric behavior of wet soil-part II: Dielectric mixing models [J]. *Geoscience and Remote Sensing*, **23**(1):35-46.

Dubois P C, Van Zyl J, and Engman T, 1995. Measuring soil moisture with imaging radars[J]. *Geoscience and Remote Sensing*, **33**(4):915-926.

Fung A K, Li Z, and Chen K S, 1992. Backscattering from a randomly rough dielectric surface[J]. *Geoscience and Remote Sensing*, **30**(2):356-369.

Gislum R, Micklander E, Nielsen J P, 2004. Quantification of nitro-gen concentration in perennial ryegrass and red fescue using near-infrared reflectance spectroscopy (NIRS) and chemometrics[J]. *Field Crops Research*, **88**:269.

Gordon H R, 1997. Atmospheric correction of ocean color imagery in the Earth Observing System era[J]. *Journal of Geophysical Research Atmospheres*, **102**(14):17081-17106.

Gordon H R, Wang M, 1994. Retrieval of water-leaving radiance and aerosol optical thickness over the oceans with SeaWiFS: A preliminary algorithm[J]. *Appl Opt*, **33**(3):443-452.

Hajnsek I, et al., 2009. Potential of estimating soil moisture under vegetation cover by means of PolSAR [J]. *Geoscience and Remote Sensing*, **47**(2):442-454.

Hallikainen M T, et al., 1985. Microwave dielectric behavior of wet soil-part 1: Empirical models and experimental observations[J]. *Geoscience and Remote Sensing*, (1):25-34.

Hansen J L, Viands D R, Steffens J C, et al., 1992. Heritability and improvement of protein and nitrogen concentrations in wilted alfalfa forage [J]. *Crop Science*, **32**(4):879.

Imen Gherboudj, Ramata Magagi, Aaron Berg, Brenda Toth, 2009. Use of Radarsat-2 images to develop a scaling method of soil moisture over an agricultural area[J]. *IGARSS*, (3):510-513

Jackson T, and Schmugge T, 1991. Vegetation effects on the microwave emission of soils[J]. *Remote Sensing of Environment*, **36**(3):203-212.

Jagdhuber T, et al., 2013. Soil moisture estimation under low vegetation cover using a multi-angular polarimetric decomposition[J]. *Geoscience and Remote Sensing*, **51**(4):2201-2215.

Jagdhuber T, et al., 2013. Soil moisture estimation under low vegetation cover using a multi-angular polarimetric decomposition[J]. *Geoscience and Remote Sensing*, **51**(4):2201-2215.

Kim Y, and van Zyl J J, 2009. A time-series approach to estimate soil moisture using polarimetric radar data [J]. *Geoscience and Remote Sensing*, **47**(8):2519-2527.

Klemas V, Bartlett D, Philpot W, et al., 1974. Coastal and estuarine studies with ERTS-1 and Skylab[J]. *Remote Sensing Environment*, **3**:153-174.

Li X Y, Ma Y J, Xu H Y, et al., 2009. Impact of land use and land cover change on environmental degradation in Lake Qinghai watershed, northeast Qinghai Tibet Plateau[J]. *Land Degradation & Development*, **20**:69-83.

Li X Y, Xu H Y, Sun Y L, et al., 2007. Lake-level change and water balance analysis at Lake Qinghai, west China during recent decades[J]. *Water Resources Management*, **21**:1505-1516.

Marten G C, Brink G E, Buxton D R, et al., 1984. Near infrared reflectance spectroscopy analysis of forage quality in four legume species[J]. *Crop science*, **24**:1179-1181.

Moran M S, et al., 2004. Estimating soil moisture at the watershed scale with satellite-based radar and land surface models[J]. *Canadian Journal of Remote Sensing*, **30**(5):805-826.

Moses A C, Andrew S, Fabio C, et al., 2007. Estimation of green grass/herb biomass from airborne hyper-spectral imagery using spectral indices and partial least squares regression [J]. *International Journal of Applied Earth Observation and Geoinformation*, (9):414-424.

Narayan U, Lakshmi V, and Jackson T J, 2006. High-resolution change estimation of soil moisture using L-band radiometer and radar observations made during the SMEX02 experiments[J]. *Geoscience and Remote Sensing*, **44**(6):1545-1554.

Norris K H, Barnes R F, Moore J E, et al., 1976. *Journal of Animal Science*, **43**(4):889-897.

Oh Y, Sarabandi K, and Ulaby F T, 1992. An empirical model and an inversion technique for radar scattering from bare soil surfaces[J]. *Geoscience and Remote Sensing*, **30**(2):370-381.

Onisimo M, Andrew K S, 2004. Hyperspectral band depth analysis for a better estimation of grass biomass (Cenchrus ciliaris) measured under controlled laboratory conditions [J]. *International Journal of Applied Earth Observation and Geoinformation*, (5):87-96.

Paloscia S, et al., 2010. Generation of soil moisture maps from ENVISAT/ASAR images in mountainous areas: A case study[J]. *International Journal of Remote Sensing*, **31**(9):2265-2276.

Pasolli L, et al., 2011. Polarimetric RADARSAT-2 imagery for soil moisture retrieval in alpine areas [J]. *Canadian Journal of Remote Sensing*, **37**(5):535-547.

Picard G, Le Toan T, and Mattia F, 2003. Understanding C-band radar backscatter from wheat canopy using a multiple-scattering coherent model[J]. *Geoscience and Remote Sensing*, **41**(7):1583-1591.

Pickup G, 1995. A simple model for predicting herbage from rainfall in rangelands and its calibration using remotely-sensed data[J]. *Journal of Arid Environment*, **30**:227-245.

Schmidt K S, Skidmore A K, 2001. Exploring spectral discrimination of grass species in African rangelands[J]. *International Journal of Remote Sensing*, **22**(17):3421-3434.

Shao Y, et al., 2003. Effect of dielectric properties of moist salinized soils on backscattering coefficients extracted from RADARSAT image[J]. *Geoscience and Remote Sensing*, **41**(8):1879-1888.

Shi J C, Wang J, Hsu A Y, et al., 1997. Estimation of bare surface soil moisture and surface roughness parameter using L-band SAR image data[R]. IEEE Transactions on Geoscience and Remote Sensing.

Shukla J, and Mintz Y, 1982. Influence of land-surface evapotranspiration on the earth's climate[J]. *Science*, **215**(4539):1498-1501.

Srivastava H S, et al., 2009. Large-area soil moisture estimation using multi-incidence-angle RADARSAT-1 SAR data[J]. *Geoscience and Remote Sensing*, **47**(8):2528-2535.

Topp G C, Davis J L, and Annan A P, 1980. Electromagnetic determination of soil water content: Measurements in coaxial transmission lines[J]. *Water Resources Research*, **16**(3):574-582.

Ulaby F, et al., 1984. Relating the microwave backscattering coefficient to leaf area index[J]. *Remote Sensing of Environment*, **14**(1):113-133.

Ulaby F, Moore R, and Fung A, 1986. Microwave remote sensing: Active and passive, vol. Ⅲ, Scattering and Emission Theory, Advanced Systems and Applications[M]. Inc., Dedham, Massachusetts, 1797-1848.

Ulaby F T, et al., 1990. Michigan microwave canopy scattering model[J]. *International Journal of Remote*

Sensing,**11**(7):1223-1253.

Villamarin B,Fernandez E,Mendez J,2002. Analysis of grass silage from Northwestern Spain by near-infrared reflectance spectroscopy [J]. *Journal of AOAC International*,**85**(3):541.

Weisblati E A,1973. Turbidty levels Texas marine coastal zone machine processing remote sensing data[R]. Purdue University,West Lafayette Indiance IEEE Catalo.

Yang H,*et al.*,2006. Temporal and spatial soil moisture change pattern detection in an agricultural area using multi-temporal Radarsat ScanSAR data[J]. *International Journal of Remote Sensing*,**27**(19):4199-4212.

Yisok O,2000. Retrieval of the effective soil moisture contents as a ground truth from natural soil surfaces [R]. in Geoscience and Remote Sensing Symposium,2000. Proceedings. IGARSS 2000. IEEE 2000 International.

Yueh S H,*et al.*,1992. Branching model for vegetation[J]. *Geoscience and Remote Sensing*,**30**(2):390-402.

附录:相关研究成果

附录1 牧草品质的高光谱遥感监测模型研究

马维维[1] 巩彩兰*[1] 胡勇[1] 魏永林[2] 李龙[3] 刘丰轶[1] 孟鹏[1]

1. 中科院上海技术物理研究所，上海 虹口 200083
2. 青海省海北州气象局，青海 海北 810200
3. Vrije Universiteit Brussel, Department of Geography, Belgium Brussels 1050

摘要 粗蛋白、粗纤维、粗脂肪是评价牧草品质和饲用价值的重要指标。通过ASD FieldSpec 3地物光谱仪采集了青海湖环湖地区19种天然牧草的冠层光谱反射率，并采样分析了牧草品质参数——粗蛋白、粗脂肪和粗纤维的相对含量（%）。光谱经去噪处理后，分别选择原始光谱、一阶导数、波段比值以及小波系数与牧草品质参数进行相关性分析。结果表明：在所有高光谱参量中，牧草品质参数含量与424nm，1668nm，918nm波段处的光谱一阶反射率以及低尺度（scale=2,4）的Morlet、Coiflets和Gassian小波系数之间的相关性较强。在此基础上，运用单变量线性、指数和多项函数分别建立牧草品质的高光谱遥感估算模型，分析结果显示，以Coiflets小波系数（scale=4，wavelength=1209nm）为自变量的二次多项式模型、以1668nm波段光谱一阶导数为自变量的二次多项式模型、以918nm波段光谱一阶导数为自变量的指数模型分别为估算牧草粗蛋白、粗脂肪、粗纤维含量的最佳回归模型，模型检验均达到了极显著水平（$0.762 \geq R^2 \geq 0.646$），说明在冠层尺度利用高光谱技术结合光谱一阶导数或小波分析的方法来估测牧草品质参数是可行的，它将为牧草品质遥感监测提供依据。

关键词 牧草品质；高光谱；遥感反演；小波分析

引言

牧草品质参数是草地生态系统的重要参数之一，而粗蛋白（CP）、粗脂肪（CFA）和粗纤维（CFI）含量是评估牧草品质的几项重要指标，提高CP质含量，降低CFI含量是提高牧草营养价值，改善牧草品质的重要内容[1]。对于草地畜牧业来说，牧草品质将很大程度上决定畜牧产品（如奶、肉）的产出，并可为确定合理的草地载畜量提供依据[2]。因此及时、准确的评估牧草品质参数对于牧场管理、畜牧业可持续发展具有重要意义。传统的实验室化学分析法费时费力，容易产生化学废物，并且存在着以点代面，缺乏总统代表性的缺点[3]。从20世纪70年代开始，Norris等[4]首次尝试用近红外光谱技术（NIRS）评估牧草饲料的营养品质，其后许多研究也成功应用了NIRS技术来评估各种青贮饲料[5]、草粉[6]或者研磨冷藏鲜样[7]的品质。相比化学分析法，近红外光谱技术（NIRS）能够提供一种相对快速、准确的分析牧草品质参数的方法，但对牧草样品进行烘干、研磨等操作也非常耗时，仍然不能实现在宏观尺度上对牧草品质进行实时、无损监测[8, 9]。

随着高光谱遥感技术的迅速发展，它已经能够准确、快速地提供各种地面遥感数据。研究表明，利用高光谱遥感数据能准确地反映植被生长状态、光谱特征以及植被之间光谱差异，从而可以更加精准地获取一些定量的生化指标信息。近几年，在农业遥感领域，利用冠层反射光谱数据来估测小麦[10, 11]、水稻[12]、玉米[13]等农作物的氮素、粗蛋白、粗脂肪、粗淀粉

编者注：该文章发表于光谱学与光谱分析，2015，35(10)：2851-2855。

和直链淀粉等营养指标参数已取得了满意的结果,然而目前利用实测草地冠层高光谱数据进行草地品质监测的相关研究仍鲜有报道。本文以青海湖环湖地区 19 种牧草为研究对象,利用野外实测冠层高光谱数据对牧草品质参数的可见-近红外光谱监测模型进行研究,旨在为牧草品质的遥感动态监测提供依据。

1 数据源与方法

1.1 数据获取

实验数据采用的是2013年8月29日-8月31日青海湖环湖地区地面实验获取的19种可食牧草（包括5种高寒草甸类草地、5种沼泽草甸类草地、5种高寒草原类草地和4种温性草原类草地）冠层高光谱数据和相应的牧草CP、CFA和CFI含量（%）的室内测定数据。光谱数据获取采用的是美国ASD公司的FieldSpec3野外便携式地物波谱仪,其波长范围是350-2500nm,光谱采样间隔为1nm,视场角为25°。观测时仪器探头垂直向下,与草地冠层和参考白板的距离保持一致,约50cm左右。为了减少随机误差,在每个测点范围内均选择3个草地盖度较高的子区,在每个子区内分别随机采集9条光谱,取平均值作为该子区的反射率光谱。为减少大气变化的影响,牧草与参考白板的光谱采集交替进行,每对牧草观测3次就重新测量白板的光谱。光谱测量时间控制在10:00~16:00之间。

光谱数据采集后,在每个子区现场收割草地上生物量（样方大小$0.5\times0.5m^2$）,现场称重后装入样品袋。外场测量完成后,草地样本品质参数的测定交由青海省海北牧业气象试验站来完成。首先在实验室内将草地样本在干燥箱内65℃恒温烘48h后阴干,然后将样品粉碎并过1.0mm分样筛装入瓶中,最后分别采用凯式法、索氏抽取法、硫酸－氢氧化钾法测定草地CP、CFA和CFI的相对含量（%）,具体测定方法参照《中国气象局——牧草生态监测标准》[14]。

1.2 研究方法

1.2.1 高光谱数据预处理

光谱数据使用之前首先剔除噪声较强的波段（1365-1410nm、1801-2500nm）,然后进行三点滑动平均进一步来消除随机噪声,图1为各测点的光谱经去噪处理后取平均生成的光谱曲线。

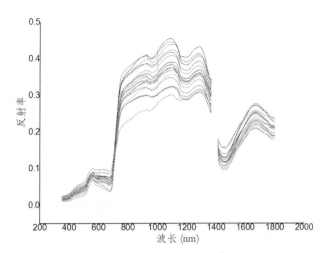

图 1 去噪处理后的牧草冠层光谱曲线

Fig. 1 Pasture canopy reflectance spectrum after denoising

1.2.2 高光谱数据分析方法

相关研究表明，相比原始光谱反射率，波段比值参数与植物氮含量和色素含量之间的相关性更高[8]，而光谱一阶导数变换可以减弱或消除背景、大气散射的影响和提高不同吸收特征的对比度[15]。因此，本文首先采用一阶导数和波段比值法对牧草高光谱数据进行变换，通过与牧草品质参数进行相关分析，即可建立牧草品质参数估计模型。

小波变换是一种基于时间-尺度的信号分析方法，不仅具有多分辨率分析的特点，而且在时频两域都具有表征信号局部特征的能力[16]。由于植被的各种理化成分的吸收或反射特征具有明显的局部性质，小波分析的局部信号分析能力将会得到有效的利用[17]。近几年小波分析被应用于植物色素含量估计[16-19]、植物种类识别[20]等领域，取得了较好的效果。本文采用连续小波变换方法对牧草光谱反射率进行分析，进而探讨小波分析在牧草品质参数反演中的可行性。若 $f(\lambda)$ 是原始光谱空间的反射率信息，则 $f(\lambda)$ 的连续小波变换（CWT）定义为[18]：

$$WA(u, s) = \frac{1}{\sqrt{s}} \int_{-\infty}^{\infty} f(\lambda) \phi\left(\frac{\lambda - u}{s}\right) d\lambda = \left\langle f(\lambda), \phi_{su}(\lambda) \right\rangle$$

其中 λ 为波长序号（$\lambda=1, 2, ...n$，n 是波段个数），u 为尺度因子，s 为位移因子，$\phi_{su}(\lambda)$ 称为小波母函数，小波系数 $WA(u_i, s_j)$ 包含 i 和 j 两维，分别是分解尺度（i=1, 2, ...m）和波段（j=1, 2, ...n），组成 m×n 的矩阵。由此，CWT 将一维光谱反射率转换为二维小波系数，通过与 CP，CFA 和 CFI 分别进行相关分析，即可建立各品质参数估计模型。本文在研究过程中，选择了 Morlet、Coiflets 和 Gassian 三种比较常见的小波母函数对牧草反射率进行小波分解。同时，为了减少计算冗余度，将尺度因子 scale 设为 $2^1, 2^2, 2^3, ..., 2^8$。

2 结果与分析

2.1 牧草营养参数与光谱变量的相关性分析

首先，对牧草品质参数与冠层光谱反射率之间进行相关分析，如图2（a）所示。结果表明，牧草的CP含量与牧草光谱反射率在可见光350-700nm范围内均达到了负极显著相关水平，而在692nm处相关系数R最大，达到0.668；牧草CFA含量与冠层光谱反射率在446nm附近达到负显著相关水平，R为0.475；牧草CFI含量与冠层光谱反射率的相关性相对较差，在整个波段区间范围内均未通过显著性检验，在1723nm处相关性最高，R为0.23。图2（b）和图2（c）分别为波段比值参数，光谱一阶导数与各个品质参数的相关性分析结果，其中波段比值参数根据与原始光谱反射率相关性最大的波段来计算。可以看出，相比原始光谱反射率，波段比值参数和光谱一阶导数与牧草品质参数之间的相关性大多有所增强。波段比值参数R692/R1633，R446/R645和R1732/R1623分别与牧草CP、CFA和CFI含量之间的相关性达到最高，而光谱一阶导数与CP、CFA和CFI之间相关性最大的波段分别是424nm、1668nm和918nm。通过比较可以看出，在所有空间域光谱变量中，光谱一阶导数与牧草品质参数之间具有更高的相关性，特定波长位置的一阶导数与各品质参数的相关性都达到极显著水平（p〈0.001），与CP、CFA和CFI含量的相关系数最高为0.791，0.861和0.778。

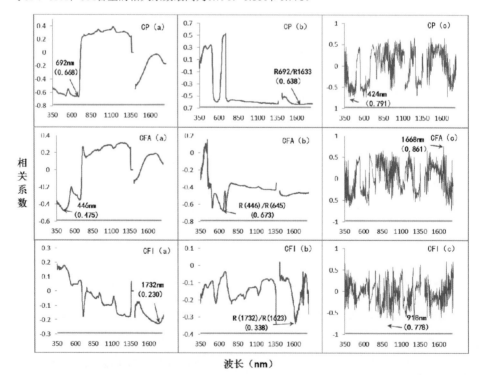

图 2 牧草品质参数与各光谱变量之间的相关性分析结果（图（a）、(b)、(c)分别为光谱反射率、波段比值参数和光谱一阶导数的分析结果，图中用箭头标注了相关性最高的波段位置及其对

应的相关系数值)

Fig. 2 Correlation between pasture quality variables and spectral parameters: (a) canopy reflectance, (b) reflectance ratios, and (c) the first derivatives of reflectance at diferent wavelengths. The typical wavebands with greatest correlation coefficient are highlighted in the figure with arrows.

然后，应用Morlet、Coiflets和Gassian三种小波函数分别对牧草高光谱数据进行连续小波分解，得到不同尺度下的小波系数。将各个尺度下的小3波系数与牧草营养参数含量之间进行相关分析，图3为三种小波函数各个尺度小波系数的最大相关系数，可以看出，不同尺度的小波系数与牧草营养参数之间的相关程度存在着一定的差异，其中低尺度的小波系数与牧草营养参数含量之间相关性相对较强，例如尺度Scale取2时，三种小波系数与各营养参数之间相关性均大于0.7，且显著性检验都达到了极显著水平。通过比较发现，在几种小波系数中，Coiflets小波系数（scale=4，wavelength=1209nm）与牧草CP含量之间的相关性最高，相关系数达到0.791，Gaussian小波系数（scale=2，wavelength=1361nm）与牧草CFA含量之间的相关性最高，相关系数达到0.839，Gaussian小波系数（scale=4，wavelength=1618nm）与牧草CFI含量之间的相关性最高，相关系数达到0.791。

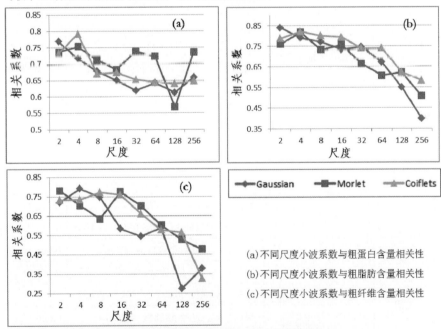

(a)不同尺度小波系数与粗蛋白含量相关性
(b)不同尺度小波系数与粗脂肪含量相关性
(c)不同尺度小波系数与粗纤维含量相关性

图 3 各尺度小波系数最大相关系数变化图

Fig. 3 The greatest correlation index for each wavelet coefficient at diferent scales

2.2 牧草营养参数的高光谱遥感模型

根据光谱变量与牧草营养参数间的相关性分析结果，分别选择特定波段光谱反射率一阶导数值以及与牧草品质参数含量相关性最强的小波系数作为自变量、对应的营养参数含量为应变量建立一元回归模型,选取的回归模型包括:线性模型(M1)、指数模型(M2)和二次多项式模型(M3),建立的牧草营养参数含量高光谱估算方程如表 1 所示。采用复相关系数的平方 R^2 来评价样本与回归方程之间拟合程度,并对估算模型进行显著性检验。结果表明,无论是通过反射光谱一阶导数还是小波系数来估算牧草的 3 种营养参数含量,估算模型检验均达到了极显著水平。通过比较可知,以 Coiflets 小波系数(scale=4,wavelength=1209nm)为自变量的二次多项式模型为估算牧草 CP 含量的最佳回归模型,拟合 R^2 为 0.646;以短波 1668nm 波段光谱一阶导数为自变量的二次多项式模型为估算牧草 CFA 含量的最佳回归模型,拟合 R^2 为 0.762;以近红外 918nm 波段光谱一阶导数为自变量的指数模型为估算 CFI 含量的最佳回归模型,拟合 R^2 为 0.655。

表 1 牧草营养参数含量的估算回归方程

Table 2 The regression equations for each pasture quality variable

营养参数	高光谱变量	回归方程		R^2
		类型	方程	
CP	$\rho'(424)$	M1	$y = -25939x + 20.459$	0.625 **
		M2	$y = 24.172e^{-2179x}$	0.631 **
		M3	$y = -2E+07x^2 - 11306x + 18.19$	0.628 **
	Coiflets小波系数, scale=4	M1	$y = -47003x + 9.4626$	0.627 **
		M2	$y = 9.6345e^{-3878x}$	0.610 **
		M3	$y = -2E+08x^2 - 77252x + 8.6473$	0.646 **
CFA	$\rho'(1668)$	M1	$y = 8567.1x + 2.9898$	0.742 **
		M2	$y = 2.9682e^{2932.8x}$	0.750 **
		M3	$y = 2E+07x^2 + 9172.2x + 2.9667$	0.762 **
	Gaussian小波系数, scale=2	M1	$y = 123.84x + 2.0813$	0.704 **
		M2	$y = 2.1734e^{42.499x}$	0.715 **
		M3	$y = 3166.8x^2 + 83.035x + 2.1948$	0.713 **
CFI	$\rho'(918)$	M1	$y = -26827x + 27.521$	0.605 **
		M2	$y = 27.811e^{-1321x}$	0.655 **
		M3	$y = 6E+06x^2 - 29780x + 27.687$	0.607 **
	Gaussian小波系数, scale=4	M1	$y = -58585x + 36.579$	0.626 **
		M2	$y = 41.979e^{-2738x}$	0.610 **
		M3	$y = 1E+08x^2 - 120517x + 43.632$	0.646 **

3 结论

本文利用 2013 年 8 月青海湖地区地面采集的牧草冠层高光谱数据,通过分析光谱反射率、反射率一阶导数、植被指数变量以及频率域小波系数与牧草品质参数含量之间的相关性，在此基础上，建立草地品质参数含量的高光谱遥感估算模型，研究结果表明：

1）特定波长的牧草反射率一阶导数与牧草品质参数之间相关性优于原始光谱和波段比值参数，CP、CFA 和 CFI 对应的光谱一阶导数相关性最强的波段分别为 424nm，1668nm，918nm。

2）Morlet、Coiflets 和 Gassian 小波系数在低尺度时（scale 取 2，4）与营养参数含量极显著相关，这说明小波分析作为一种高光谱频域特征信息提取方法用于遥感定量分析具有可行性。

3）通过比较，确定从冠层光谱估算牧草 CP 含量的最佳模型为以 Coiflets 小波系数（scale=4，wavelength=1209nm）为自变量的二次多项式模型，R^2 达到 0.645；牧草 CFA 含量的最佳光谱估算模型为以 1668nm 波段光谱一阶导数为自变量的二次多项式模型，R^2 达到 0.762；牧草 CFI 含量的最佳光谱估算模型为以 918nm 波段光谱一阶导数为自变量的指数模型，R^2 达到 0.655。

上述研究结果证明了利用 350-2500nm 范围高光谱数据开展牧草品质参数含量估算的可行性，但估算模型的稳健性以及是否适用于遥感影像数据还有待于进一步研究。

References

[1] ZHENG Kai，GU Hong-ru，SHEN Yi-xin，et al (郑凯,顾洪如,沈益新,等). Pratacultural Science(草业科学)，2006(05): 57-61.

[2] YAN Xu， BAI Shi-jie， YAN Jia-jun，et al (严旭，白史且，鄢家俊，等). Spectroscopy and Spectral Analysis (光谱学与光谱分析)，2012(07): 1748-1753.

[3] WANG Xun， LIU Shu-jie，JIA Hai-feng， et al (王迅,刘书杰,贾海峰,等). Spectroscopy and Spectral Analysis (光谱学与光谱分析)， 2012(10): 2780-2784.

[4] Norris K H，Barnes R F，Moore J E，et al. Journal of Animal Science， 1976，**43**(4): 889-897.

[5] LIU Xian， HAN Lu-jia (刘贤，韩鲁佳). Spectroscopy and Spectral Analysis (光谱学与光谱分析)，2006(11): 2016-2020.

[6] ZHAO Huan-huan，Hu Yao-gao，ZHAO Qi-bo，et al(赵环环，胡跃高，赵其波，等). Chinese Journal of Animal Nutrition (动物营养学报)， 2001(04): 40-43.

[7] CHEN Peng-fei， RONG Yu-ping，HAN Jian-guo，et al (陈鹏飞，戎郁萍，韩建国，等). Spectroscopy and Spectral Analysis (光谱学与光谱分析)， 2007(07): 1304-1307.

[8] Starks P J， Zhao D， Phillips W A，et al. Crop science， 2006， **46**(2): 927-934.

[9] Starks P J， Zhao D， Phillips W A，et al. Grass and Forage Science， 2006， **61**(2): 101-111.

[10] HUANG Wen-jiang， WANG Ji-hua， LIU Liang-yun， et al (黄文江，王纪华，刘良云，等). Transactions of the Chinese Society of Agricultural Engineering (农业工程学报)， 2004(04): 203-207.

[11] XU Xin-gang， ZHAO Chun-jiang， WANG Ji-hua， et al (徐新刚，赵春江，王纪华，等). Journal of Infrared and Millmeter Waves (红外与毫米波学报)， 2013(04): 351-358.

[12] WANG Xiu-zhen， HUANG Jin-feng， LI Yun-mei， et al (王秀珍，黄敬峰，李云梅，等). Transactions of the Chinese Society of Agricultural Engineering (农业工程学报)， 2003(02): 144-148.

[13] LIANG Hui-ping， LIU Xiang-nan (梁惠平，刘湘南). Transactions of the Chinese Society of Agricultural Engineering (农业工程学报)， 2010(01): 250-255.

[14] China Meteorological Administration (中国气象局). The standard of ecology monitoring in the

grassland. (草地生态监测标准), 2008.

[15] HUANG Jin-feng, WANG Fu-min, WANG Xiu-zhen (黄敬峰, 王福民, 王秀珍). (Hyperspectral Experiment for Paddy Rice Remote Sensing (水稻高光谱遥感实验研究). Hangzhou: Zhejiang University Press (杭州:浙江大学出版社), 2010.

[16] SONG Kai-shan, ZHANG Bo, WANG Zong-ming, et al (宋开山, 张柏, 王宗明, 等). Journal of Plant Ecology (植物生态学报), 2008(01): 152-160.

[17] GUO Yang-yang, ZHANG Lian-peng, wang de-gao, et al (郭洋洋, 张连蓬, 王德高, 等). Bulletin of Surveying and Mapping (测绘通报), 2010(08): 31-33.

[18] Zhang J, Yuan L, Pu R, et al. Computers and Electronics in Agriculture, 2014, **100**(0): 79-87.

[19] Blackburn G A. International Journal of Remote Sensing, 1998, **19**(4): 657-675.

[20] DUAN Ya-li, Su Rong-guo, SHI Xiao-yong, et al (段亚丽, 苏荣国, 石晓勇, 等). Chinese Journal of Lasers (中国激光), 2012(07): 220-230.

Hyperspectral remote sensing estimation models for pasture quality

MA Wei-wei[1], GONG Cai-lan*[1], HU Yong[1], WEI Yong-lin[2], LI Long, LIU Feng-yi[1], MENG Peng[1]

1. Shanghai Institute of Technical Physics of CAS, Shanghai 200083, China
2. Haibei Pastoral Meteorology Experimental Station, Haibei 810200, China
3. Vrije Universiteit Brussel, Department of Geography, Brussels 1050, Belgium

Abstract Crude protein (CP), crude fat (CFA) and crude fiber (CFI) are key indicators for evaluation of the quality and feeding value of pasture. In situ hyperspectral reflectance data of 19 kinds natural pasture were collected using ASD FieldSpec3 spectrometer in the region around Qinghai Lake, and pasture quality parameters including CP content, CFA content and CFI content were examined in laboratory. After spectrum denoising, the correlation between reflectance spectrum, first derivatives of reflectance (FDR), band ratio and the wavelet coefficients (WCs) and pasture quality parameters were examined. It was found that pasture CP concentration, CFA concentration, CFI concentration were closely correlated with FDR with wavebands centered at 424, 1668, and 918 nm as well as with the low scale (scale = 2,4) of Morlet, Coiflets and Gassian WCs. Three different models, linear, exponentiel and polynomial, were developed, and validation results revealed that the polynomial model with Coiflet WCs (scale = 4 and wavelength = 1209 nm) as an independent variable, the polynomial model with FDR and the exponential model with FDR were optimal in terms of predition of the amount of CP, CFA and CFI, respectively. The coefficient of determination (R^2) of these models ranged from 0.646 to 0.762 at the 0.01 significance level. It is suggest that the first derivatives or the wavelet coefficients of hyperspectral reflectance response in the visible and near infrared regions can be used for pasture quality eatimation. In addition, this study also provides a possibility of real time pasture quality prediction with hyspectral satellite imagery.

Keywords　Pasture quality parameters; Hyperspectral; Remote sensing inversion; Wavelet analysis

基金项目：国家科技支撑项目（2012BAH31B02），中科院上海技术物理研究所创新专项项目（Q-ZY-84）资助

作者简介：马维维，1986年生，中国科学院上海技术物理研究所博士生　e-mail: weiwei-1986_0902@163.com

*　通讯联系人　e-mail: mwwsitp@gmail.com

Modeling and Mapping Soil Moisture of Plateau Pasture Using RADARSAT-2 Imagery

Xun Chai, Tingting Zhang *, Yun Shao, Huaze Gong, Long Liu and Kaixin Xie

Institute of Remote Sensing and Digital Earth, Chinese Academy of Sciences, 100101 Beijing, China; E-Mails: chaixun@radi.ac.cn (X.C.); shaoyun@radi.ac.cn (Y.S.); gonghz@radi.ac.cn (H.G.); liulong@radi.ac.cn (L.L.); xiekx@radi.ac.cn (K.X.)

* Author to whom correspondence should be addressed; E-Mail: zhangtt@radi.ac.cn;
  Tel.: +86-10-6483-8047; Fax: +86-10-6487-6313.

Academic Editors: Nicolas Baghdadi and Prasad S. Thenkabail

Received: 16 September 2014 / Accepted: 20 January 2015 / Published: 23 January 2015

Abstract: Accurate soil moisture retrieval of a large area in high resolution is significant for plateau pasture. The object of this paper is to investigate the estimation of volumetric soil moisture in vegetated areas of plateau pasture using fully polarimetric C-band RADARSAT-2 SAR (Synthetic Aperture Radar) images. Based on the water cloud model, Chen model, and Dubois model, we proposed two developed algorithms for soil moisture retrieval and validated their performance using experimental data. We eliminated the effect of vegetation cover by using the water cloud model and minimized the effect of soil surface roughness by solving the Dubois equations. Two experimental campaigns were conducted in the Qinghai Lake watershed, northeastern Tibetan Plateau in September 2012 and May 2013, respectively, with simultaneous satellite overpass. Compared with the developed Chen model, the predicted soil moisture given by the developed Dubois model agreed better with field measurements in terms of accuracy and stability. The RMSE, R^2, and RPD value of the developed Dubois model were (5.4, 0.8, 1.6) and (3.05, 0.78, 1.74) for the two experiments, respectively. Validation results indicated that the developed Dubois model, needing a minimum of prior information, satisfied the requirement for soil moisture inversion in the study region.

Keywords: soil moisture; SAR; RADARSAT-2; NDWI; water-cloud; plateau pasture

1. Introduction

Soil moisture content (SMC) is a crucial parameter in the water cycle and energy exchange of the earth's surface. It has great influence in various applications such as natural risk assessment, hydrology, climatology, ecology, and agronomy, especially in areas like plateau pasture, where the spatial and temporal distribution of SMC changes a lot, leading to numerous ecological and environmental problems. Due to these reasons, the retrieval of spatial distribution of SMC on a large scale is an important research topic.

However, SMC has not been widely used to improve research into the water cycle and energy exchange, owing to the difficulty of accurate and efficient SMC estimation of larger areas in high resolution. Microwave remote sensing, especially SAR (Synthetic Aperture Radar), has demonstrated potential for deriving SMC on a large scale in high resolution with SAR data [1–10]. Due to the complexity of natural surfaces, the backscattering of SAR is significantly affected by the roughness of the soil surface (*i.e.*, the standard deviation of surface height, the correlation length), the dielectric constant of the soil, and the presence of vegetation (vegetation water content, shape, plant height, and so on) [11]. Numerous methods have been proposed to solve these problems [1,6–8,12–14]. The most famous methods are proposed by Oh *et al.* and Dubois *et al.* Oh *et al.* [6] established an experimental relationship linking ratios of measured backscattering coefficients in different polarizations to soil surface moisture. Dubois *et al.* [8] related backscattering coefficients in HH and VV polarizations to soil moisture and surface roughness. Srivastava *et al.* [12] indicated that the depolarization ratio of backscattering in VH and VV polarizations is a good indicator of surface roughness derived from multi-polarized SAR data. Topp *et al.* [13] developed an empirical model to present the relation between the surface dielectric constant and soil volumetric water content regardless of soil type, soil density, or soil temperature. Hallikainen *et al.* [14] evaluated the microwave dielectric behavior of soil-water mixtures, and also proposed a polynomial expression for the relation between the dielectric constant and SMC. Dobson *et al.* [1] presented a theoretical four-component mixing model that explicitly accounts for the presence of bound water. Empirical or semi-empirical models have been widely used for soil moisture estimation due to their simplicity. Several physical approaches based on backscattering models have been developed, such as the small perturbation model (SPM), the physical optics model (POM), and the geometrical optics model (GOM), which are capable of reproducing the radar backscattering coefficient from radar configuration and soil surface parameters, but their restricted roughness range limits their validity domains [6,15]. The Integral Equation Model (IEM), developed by Fung *et al.*, covers a wider roughness range and has been widely used to retrieve SMC and roughness parameters. Despite this, studies showed that a good agreement between measurements and simulations reproduced by the model is rare [16,17]; in addition, the complexity of IEM limits its application.

All of the above approaches work fine for bare soil, but they are not adequate for vegetated surfaces. Vegetation has a significant impact on the radar backscattering coefficient on account of vegetation water content, shape, and scatter size, which increase the difficulty of SMC retrieval. Due to various contributions of vegetation characteristics, the empirical calibration relationship between backscattering coefficient and measurement turns to be unstable; this is also the case for simulations reproduced by these physical models. Thus, separating the scattering contributions of vegetation from the radar signal is quite a challenge for retrieval of SMC from vegetated regions. Advances have been made towards reducing the effect of vegetation and improving soil moisture models [18]. For retrieval of SMC from vegetated surfaces, there is no theoretical model that can be directly applied, as most of these models focus on the retrieval of vegetation parameters [19–21], but these algorithms describe the scatters regardless of some characteristics caused by diversity of canopy (such as different growth stage) or encounter difficulties due to their numerous variables and parameters [22]. A good number of efforts based on different multi-configuration radar data have been made to eliminate the contribution of vegetation [16,23–25]. Srivastava *et al.* [24] offered a simple soil moisture retrieval model by using multi-incidence angle radar data, which incorporates the effects of surface roughness, crop cover, and soil texture, without any assumption or prior knowledge. Jagdhuber *et al.* [25] combined multi-angular polarimetric SAR data and decomposition techniques to estimate soil moisture under vegetation, investigating the potential of soil moisture retrieval in vegetated areas through decomposition of the scattering signature. In spite of the improvements, these approaches based on different multi-configuration radar data also encounter a practical problem: a number of multi-angular data are difficult to acquire, limiting the wide application of these algorithms. In order to avoid the difficulties, a semi-empirical water cloud model was proposed, which has been widely used to estimate soil moisture or vegetation parameters in vegetated surfaces because of its simplicity [18]. As a first-order radiative transfer solution, the water-cloud algorithm models the canopy as a cloud of water droplets held in place by the vegetation matter, neglecting higher order scattering. Subsequently, several authors improved this model [26–28]. Bindlish *et al.* [22] applied the water cloud model to derive the necessary vegetation parameters to confirm the vegetation backscattering effects. Yang *et al.* [29] eliminated the backscattering effects of vegetation in order to estimate the temporal and spatial distribution of relative soil moisture change information by using multi-angular and multi-temporal RADARSAT data. Gherboudj *et al.* [30] combined the water cloud model and Oh model to retrieve crop height, soil surface roughness, crop water content, and soil moisture.

For soil moisture estimation in vegetated areas, another key problem is the frequency band. Previous research indicated that long wavelength microwave L-band is better able to penetrate vegetation than C-band [31]. The SAR signal at L-band is sensitive to soil moisture in spite of the increment of vegetation; therefore, L-band is more suitable for soil moisture retrieval than C-band [30,32]. However, most orbiting sensors operate at higher frequencies, and the SAR signal at L-band is still affected by vegetation, which should also be corrected [33–35]. Thus, it is still necessary to conduct research at high frequencies. In this paper, we put an effort to investigate the potential of RADARSAT-2 SAR data in vegetated areas of plateau pasture.

Although a good number of studies have been undertaken to investigate the retrieval of SMC based on SAR data, some issues still need further research. Most of the previously mentioned research focused on the retrieval of SMC for cropland, such as wheat, rape, soybeans, and corn. Retrieval of soil moisture in typical mountain and plateau areas is rarely reported in the literature [36–38]. Paloscia *et al.* [37] proposed a method for soil moisture retrieval in mountainous areas using ENVISAT/ASAR images based on the Artificial Neural Network (ANN), but only images in VV polarization were taken into account. Pasolli *et al.* [38] analyzed different feature extraction strategies for the exploitation of fully polarimetric RADARSAT-2 SAR data in the retrieval of soil moisture content in Alpine meadows and pastures, whereas the proposed method was not extended to a relatively wide area. Bertoldi *et al.* [39] assessed the capability of RADARSAT-2 products to reproduce surface soil moisture patterns in mountain grassland areas, which could improve spatial parameterization and validation of distributed hydrological models in mountain grassland areas. In mountain and plateau areas, the high heterogeneity of vegetation cover enhances the difficulty of separating the scattering contributions of vegetation from the radar signal [36]. Topographic effects caused by local terrain enhance the challenge of such studies. Further work is necessary to improve the retrieval of SMC in mountain and plateau areas.

Besides vegetation and surface roughness, topography is another important factor to be taken into consideration. SMC retrieval approaches that eliminate the effect of vegetation and surface roughness based on multi-angle or time series radar data are inapplicable in mountain and plateau areas, owing to layover and shadowing effects caused by topography [39]. The complexity and specific requirements of a number of SAR data also impose restriction on their applications in such areas. Some studies retrieved SMC with Artificial Neural Network methodology (ANN), which is accurate and fast compared with other methods, even in mountain areas. A large number of ground measurements are needed to obtain robust ANN model, which restricts its application for mountain and plateau areas that are difficult to access [37]. Severe environmental conditions restrict the acquisition of plenty of ground experimental data. Consequently, the implementation of complicated theoretical models (e.g., MIMICS, IEM) is also problematic because of the lack of input parameters and prior information. Thus, the water cloud model was chosen to eliminate the effect of vegetation on radar signal in plateau areas. In order to overcome the lack of a good quantity of field measured data, especially surface roughness, the Chen model and Dubois model were used to retrieve SMC in this study area. The Chen model is a simple algorithm based on rough surface scattering model, which could decouple the effects of surface roughness. In addition, the Dubois model could be used to obtain the dielectric constant of soil as a function of HH and VV backscattering coefficients to minimize the effects of surface roughness.

This study aims to: (1) evaluate the potential use of RADARSAT-2 SAR images for soil moisture estimation in plateau pasture regions; (2) investigate whether the water cloud model, Chen model, and Dubois model could be used in plateau pasture regions; and (3) compare the performance of the Chen model and Dubois model in such areas.

2. Study Area and Dataset

2.1. Study Area

The study area is a plateau pasture region located in the county of Gangcha (latitude 36°59′, longitude 99°40′) in the northeastern Tibetan Plateau, China (Figure 1). It is part of the Qinghai Lake watershed, the largest salt water lake in China, which covers an area of about 180 km^2 with altitudes ranging from 3195 m above sea level (a.s.l.) to 3330 m.a.s.l. Seven kinds of soil are distributed in this area, including chestnut soil, alpine meadow soil, boggy soil, aeolian sandy soil, mountain meadow soil, chernozem, and solonchak; the main soil type is chestnut soil. The soil is alkaline because of the presence of readily soluble salts.

Remote Sens. **2015**, 7

Natural grassland, which consists of grassland pasture and meadow pasture, is the main land cover type of this study area. A variety of vegetation types (*Achnatherum splendens*, *Poa crymophila*, *Pedicularis resupinata*, and *Stipa capillata*) widely exist here; their spatial distributions are the result of hydrothermal conditions, which can be affected by climate and topography, and thus the distribution of the grassland in this region is inhomogeneous. Based on the seasonal pattern, the grassland can be divided into northern summer pasture and southern autumn pasture.

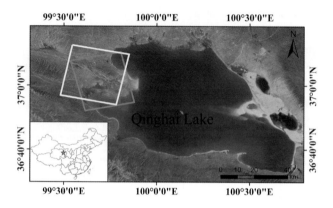

Figure 1. Location of the study area in the Qinghai Lake watershed, northeastern Tibetan Plateau, China. Red and yellow rectangles indicate the location of the RADARSAT-2 images (full-polarimetric, fine quad mode) acquired on 29 September 2012 and 13 May 2013, respectively.

The climate of this region is plateau semi-arid, with cool summers and cold winters. The annual amount of rainfall is about 300–400 mm; 90% of rainfall concentrates from May to September. Spatial and temporal changes of SMC in this period are significant for the growth conditions of pasture in this region.

The Qinghai Lake watershed is an important animal husbandry base in China. Nevertheless, a series of ecological and environmental problems severely threatened the ecological safety and economic development of this region in recent years, including grassland degeneration, lake withering, and soil desertification. SMC is a key variable for these ecological and environmental problems. Therefore the SMC of the Qinghai Lake watershed has been a research hotspot recently.

2.2. SAR Data

In this study, we used C-band (5.3 GHz) RADARSAT-2 SAR data in fine quad polarization (fully polarimetric mode) with an incidence angle ranging from 18° to 30° and a nominal spatial resolution of 8 m. Two images with nominal image coverage 25 km × 25 km comprising the study area were acquired on 29 September 2012 and 13 May 2013, during the two field campaigns (Table 1). NEST (Next Esa Sar Toolbox), which is developed by ESA, and ENVI were used to pre-process the SAR images. Through radiometric calibration, the backscattering coefficient (σ°) in decibels (dB) was transformed from the DN (digital number) of each pixel of original SLC (Single Look Complex) products. A 5 × 5 Enhanced Lee filter window was applied to the SAR data to reduce the speckle noise. Then the data were geometrically corrected and transferred from slant range to ground range. The final pixel spacing of RADARSAT-2 images is 3.13 m. Figure 2 shows the pre-processing results of SAR data; different polarimetric configurations were combined in these images to highlight the different information of the surface.

Table 1. List of the RADARSAT-2 images collected over the study area.

Acquisition Date	Acquisition Time (UTC)	Scene Centre	Beam Mode	Incidence Angle (°)	Orbit	Polarization
29 September 2012	11:07:56	99:07:56r 29,2	Fine quad-pol	18.5–20.3	Asc.	Full-pol
13 May 2013	23:31:22	99:31:22013ol2	Fine quad-pol	28.1–29.8	Des.	Full-pol

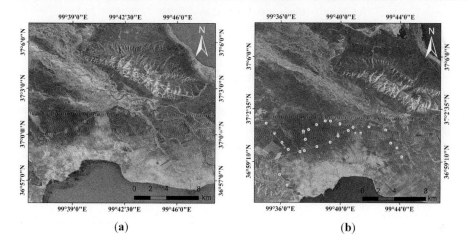

Figure 2. RADARSAT-2 composite false RGB images (HH = red, HV = green, VV = blue) acquired at different dates: (**a**) 29 September 2012; (**b**) 13 May 2013. Both images were acquired in fine quad polarization mode, fully polarimetric. Red and yellow circles indicate the locations of the field measurements in September 2012 and May 2013, respectively.

2.3. Experimental Measurements

Simultaneously with the acquisition of RADARSAT-2 images, field campaigns of soil surface roughness, moisture, bulk density, and dielectric constant were carried out over the study area in September 2012 and May 2013. The timing of field campaigns is due to the rainfall concentration period (from May to September), which has been mentioned in the previous section. For the two RADARSAT-2 satellite overpasses, 33 and 32 sampling sites were selected, respectively, for their representativeness in terms of land cover, topography, and vegetation type to collect ground data. For each sampling site, 3 sampling points were selected within an area of 100 m × 100 m as the representative. The distance between the sampling points is about 30 m. In addition, a Garmin GPS (global positioning system) was used to identify and register the active sampling positions at 1 m accuracy.

Soil surface roughness was measured using a 2-meter needle profiler and a digital camera with a tripod. Six field photographs of soil surface roughness at each sampling point were subsequently processed using an IDL application to calculate root mean square (rms) height (h) and correlation length (l); 3 of these photographs were along the row direction and the others were across the row direction. The rms height(s) range from 0.4 to 5.1 cm with the correlation length (l) ranging from 9 to 65 cm in September 2012; while, in May 2013, s and l are from 0.2 to 1.6 cm and from 28.5 to 51.5 cm, respectively (Table 2).

Table 2. Roughness measurements in study areas.

Date	Soil Surface Parameters	Min	Max	Average
September 2012	RMS height (cm)	0.4	5.1	1.2
	Correlation length (cm)	9.0	65	24.1
May 2013	RMS height (cm)	0.2	1.6	0.7
	Correlation length (cm)	28.5	51.5	41.3

Soil moisture is assumed to be equal to the mean value calculated from 9 samples acquired from the top 5 cm of soil for each site (3 samples per point and 3 points per site), using a gravimetric method. Meanwhile, the soil bulk density of each site was also measured (six measurements per site). The volumetric soil moisture (m_v) was then obtained by multiplying the gravimetric soil moisture by the dry soil bulk density. The collection of soil samples was almost simultaneous with the satellite overpass. According to the statistics, the volumetric soil moisture of September 2012 ranges from 10.5% to 42.3%, with a standard deviation of about 8.2, and the volumetric soil moisture of May 2013 varied from 13% to 38.5%, with a standard deviation of about 5.9 (Table 3). The soil dielectric constant at 5 cm depth was acquired using a Agilent Technologies 85070E Dielectric Probe Kit through calculating the mean value of 9 measurements per sampling point.

Table 3. Volumetric soil moisture (%) in study areas.

Date	Min	Max	Average	Standard Deviation
September 2012	10.5	42.3	24.4	8.2
May 2013	13.0	38.5	21.0	5.9

2.4. Ancillary Data

In order to reduce the significant effect on backscattering of the satellite sensor caused by vegetation status and topography, ancillary data were applied in this study. Two SRTM DEM images covering the study area were used to obtain the local terrain information and geometrically corrected the SAR data. An ETM+ image and a TM image on the same day or within a few days after the RADARSAT-2 overpasses were also acquired (Table 4). After a series of preprocessing steps, two NDWI (Normalized Difference Water Index) images were obtained from these two optical images. Auxiliary data were geometrically rectified to the same project of SAR data and resampled with a bilinear convolution method to match the SAR images. In addition, land cover data of the study region were used to assist the masking of the water and urban area in SAR images.

Table 4. List of the optical images collected over the study area.

Acquisition Date	Acquisition Time(UTC)	Scene Centre	Sensor Type
12 September 2012	3:51:32	100°24′E/37°30′N	Landsat ETM+
18 May 2013	3:58:07	100°22′E/37°29′N	Landsat TM

3. Methods Development

The aim of this section is to put forward an applicable inversion algorithm of SMC for the plateau pasture of the Qinghai Lake watershed, based on the data described in the previous section. After a variety of tests, the water cloud model and two semi-empirical models were implemented in SMC retrieval in this region.

3.1. Parameterization of Vegetation Effect

Vegetation canopy reduces the sensitivity of the response of the radar measurements to soil moisture, which biases its estimation. Rigorous theoretical models can be applied to simulate the effect of vegetation canopy in a variety of sceneries with different vegetation and soil conditions. Nevertheless, numerous parameters and mathematical complexity hampered the wide application of these physical models. To separate the vegetation contribution from radar signal, the water cloud model was applied in this study [18,22,32], which is a first-order correction solution.

The water cloud model was developed based on the following assumptions: (1) Canopy is modeled as a homogeneous water cloud comprised of identical uniformly distributed water particles; (2) multiple scattering between the canopy and soil surface can be neglected; and (3) the vegetation height and cloud intensity, a function of volumetric water content of the vegetation, are the most significant variables. Thus the total backscattering coefficient in the water-cloud model is described as follows:

$$\sigma^0 = \sigma^0_{veg} + \tau^2 \sigma^0_{soil}, \qquad (1)$$

where $\sigma°$ is the total backscattering from vegetated surface, $\sigma°_{veg}$ is the volume scattering from vegetation itself, $\sigma°_{soil}$ is the direct scattering from soil surface, and τ^2 is two-way transmissivity of the vegetation layer. τ^2 can be expressed as:

$$\tau^2 = \exp(-2bVWC\sec\theta) \qquad (2)$$

and $\sigma°_{veg}$ is expressed as a function of vegetation water content:

$$\sigma^0_{veg} = aVWC\cos\theta(1-\tau^2), \qquad (3)$$

where θ is the incident angle, VWC is the vegetation water content (kg/m^2), and a and b are parameters depending on vegetation type and incident angle [27]. Accurate estimation of a and b requires prior knowledge about vegetation, such as vegetation water content, biomass, *etc.* Thus, fitting the model against experimental datasets is used to determine a and b parameters. Moreover, VWC can be calculated from the NDVI (Normalized Difference Vegetation Index) by using an empirical model [27,29]. However, according to previous research [40–43], NDVI is based on the red (RED) and near-infrared (NIR) bands, which are located in the strong chlorophyll absorption region and high reflectance plateau of vegetation canopies respectively. Thus NDVI represents chlorophyll rather than water content. Compared with NDVI, the NDWI-based method for VWC estimation was found to be superior based upon a quantitative analysis of bias and standard error. Thus, *VWC* can be calculated from NDWI by the following equation:

$$VWC = e_1 \text{NDWI}^2 + e_2 \text{NDWI}, \tag{4}$$

where e_1 and e_2 are model empirical parameters. NDWI, which was developed by Gao [41], is expressed as:

$$\text{NDWI} = \frac{R_{NIR} - R_{SWIR}}{R_{NIR} + R_{SWIR}}. \tag{5}$$

Based on the previous equations, the full expression of the water cloud model can be written as:

$$\sigma^0 = aVWC \cos\theta (1 - \exp(-2bVWC \sec\theta)) + \sigma^0_{soil} \exp(-2bVWC \sec\theta). \tag{6}$$

Subsequently, the bare soil backscattering coefficients can be computed from Equations (4) and (6).

3.2. Soil Moisture Retrieval Models for Bare Soil

3.2.1. Dubois Model

Dubois *et al.* [8] developed a semi-empirical algorithm based on scatterometer data to model the radar backscattering coefficients $\sigma°_{HHsoil}$ and $\sigma°_{VVsoil}$, which are radar backscattering coefficients of bare soil. The Dubois model is optimized for bare soil; it gives best results for $kh \leq 2.5$, $m_v \leq 35\%$, and $\theta \geq 30°$. This model can be expressed as:

$$\sigma^0_{HH_{soil}} = 10^{-2.75} \left(\frac{\cos^{1.5}\theta}{\sin^5\theta}\right) 10^{0.028\varepsilon \tan\theta} (khsin\theta)^{1.4} \lambda^{0.7} \tag{7}$$

$$\sigma^0_{VV_{soil}} = 10^{-2.35} \left(\frac{\cos^3\theta}{\sin^3\theta}\right) 10^{0.046\varepsilon \tan\theta} (khsin\theta)^{1.1} \lambda^{0.7}, \tag{8}$$

where θ is the incidence angle, ε is the real part of the dielectric constant, h is the RMS surface height, λ is the wavelength in cm, and k is the wave number given as $k = 2\pi/\lambda$. The radar configuration and geographic characteristics of this study area meet the applicable conditions of the Dubois model. Compared with *in situ* data, this model can infer soil moisture with an accuracy of 4.2% when applied to areas where the model was not developed.

3.2.2. Chen Model

Chen *et al.* [7] developed a simple soil moisture retrieval algorithm for bare soil based on the Monte Carlo method and IEM. To choose the optimal radar parameter ranges for soil moisture inversion, the Monte Carlo method was used to perform sensitivity analysis, which ignored less important parameters associated with the inversion of soil moisture. Subsequently, an empirical soil moisture retrieval algorithm was obtained by multivariate linear regression analysis on the basis of numerous samples generated with the IEM, which can be expressed as:

$$\ln m_v = C_1 \frac{\sigma^0_{HH_{soil}}}{\sigma^0_{VV_{soil}}} + C_2\theta + C_3 f + C_4, \tag{9}$$

where $\sigma°_{HHsoil}/\sigma°_{VVsoil}$ is the ratio of co-polarized backscattering coefficients of bare soil in dB, θ is incidence angle in degrees, f is the frequency in GHz, and C_1, C_2, C_3, and C_4 are fitting parameters. This model was applied to estimate the soil moisture from experimental data obtained by Oh *et al.* [6], which included three frequencies (1.5 GHz, 4.75 GHz, and 9.5 GHz) and angles from 10 to 50 degrees, and good retrieval was achieved.

3.3. Soil Moisture Retrieval Models for Vegetated Soil

Based on RADARSAT-2 and NDWI data, we combined the water cloud model with the Dubois model and Chen model to present new retrieval algorithms of soil moisture for vegetated areas.

3.3.1. Development Based on Dubois Model

In the Dubois model, the co-polarized backscattering coefficient can be described as functions of incidence angle, wavelength, wave number, dielectric constant, and surface roughness parameter. Thus soil moisture can be acquired by inverting this model dependent on the sufficient information of soil surface roughness. Nevertheless, obtaining prior knowledge of surface roughness enhances the difficulty of soil moisture retrieval. To overcome this difficulty, fine quad polarization, which is one kind of fully polarimetric mode, was selected as the acquisition mode in this study. Based on these multiple polarized data, Equations (7) and (8) of the Dubois model can be inverted to obtain Equation (10), a function of dielectric constant and other known parameters of sensor configuration, independent to surface roughness, which can be written as:

$$\varepsilon = \frac{1}{0.024 \tan\theta} \log_{10}\left(\frac{10^{0.19}\lambda^{0.15}\sigma^0_{HHsoil}}{(\cos\theta)^{1.82}(\sin\theta)^{0.93}\sigma^{0\,0.786}_{VVsoil}}\right). \tag{10}$$

Therefore, the dielectric constant of near surface soil can be calculated by Equation (10) based on the Dubois model. Subsequently, soil moisture content can be obtained by using the empirical model developed by Topp *et al.* [13], a function of the dielectric constant and the volumetric soil moisture content, which is independent of soil type, soil density, soil temperature, and soluble salt content. It can be expressed as:

$$m_v = -5.3 \times 10^{-2} + 2.92 \times 10^{-2}\varepsilon - 5.5 \times 10^{-4}\varepsilon^2 + 4.3 \times 10^{-6}\varepsilon^3. \tag{11}$$

However, $\sigma°_{HHsoil}$ and $\sigma°_{VVsoil}$ in Equation (10) are backscattering coefficients of bare soil in HH- and VV-polarization, which should be acquired from total backscattering coefficients of images by using the water cloud model. Equation (6) can be inverted in the following expression:

$$\sigma^0_{soil} = 1 + \frac{\sigma^0_{image} - aVWC\cos\theta}{\exp(-2bVWC\sec\theta)}, \tag{12}$$

where *a* and *b* are different in HH- and VV- polarization, hence $\sigma°_{HHsoil}$ can be described as:

$$\sigma^0_{HHsoil} = 1 + \frac{\sigma^0_{HHimage} - a_h VWC\cos\theta}{\exp(-2b_h VWC\sec\theta)} \tag{13}$$

and $\sigma°_{VVsoil}$ can be written as:

$$\sigma^0_{VVsoil} = 1 + \frac{\sigma^0_{VVimage} - a_v VWC\cos\theta}{\exp(-2b_v VWC\sec\theta)}, \tag{14}$$

where $\sigma°_{HHimage}$ and $\sigma°_{VVimage}$ are total backscattering coefficients of images in HH- and VV-polarization. Subsequently, the volumetric soil moisture content can be acquired by combining Equations (4), (10), (11), (13), and (14).

3.3.2. Development Based on Chen Model

The Chen model is easy to use on account of its simplicity; it also takes $\sigma°_{HHsoil}/\sigma°_{VVsoil}$, incidence angle and frequency into consideration. The Chen model can be solved to provide the inversion model of volumetric soil moisture content, after the elimination of vegetation effect, by using the water-cloud model; $\sigma°_{HHsoil}$ and $\sigma°_{VVsoil}$ in Equation (9) are also backscattering of bare soil in HH- and VV-polarization as well as Equations (13) and (14). Therefore, volumetric soil moisture content will be computed with RADARSAT-2 and NDWI data on the basis on Equations (4), (9), (13), and (14). It is noted that $\sigma°_{HHsoil}/\sigma°_{VVsoil}$ in Equation (9) is in dB.

3.4. Evaluation Indexes

The performance of the two models was investigated using the following indexes: Root Mean Square Error (RMSE) and the ratio of (standard error of) prediction to standard deviation (RPD):

$$\text{RMSE} = \sqrt{\frac{1}{N}\sum_{i=1}^{N}(P_i - O_i)^2} \tag{15}$$

$$\text{RPD} = \frac{SD}{RMSE}, \tag{16}$$

where N is the number of samples data, P_i is the predicted value of sample i, and O_i is the measured value of sample i. Moreover, RPD is a guideline for evaluating the robustness and effectiveness of environmental property model calibrations such as soil, sediments, animal manure, and compost, which have been used by many researchers [44,45]. The categorization of Chang *et al.* [45] was adopted in this study. Calibrations can be classified as good if RPD > 2 and satisfactory if $0.8 < R^2 < 1.0$, can be improved by using different calibration strategies if $1.4 \leq \text{RPD} \leq 2.0$ and $0.5 < R^2 \leq 0.8$, and are classified as not useful if RPD < 1.4 and $R^2 < 0.5$.

4. Results and Discussion

4.1. Soil Moisture Retrieval

Based on the combination of previous empirical models of vegetation parameters and semi-empirical models of soil moisture for bare soil, new soil moisture retrieval methods are proposed. The flowchart of soil moisture retrieval in the vegetated areas is presented in Figure 3. The complete procedure can be described by the following steps:

(1) Pre-processing, classification, and masking of SAR data.
(2) Parameterization of vegetation contribution in backscattering, based on NDWI, the water cloud model, the empirical relationship between VWC and NDWI, and development of new soil moisture.
(3) Fitting of parameters in new soil moisture algorithms for vegetated areas on the basis of experiment data.
(4) Generation of soil moisture map.

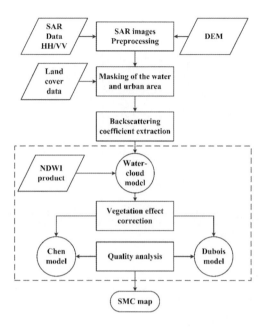

Figure 3. Flowchart of soil moisture retrieval.

After soil moisture retrieval models were proposed, they were applied in the study area to assess the performance of soil moisture inversion. A total of 33 samples were acquired in 2012, of which 22 random samples were used to build models for SMC retrieval, and the remainder applied to validate the performance of models. For data in 2013, 32 samples were obtained in total, of which 22 random samples were selected to build models and the remaining 10 samples used to validate models. The inputs of models are RADARSAT-2 configuration parameters (incidence angle, frequency), mean values of field data (volumetric soil moisture content), NDWI, and backscattering coefficients for each field. Quasi-Newton methods, an adoptive optimization algorithm for finding the local maxima and minima of functions, are used to fit the empirical parameters of two algorithms in the fitting process. Newton's method assumes that the function can be locally approximated as a quadratic in the region around the optimum, and uses the first and second derivatives to find the stationary point. The result shown in Figure 4 represents the comparisons between measured and retrieval volumetric soil moisture obtained through two developed approaches, and Table 5 provides the statistical results.

The determination coefficients R^2 and RMSE of retrieval volumetric soil moisture based on the Chen model for the first experiment are 0.59 and 4.81, and 0.92 and 1.76 for the second experiment (Figure 4a,b), while the R^2 and RMSE values of the developed Dubois model are (0.7, 4.3) and (0.88, 2.2) for the two experiments, respectively (Figure 4c,d). Compared with the Chen model, the retrieval of volumetric soil moisture based on the Dubois model agrees better with field measurements for the first experiment in September 2012. The performance of the two developed models is similar for the second experiment in May 2013. Calibration results indicate that the performances of the two models in May 2013 were both better than in September 2012. Therefore, the developed Dubois model gives the best compromise in terms of stability and accuracy.

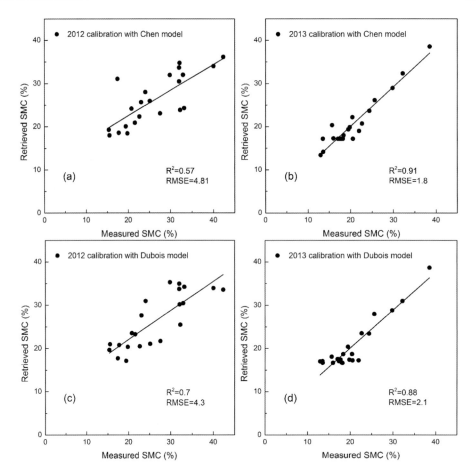

Figure 4. Comparison between measured and retrieved soil moisture using the two developed models for calibration: (**a**) Chen model in September 2012 ($R^2 = 0.57$, RMSE = 4.81); (**b**) Chen model in May 2013 ($R^2 = 0.91$, RMSE = 1.8); (**c**) Dubois model in September 2012 ($R^2 = 0.7$, RMSE = 4.3); and (**d**) Dubois model in May 2013 ($R^2 = 0.88$, RMSE = 2.1).

Table 5. Summary of validation results of the two models for soil moisture retrieval.

Date	Model	Performance	RMSE	R^2	RPD
September 2012	Chen	calibration	4.81	0.57	1.57
		validation	6.6	0.64	1.25
	Dubois	calibration	4.32	0.70	1.74
		validation	5.40	0.80	1.60
May 2013	Chen	calibration	1.76	0.93	3.5
		validation	2.56	0.75	1.84
	Dubois	calibration	2.16	0.88	2.87
		validation	3.05	0.78	1.74

4.2. Validation of Methods

To investigate the performance of the developed models, validation is undertaken using the validation dataset that was not used to fit the two algorithms. The fitting results from the inversion dataset were applied in the validation dataset; subsequently, soil moisture values can be calculated from RADARSAT-2 configuration parameters, NDWI, and backscattering coefficients using the developed models. Relationships between the predicted soil moisture values and field measurements are provided in Figure 5, and the summary of RMSE, R^2, and RPD is given in Table 5. In accordance with the previous results, the validation results of the developed Dubois model are more stable than those of the Chen model; the RMSE, R^2, and RPD values of the developed Dubois model are (5.4, 0.8, 1.6) and (3.05, 0.78, 1.74) for the two experiments, respectively, and (6.6, 0.64, 1.25) and (2.56, 0.75, 1.84) for the developed Chen model. The validation results from May 2013 are better than those of September 2012 for both models. According to the calibration and validation results, the developed Dubois model is the suitable method for practical application in this study area.

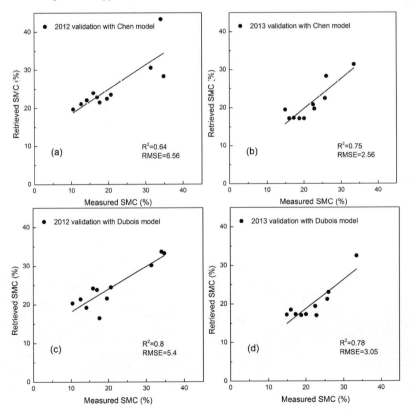

Figure 5. Comparison between measured and retrieved soil moisture using the two models for validation: (**a**) Chen model in September 2012 ($R^2 = 0.64$, RMSE = 6.56); (**b**) Chen model in May 2013 ($R^2 = 0.75$, RMSE = 2.56); (**c**) Dubois model in September 2012 ($R^2 = 0.8$, RMSE = 5.4); and (**d**) Dubois model in May 2013 ($R^2 = 0.78$, RMSE = 3.05).

Error assessment of the models indicates that the water cloud model and Dubois model outperformed the other model, with RPD = 1.6 and R^2 = 0.8 for the first experiment in September 2012 and RPD = 1.74 and R^2 = 0.78 for the second experiment in May 2013. According to the categorization of Chang *et al.*, this model belongs to Category B, which can satisfy the accuracy and stability requirements for soil moisture inversion in the study area, though it can be improved by using different calibration strategies.

4.3. Discussion

Two developed models for soil moisture that combine the water cloud model, Chen model, and Dubois model have been proposed and performed on fully polarimetric C-band data acquired by RADARSAT-2 within two campaigns conducted in September 2012 and May 2013 in the Qinghai Lake watershed. Evaluation results indicate that the developed Dubois model is promising in this study area. Thus the developed model can be reliably extended to produce soil moisture maps of vegetated areas in plateau pasture regions on the basis of optical satellite data and fully polarimetric SAR data. Soil moisture content maps over the study area produced by this developed model are illustrated in Figure 6; they cover different areas due to different sampling locations. The areas in which SMC retrieval was impossible are masked according to the land cover data of the study region. Figure 6 demonstrates that SMC in May 2013 was relatively lower than in September 2012, from 10% to 20% in most of the study area except for a few areas close to rivers or lakes. In September 2012, the SMC was from 20% to 35% in most of the study area. The peak value of SMC was usually in September. Such a moisture condition is a result of rainfall and meltwater. Here 90% of rainfall is concentrated from May to September, and melting of snow and ice starts in spring. The water holding capacity and grow stage of different grass types enhance this phenomenon. In addition, lakes and rivers also affect the distribution of SMC. From Figure 6, it can be seen that the SMC is basically inversely proportional to the distance to water. According to the SMC maps of the study area, growth conditions of pasture can be predicted, which is significant for solving pasture degradation in this region.

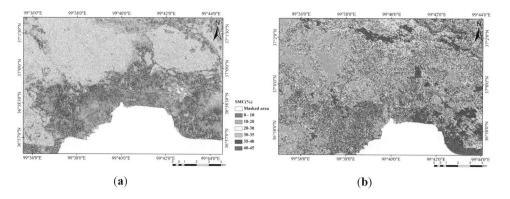

Figure 6. SMC maps of the extended area (28 × 12 km^2) produced by the developed Dubois model using two RADARSAT-2 images acquired at different dates: (**a**) 29 September 2012; (**b**) 13 May 2013. Water and urban areas are masked in white.

Compared with the developed Dubois model, the developed Chen model is unstable for SMC retrieval in this study area. The main reason is that the Chen model was built using only the single scattering term of the IEM, thus the surface slope for which the Chen model is applicable is limited to less than about 0.4, owing to the neglect of multiple scattering. While terrain change in the study area is obvious, the surface slopes of many areas cannot satisfy this condition.

The predicted SMC of the developed Dubois model agreed better with field measurements in terms of accuracy and stability than the Chen model, due to decoupling the effect of surface roughness from radar backscattering. Soil surface roughness affects the response of radar backscattering. To solve this problem, it is assumed that the overall temporal variation of soil surface roughness is tiny or constant during the field campaign period because the study area is relatively large. Subsequently, solving the Dubois equation can minimize the effect of soil surface roughness in part. The Dubois model is usually applied in croplands, which are bare soil or covered by relatively homogeneous crops [8,46–48]. Combining the water cloud model and the Dubois model, we proposed the model and applied it in a plateau pasture region for the first time. It demonstrates satisfactory accuracy and stability compared with the conventional application of this model in cropland or plains. In addition, the simplicity of this model improves the effectiveness of soil moisture retrieval in this region. It should be noted that the theoretical backscattering models have difficulty of retrieving the soil moisture or simulating the surface features due to the complexity of the surface conditions (high heterogeneity of vegetation cover and terrain changes).

Therefore, the developed Dubois model is a suitable model for SMC estimation of the study area in terms of accuracy and stability, while inversion and validation results demonstrated that the experiment results of May 2013 were better than those from September 2012, no matter which model. The major problem is heterogeneous vegetation cover of plateau pasture, which also explains why the previous performance of the Dubois model in croplands [8,46–48] was slightly better than its application in this study area. In the water cloud model, the vegetation is modeled as a homogeneous horizontal cloud of identical water spheres, uniformly distributed throughout the space defined by the soil surface and the vegetation height [22]. Multiple scattering between canopy and soil is neglected. Nevertheless, from May to September, vegetation parameters of the study area have changed substantially, including plant height, vegetation water content, vegetation density, and vegetation coverage. In May, pastures have similar characteristics because plant height is short and vegetation water content is low, which can be considered as homogeneous in the water cloud model. However, in September, the ground surface becomes highly heterogeneous, owing to different growing conditions of various vegetation types and grazing of cattle and sheep. The results indicated that the performance of water-cloud modeling was influenced by the vegetation coverage.

Paloscia *et al.* [37] also proposed a method for SMC estimation of vegetated areas in challenging environmental conditions, using C-band SAR data. They generated three pixel-by-pixel soil moisture maps of their test site in mountainous areas from C-band Environment Satellite Advanced Synthetic Aperture Radar (ENVISAT/ASAR) images by using feedforward MLP NN whatever the vegetation coverage. Although the obtained results are satisfactory, the method's applicability is restricted due to the limited representativeness of the study area. Compared with their research, the parameters of our developed model, based on semi-empirical models, have physical significance. One drawback of our model is that the backscattering coefficients of HH and VV polarizations, which are available only with the quad polarization data, are required. The monitoring coverage is limited.

5. Conclusions

In this paper, two SMC retrieval methods over vegetated areas in plateau pasture regions are developed. The methods are based on the water cloud model, Chen model, and Dubois model, with a combination of RADARSAT-2 SAR and optical satellite data. Validation results prove that the developed Dubois model with minimum prior information needed was the suitable SMC retrieval algorithm for the challenging environment of plateau pasture regions in terms of its accuracy and stability compared with the developed Chen model.

In the developed models, the vegetation effect on the radar measurements was eliminated by using the water cloud model on the basis of NDWI produced from optical images. Moreover, the empirical relationship between NDWI and the water content of vegetation with the models could be built with different types and coverage of vegetation. NDWI data used to acquire vegetation water content was calculated from Landsat optical images. Temporal resolution of Landsat may limit its applicability. The potential of estimating vegetation water content in the study area with MODIS data could be investigated to overcome these limitations.

The developed Dubois model can decrease the surface roughness effect by solving Dubois equations. In the areas where surface roughness is not available, the models are promising. However, further analysis and more experiments in wider moisture and environmental conditions are indispensable. For areas where roughness data are easily obtained, improved modeling of the backscattering coefficient will be tried to integrate surface roughness to enhance the accuracy. To exploit the quad polarimetric SAR data of RADARSAT-2, polarimetric decomposition will be investigated to improve the SMC estimation in the study area. Other methods (e.g., ANN) are also expected to improve the precision.

Acknowledgments

The authors are grateful to several institutions for support in sampling, experiments, and data interpretation. This work was supported by the CAS Knowledge Innovation Program (KZCX2-EW-320), the NSFC Project Fund (41301394, U1303285, 41431174, 61471358), Key technology studies on soil and water environmental parameters in the Qinghai Lake watershed (Grant No. 2012BAH31B02-03) provided by the Department of Science and Technology of Qinghai Province, the fund of the State Key Laboratory of Remote Sensing Science (Y1Y00201KZ), and Special Project of Science and Technology foundation work provided by the Ministry of Science and Technology (2014FY210500).

Author Contributions

Xun Chai was responsible for the development of soil moisture retrieval models and data analysis. Yun Shao, Tingting Zhang, and Huaze Gong conceived and designed experiments. Xun Chai and Tingting Zhang performed field experiments. Long Liu and Kaixin Xie contributed analysis tools.

Conflicts of Interest

The authors declare no conflict of interest.

References

1. Dobson, M.C.; Ulaby, F.T.; Hallikainen, M.T.; El-Rayes, M.A. Microwave dielectric behavior of wet soil-part II: Dielectric mixing models. *IEEE Trans. Geosci. Remote Sens.* **1985**, doi:10.1109/TGRS.1985.289498.
2. Ulaby, F.; Moore, R.; Fung, A. *Microwave Remote Sensing: Active and Passive, Vol. III: Scattering and Emission Theory, Advanced Systems and Applications*; Artech House, Inc.: Dedham, MA, USA, 1986.
3. Giacomelli, A.; Bacchiega, U.; Troch, P.A.; Mancini, M. Evaluation of surface soil moisture distribution by means of SAR remote sensing techniques and conceptual hydrological modelling. *J. Hydrol.* **1995**, *166*, 445–459.
4. Fung, A.K.; Li, Z.; Chen, K.S. Backscattering from a randomly rough dielectric surface. *IEEE Trans. Geosci. Remote Sens.* **1992**, *30*, 356–369.
5. Baghdadi, N.; Zribi, M.; Loumagne, C.; Ansart, P.; Anguela, T.P. Analysis of TerraSAR-X data and their sensitivity to soil surface parameters over bare agricultural fields. *Remote Sens. Environ.* **2008**, *112*, 4370–4379.
6. Oh, Y.; Sarabandi, K.; Ulaby, F.T. An empirical model and an inversion technique for radar scattering from bare soil surfaces. *IEEE Trans. Geosci. Remote Sens.* **1992**, *30*, 370–381.
7. Chen, K.S.; Yen, S.K.; Huang, W.P. A simple-model for retrieving bare soil-moisture from radar-scattering coefficients. *Remote Sens. Environ.* **1995**, *54*, 121–126.
8. Dubois, P.C.; Van Zyl, J.; Engman, T. Measuring soil moisture with imaging radars. *IEEE Trans. Geosci. Remote Sens.* **1995**, *33*, 915–926.
9. Ulaby, F.T.; Dubois, P.C.; van Zyl, J. Radar mapping of surface soil moisture. *J. Hydrol.* **1996**, *184*, 57–84.
10. Baghdadi, N.; Aubert, M.; Cerdan, O.; Franchistéguy, L.; Viel, C.; Eric, M.; Zribi, M.; Desprats, J. Operational mapping of soil moisture using synthetic aperture radar data: Application to the touch basin (France). *Sensors* **2007**, *7*, 2458–2483.
11. Du, J.Y.; Shi, J.C.; Sun, R.J. The development of HJ SAR soil moisture retrieval algorithm. *Int. J. Remote Sens.* **2010**, *31*, 3691–3705.
12. Srivastava, H.S.; Patel, P.; Navalgund, R.R.; Sharma, Y. Retrieval of surface roughness using multi-polarized ENVISAT-1 ASAR data. *Geocarto Int.* **2007**, *23*, 67–77.
13. Topp, G.C.; Davis, J.L.; Annan, A.P. Electromagnetic determination of soil water content: Measurements in coaxial transmission lines. *Water Resour. Res.* **1980**, *16*, 574–582.
14. Hallikainen, M.T.; Ulaby, F.T.; Dobson, M.C.; El-Rayes, M.A.; Lil-Kun, W. Microwave dielectric behavior of wet soil-part 1: Empirical models and experimental observations. *IEEE Trans. Geosci. Remote Sens.* **1985**, doi:10.1109/TGRS.1985.289497
15. Fung, A.K. *Microwave Scattering and Emission Models and their Applications*; Artech House: Boston, MA, USA/London, UK, 1994.

16. Zribi, M.; Dechambre, M. A new empirical model to retrieve soil moisture and roughness from C-band radar data. *Remote Sens. Environ.* **2003**, *84*, 42–52.
17. Baghdadi, N.; Abou Chaaya, J.; Zribi, M. Semiempirical calibration of the integral equation model for SAR data in C-band and cross polarization using radar images and field measurements. *IEEE Geosci. Remote Sens. Lett.* **2011**, *8*, 14–18.
18. Attema, E.P.W.; Ulaby, F.T. Vegetation modeled as a water cloud. *Radio Sci.* **1978**, *13*, 357–364.
19. Ulaby, F.T.; Sarabandi, K.; McDonald, K.; Whitt, M.; Dobson, M.C. Michigan microwave canopy scattering model. *Int. J. Remote Sens.* **1990**, *11*, 1223–1253.
20. Yueh, S.H.; Kong, J.A.; Jao, J.K.; Shin, R.T.; le Toan, T. Branching model for vegetation. *IEEE Trans. Geosci. Remote Sens.* **1992**, *30*, 390–402.
21. Picard, G.; le Toan, T.; Mattia, F. Understanding C-band radar backscatter from wheat canopy using a multiple-scattering coherent model. *IEEE Trans. Geosci. Remote Sens.* **2003**, *41*, 1583–1591.
22. Bindlish, R.; Barros, A.P. Parameterization of vegetation backscatter in radar-based, soil moisture estimation. *Remote Sens. Environ.* **2001**, *76*, 130–137.
23. Baghdadi, N.; Holah, N.; Zribi, M. Soil moisture estimation using multi-incidence and multi-polarization ASAR data. *Int. J. Remote Sens.* **2006**, *27*, 1907–1920.
24. Srivastava, H.S.; Patel, P.; Sharma, Y.; Navalgund, R.R. Large-area soil moisture estimation using multi-incidence-angle RADARSAT-1 SAR data. *IEEE Trans. Geosci. Remote Sens.* **2009**, *47*, 2528–2535.
25. Jagdhuber, T.; Hajnsek, I.; Bronstert, A.; Papathanassiou, K.P. Soil moisture estimation under low vegetation cover using a multi-angular polarimetric decomposition. *IEEE Trans. Geosci. Remote Sens.* **2013**, *51*, 2201–2215.
26. Ulaby, F.; Allen, C.; Eger Iii, G.; Kanemasu, E. Relating the microwave backscattering coefficient to leaf area index. *Remote Sens. Environ.* **1984**, *14*, 113–133.
27. Jackson, T.; Schmugge, T. Vegetation effects on the microwave emission of soils. *Remote Sens. Environ.* **1991**, *36*, 203–212.
28. De Roo, R.D.; Du, Y.; Ulaby, F.T.; Dobson, M.C. A semi-empirical backscattering model at L-band and C-band for a soybean canopy with soil moisture inversion. *IEEE Trans. Geosci. Remote Sens.* **2001**, *39*, 864–872.
29. Yang, H.; Shi, J.; Li, Z.; Guo, H. Temporal and spatial soil moisture change pattern detection in an agricultural area using multi-temporal Radarsat ScanSAR data. *Int. J. Remote Sens.* **2006**, *27*, 4199–4212.
30. Gherboudj, I.; Magagi, R.; Berg, A.A.; Toth, B. Soil moisture retrieval over agricultural fields from multi-polarized and multi-angular RADARSAT-2 SAR data. *Remote Sens. Environ.* **2011**, *115*, 33–43.
31. Jiancheng, S.; Wang, J.; Hsu, A.Y.; O'Neill, P.E.; Engman, E.T. Estimation of bare surface soil moisture and surface roughness parameter using L-band SAR image data. *IEEE Trans. Geosci. Remote Sens.* **1997**, *35*, 1254–1266.
32. Joseph, A.T.; van der Velde, R.; O'Neill, P.E.; Lang, R.; Gish, T. Effects of corn on C- and L-band radar backscatter: A correction method for soil moisture retrieval. *Remote Sens. Environ.* **2010**, *114*, 2417–2430.

33. Balenzano, A.; Mattia, F.; Satalino, G.; Davidson, M.W.J. Dense temporal series of C- and L-band SAR data for soil moisture retrieval over agricultural crops. *IEEE J. Sel. Top. Appl. Earth Obs. Remote Sens.* **2011**, *4*, 439–450.
34. Hasan, S.; Montzka, C.; Rüdiger, C.; Ali, M.; Bogena, H.R.; Vereecken, H. Soil moisture retrieval from airborne L-band passive microwave using high resolution multispectral data. *ISPRS J. Photogramm. Remote Sens.* **2014**, *91*, 59–71.
35. Ballester Berman, J.D.; Vicente Guijalba, F.; López Sánchez, J.M. Polarimetric SAR model for soil moisture estimation over vineyards at C-band. *Prog. Electromagn. Res.* **2013**, *142*, 639–665.
36. Luckman, A.J. The effects of topography on mechanisms of radar backscatter from coniferous forest and upland pasture. *IEEE Trans. Geosci. Remote Sens.* **1998**, *36*, 1830–1834.
37. Paloscia, S.; Pampaloni, P.; Pettinato, S.; Santi, E. Generation of soil moisture maps from ENVISAT/ASAR images in mountainous areas: A case study. *Int. J. Remote Sens.* **2010**, *31*, 2265–2276.
38. Pasolli, L.; Notarnicola, C.; Bruzzone, L.; Bertoldi, G.; Chiesa, S.D.; Niedrist, G.; Tappeiner, U.; Zebisch, M. Polarimetric RADARSAT-2 imagery for soil moisture retrieval in alpine areas. *Can. J. Remote Sens.* **2011**, *37*, 535–547.
39. Bertoldi, G.; Della Chiesa, S.; Notarnicola, C.; Pasolli, L.; Niedrist, G.; Tappeiner, U. Estimation of soil moisture patterns in mountain grasslands by means of SAR RADARSAT2 images and hydrological modeling. *J. Hydrol.* **2014**, *516*, 245–257.
40. Gamon, J.A.; Field, C.B.; Goulden, M.L.; Griffin, K.L.; Hartley, A.E.; Joel, G.; Penuelas, J.; Valentini, R. Relationships between NDVI, canopy structure, and photosynthesis in three Californian vegetation types. *Ecol. Appl.* **1995**, *5*, 28–41.
41. Gao, B.-C. NDWI—A normalized difference water index for remote sensing of vegetation liquid water from space. *Remote Sens. Environ.* **1996**, *58*, 257–266.
42. Jackson, T.J.; Chen, D.; Cosh, M.; Li, F.; Anderson, M.; Walthall, C.; Doriaswamy, P.; Hunt, E.R. Vegetation water content mapping using landsat data derived normalized difference water index for corn and soybeans. *Remote Sens. Environ.* **2004**, *92*, 475–482.
43. Chen, D.; Huang, J.; Jackson, T.J. Vegetation water content estimation for corn and soybeans using spectral indices derived from MODIS near- and short-wave infrared bands. *Remote Sens. Environ.* **2005**, *98*, 225–236.
44. Dunn, B.; Batten, G.; Beecher, H.; Ciavarella, S. The potential of near-infrared reflectance spectroscopy for soil analysis—A case study from the Riverine Plain of south-eastern Australia. *Anim. Prod. Sci.* **2002**, *42*, 607–614.
45. Chang, C.-W.; Laird, D.A.; Mausbach, M.J.; Hurburgh, C.R. Near-infrared reflectance spectroscopy–Principal components regression analyses of soil properties. *Soil Sci. Soc. Am. J.* **2001**, *65*, 480–490.
46. Baghdadi, N.; Zribi, M. Evaluation of radar backscatter models IEM, OH and Dubois using experimental observations. *Int. J. Remote Sens.* **2006**, *27*, 3831–3852.
47. Merzouki, A.; McNairn, H.; Pacheco, A. Mapping soil moisture using RADARSAT-2 data and local autocorrelation statistics. *IEEE J. Sel. Top. Appl. Earth Obs. Remote Sens.* **2011**, *4*, 128–137.

48. Prakash, R.; Singh, D.; Pathak, N.P. A fusion approach to retrieve soil moisture with SAR and optical data. *IEEE J. Sel. Top. Appl. Earth Obs. Remote Sens.* **2012**, *5*, 196–206.

© 2015 by the authors; licensee MDPI, Basel, Switzerland. This article is an open access article distributed under the terms and conditions of the Creative Commons Attribution license (http://creativecommons.org/licenses/by/4.0/).

附录3

The Hughes phenomenon in hyperspectral classification based on the ground spectrum of grasslands in the region around Qinghai lake

Weiwei Ma, Cailan Gong*, Yong Hu, Peng Meng, Feifei Xu

(Shanghai Institute of Technical Physics of CAS, Shanghai 200083, P.R.China)

ABSTRACT

Hyperspectral data, consisting of hundreds of spectral bands with a high spectral resolution, enables acquisition of continuous spectral characteristic curves, and therefore have served as a powerful tool for vegetation classification. The difficulty of using hyperspectral data is that they are usually redundant, strongly correlated and subject to Hughes phenomenon where classification accuracy increases gradually in the beginning as the number of spectral bands or dimensions increases, but decreases dramatically when the band number reaches some value. In recent years, some algorithms have been proposed to overcome the Hughes phenomenon in classification, such as selecting several bands from full bands, PCA- and MNF-based feature transformations. Up to date, however, few studies have been conducted to investigate the turning point of Hughes phenomenon (i.e., the point at which the classification accuracy begins to decline). In this paper, we firstly analyze reasons for occurrence of Hughes phenomenon, and then based on the Mahalanobis classifier, classify the ground spectrum of several grasslands which were recorded in September 2012 using FieldSpec3 spectrometer in the regions around Qinghai Lake, a important pasturing area in the north of China. Before classification, we extract features from hyperspectral data by bands selecting and PCA- based feature transformations, and In the process of classification, we analyze how the correlation coefficient between wavebands, the number of waveband channels and the number of principal components affect the classification result. The results show that Hushes phenomenon may occur when the correlation coefficient between wavebands is greater than 94%, the number of wavebands is greater than 6, or the number of principal components is greater than 6. Best classification result can be achieved (overall accuracy of grasslands 90%) if the number of wavebands equals to 3 (the band positions are 370nm, 509nm and 886nm respectively) or the number of principal components ranges from 4 to 6.

Key words: Hughes phenomenon, hyperspectral remote sensing, grassland classification

Weiwei Ma (1986~): weiwei-1986_0902@163.com
Corresponding author: Cailan Gong(1974~): gclsxw@163.com

1. INTRODUCTION

Hyperspectral images are composed of hundreds of bands with a very high spectral resolution from the visible to the infrared region, which provide a significant improvement of spectral measurement capabilities over conventional remote sensor systems that can be useful for the identification and subsequent modeling of terrestrial ecosystem characteristics[1]. Compared to Multi-spectral image, hyperspectral image is high spectral resolution, narrow band, and has many bands, make it possible to distinguish between spectrally close ground classes. However, the highly redundancy of hyperspectral data also brought great challenges for storing, processing of massive amounts of data.

编者注:该文章发表于 ISPDI-fifth International Symposium on Photoelectronic Detection & Imaging, 2013: Infrared Imaging and Applications.

Hughes phenomenon is a phenomenon that the classification precision increases gradually in the beginning as the number of spectral bands or dimensions increases, but when the band numbers reached at some point, the estimation accuracy begin to decrease dramatically[2,3]. Due to Hughes phenomenon, the practical use of hyperspectral data is under restrictions. So, it is important to identify the reasons for hughes phenomenon and find out the solution methods.

In order to avoid "the curse of dimensionality" in classification, a better approach is to reduce the data dimensionality while trying to maintain the most vital and useful information in the dataset. That is a very important work in feature recognition. The original feature extraction method of hyperspectral data was focus on selecting a few bands from full bands, and some mature algorithms had been established, such as the character-selecting methods based on dispersion, J-M distance criterion, etc. Then, some mathematic algorithms were introduced in image classification, which include K-L transform, segment K-L transform[4], CA transform[5], wavelet transform[6-9], etc. At the same time, more and more scholars and researchers were beginning to use spectrum waveform characteristics (first order derivative, second order differential, peaks and valleys) and some other transformation characteristics (such as all kinds of vegetation index) for remote sensing image classification[10,11].

In this paper, firstly, we analyze the reasons for occurrence of Hughes phenomenon, and then, based on the Mahalanobis classifier, classify the ground spectrum of several grasslands which were recorded in September 2012 using FieldSpec3 spectrometer in the regions around Qinghai Lake. The band selection method based on the constrained least correlation of wavebands and PCA- based feature transformation are used to extract features from hyperspectral data before classification. Two key issues are discussed in this paper: (1)The threshold points of spectral data correlation, characteristic number and PCA dimension where Hushes phenomenon can occur. (2) How to overcome the hughes phenomenon in the classification of hyperspectral remote sensing images.

2. DATA COLLECTION

2.1 Measuring points disposal

The experimental field is Qinghai Lake watershed, one of the most important rangeland in the north of China, with extensive area and abundant herbages. The position is located in 99.649 ~ 100.836 E, 36.622 ~ 37.217 N. The hyperspectral data used in this paper were collected from September 3 to September 4 in 2012. 9 measuring points were arranged along the road round the lake, covering characteristics of different grassland types in Qinghai Lake watershed, just as shown in Figure 1.

Each measuring point contains some sub-spots with different vegetation coverage, which is taken as unit of spectrum collection. The spectrum of grassland and reference board is gained by turns to minimize the effect of atmosphere variation. FieldSpec3 developed by American ASD Corporation is used in spectrum measurement. It has 1150 channels, with wavelength ranging from 350 to 2500 nm, and spectrum resolution is 1 nm. It is sunny, cloudless, and windless in date of this experiment, and measure time is controlled between 10 and 18. The probe is kept vertical (Some point adopted the combination of vertical and tilt measurement method) and 1 m distance both from grassland and reference white board when spectral reflectance being measured.

Figure 1. Distribution of measuring points

2.2 Data pre-processing

Firstly, eliminate those spectrums which have obvious mistake. Then, choose four types of grass and some bushes samples for the classification experiment. The aim of the bushes samples is to discuss the separability between grass and shrub. The specific classification categories are shown in table 1.

Table 1. vegetation types for Classification

category	vegetation
1	bush
2	Kobresia humilis meadow
3	Achnatherum splendens
4	Puccinellia tenuiflora
5	sand-binding grass - Leymus secalinus mixed pasture

The original spectral data is relatively instable from 900-2500 nm, while the first derivative data between 755-765 nm also has much noise points, so these bands were removed. Finally, the remaining 542 bands were used to carry out classification tests.

Spectral data transformation can eliminate background factors and highlight the target features to some extent, and has an effect on classification results. The filtering data are described using $R = (r_1, r_2, \ldots, r_n)$, among which n=542. The spectrum transformation method used in this paper can be described as:

$$ma(R) = \left(r_1, \frac{(r_1 + r_2 + r_3)}{3}, \cdots, \frac{(r_{n-2} + r_{n-1} + r_n)}{3}, r_n \right) \quad (1)$$

3. CLASSIFICATION ALGORITHMS AND THE CAUSES OF HUGHES PHENOMENON

3.1 Classification algorithm based on Mahalanohis distance

Minimum distance method is a common method for supervised classification. The distance is defined as an index of similarity so that the minimum distance is identical to the maximum similarity. some distance measure, such as Euclidean distance, Mahalanohis distance and Minkowski Distance, are usually used in classification. Among these distance measures, the Mahalanohis distance is less susceptible to the change of dimensions and takes into account the statistical properties of the samples, therefore, this method is widely used in remote sensing classification.

In classification experiment, Suppose there are K known categories, to a certain sample x_i (vector of spectral data with n bands), calculate the Mahalanohis distance to each known category, just as shown in the equation (2):

$$d(x_i, g_k) = \sqrt{(x_i - m_k)^T \Sigma_k^{-1} (x_i - m_k)} \quad (2)$$

Where m_k and Σ_k are the mean vector and variance–covariance matrices estimated from the training samples of the class k. The sample x_i is classified into category with minimum distance $d(x_i, g_k)$.

3.2 The causes of hughes phenomenon

When analyse multispectral data by adopting statistical pattern recognition methods, it's generally assumed that each mode in the feature space is normal distribution, and usually use a vector and a variance matrix to describe it. Due to the fewer dimensions of the multispectral image, the number of training samples are often far more than feature space dimensions, and it is easily to get relatively accurate parameter evaluation. Nevertheless, as the increasing dimensions for hyperspectral images, the number of training samples used for parameter estimation also need to be expanded. If the number of training samples are insufficient, the parameter estimation accuracy is difficult to ensure. For instance, some ground objects can not provide sufficient training samples due to its small occupied area, and consequently can't get a satisfactory classification results. Under the circumstances, although the sufficient number of wavelengths can imply more classification information, the classification results are far from ideal because of the inaccurate parameter estimation. That is why the increasing dimensionality of the spectral data can leads to a low classification accuracy.

For Mahalanohis distance classification method, when the number of samples are less than the dimension of the spectral data, the covariance matrix in equation (2) is nonpositive definite (the determinant of a matrix is zero.) and its inverse matrix does not exist. In this case, the classification program falls into an infinite loop, which affects the classification precision.

4. THE CLASSIFICATION OF HYPERSPECTRAL DATA BASED ON FEATURE SELECTION AND PCA TRANSFORMATION

4.1 Feature selection method

4.1.1 The algorithm's representation

Feature selection is one of key factors that influence the classification results, and refers to selecting a few bands from full-bands of hyperspectral data to reduce the spectral data redundancy while assuring sufficient information. At present, commonly used feature selection algorithms are genetic algorithm (GA), the decision tree method (DTM), the optimal index method (OIF), etc. Hughes phenomenon in classification is mainly caused by the high correlation between the spectral bands, so in order to obtain high classification accuracy, the low correlation between all selected feature bands should be ensured.

A band selection method based on the constrained least correlation of wavebands was proposed in literature 12, Which could extract the feature bands from hyperspectral data according to the predefined correlation threshold **T**. In this paper, the feature selection algorithm in literature 12 was adopted.

Figure 2 shows the bands selection result when correlation threshold **T** is between 0.60-0.99(set the interval to 0.01). The figure indicate that the higher the threshold T value, the more feature bands can be selected. Table 2 lists the band selection results corresponding to each correlation threshold value.

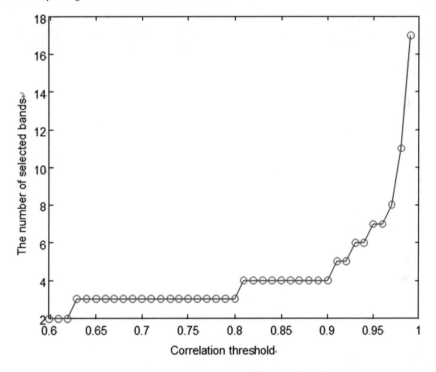

Figure 2. The bands selection result when correlation threshold T between 0.60-0.99

Table 2. The band selection results corresponding to each correlation threshold value

threshold T	Selected bands (nm)
0.6	370 886
0.61	370 886
0.62	370 886
0.63	370 886 703
0.64	370 886 703
0.65	370 886 702
0.66	370 886 701
0.67	370 886 701
0.68	370 886 700
0.69	370 886 699
0.7	370 886 698
0.71	370 886 698
0.72	370 886 697
0.73	370 886 696
0.74	370 886 695
0.75	370 886 694
0.76	370 886 693
0.77	370 886 692
0.78	370 886 691
0.79	370 886 690
0.8	370 886 509
0.81	370 886 505 714
0.82	370 886 499 715
0.83	370 886 682 716
0.84	370 886 674 717
0.85	370 886 674 717
0.86	370 886 674 718
0.87	370 886 674 719
0.88	370 886 674 720
0.89	370 886 674 721
0.9	370 886 674 722
0.91	370 886 674 723 703
0.92	370 886 674 724 702
0.93	370 886 423 725 691 709
0.94	370 886 421 727 688 712
0.95	370 886 417 728 672 715 699
0.96	370 886 413 730 674 718 698
0.97	370 886 409 733 674 721 696 711
0.98	370 886 405 738 425 727 674 718 694 709 534
0.99	370 886 402 766 416 737 674 729 433 723 510 692 717 698 525 711

4.1.2 The classification results and analysis

Using the feature bands in table2, we classify five types of grassland in qinghai lake basin and analyse the overall classification accuracy and kappa coefficient, as shown in Figure 3 and Figure 4. The results showed that the classification accuracy and Kappa coefficient increase gradually in the beginning as the increase of correlation coefficient threshold value. When threshold T equals to 0.80 (corresponds to 3 selection bands), best classification result can be achieved, the classification accuracy and Kappa coefficient reached the value of 91.9% and 89.7% respectively, and the classification accuracy of five grassland types(Table 1) is shown in Table 3. But when threshold T reached the value 0.94(corresponds to 6 selection bands), the classification accuracy and Kappa coefficient decreases dramatically.

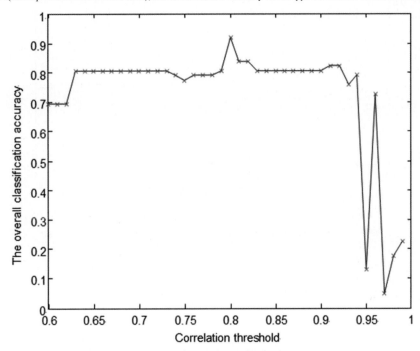

Figure 3. The overall classification accuracy corresponding to each correlation threshold value

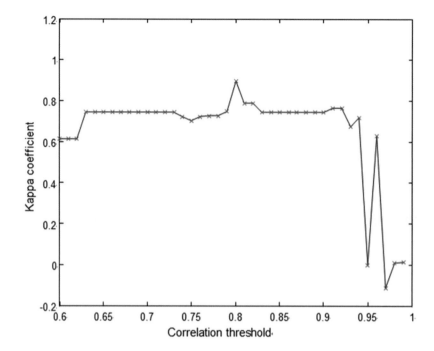

Figure 4. The kappa coefficient corresponding to each correlation threshold value

Table 3. The classification accuracy of five grassland types when threshold T equals to 0.80

vegetation	bush	Kobresia humilis meadow	Achnatherum splendens	Puccinellia tenuiflora	sand-binding grass - Leymus secalinus mixed pasture
classification accuracy	1.00	0.625	0.889	1.00	1.00

4.2 PCA- based feature transformation

Principal Component Analysis(PCA) is a mathematical procedure that uses an orthogonal transformation to convert a set of observations of possibly correlated variables into a set of values of linearly uncorrelated variables called principal components.

PCA is a common method to extract characteristic information from hyperspectral data. Often, its operation can be thought of as revealing the internal structure of the data in a way that best explains the variance in the data. If a multivariate dataset is visualised as a set of coordinates in a high-dimensional data space (1 axis per variable), PCA can supply the user with a lower-dimensional picture, a "shadow" of this object when viewed from its most informative viewpoint. This is done by using only the first few principal components so that the dimensionality of the transformed data is reduced.

We analyse the spectral data of grasslands(2.2) after PCA transformation. Table 4 shows the eigenvalue and contribution rate of the first 8 axis, it can be seen that the cumulative contribution rate of the first two axes of has reached

99.8% and contains most of the information. Using the first 1-14 principal component after PCA transformation, the five types of grassland in qinghai lake basin are classified, the overall classification accuracy and kappa coefficient are shown in figure 5 and figure 6. It can be seen that the classification accuracy and Kappa coefficient firstly show a trend of slow increase as the number of principal components (PCs) increases, when PCs equal to 4,5,6, the classification accuracy and Kappa coefficient reach the highest value was 100%. However, when the number of PCs is greater than 6, the classification accuracy and Kappa coefficient values show signs of declining.

Table 4. The eigenvalue and contribution rate of the first 8 axis

axis	1	2	3	4	5	6	7	8
eigenvalue	1.0516	0.0225	0.0018	0.0003	3.99E-05	7.48E-06	2.80E-06	1.51E-06
contribution rate	97.71	2.094	0.168	0.026	0.0037	0.0007	0.0003	0.00014
cumulative contribution rate	97.71	99.804	99.9688	99.995	99.9988	99.9994	99.9997	99.9998

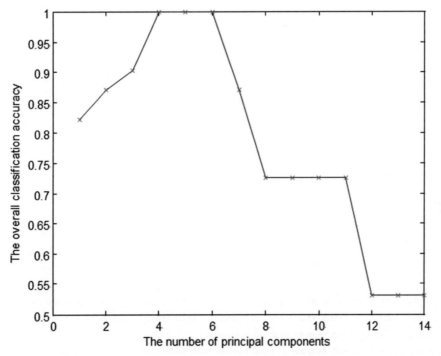

Figure 5. The overall classification accuracy corresponding to the first 1-14 principal component

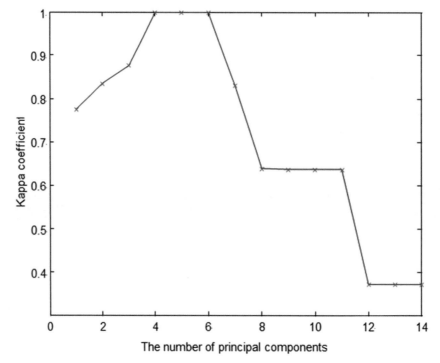

Figure 6. The Kappa coefficient corresponding to the first 1-14 principal component

5. CONCLUSIONS

In this paper, we classify the ground spectrum of several grasslands in the regions around Qinghai Lake based on the Mahalanobis classifier. Before classification, we extract features from hyperspectral data by bands selection and PCA- based feature transformation, and in the process of classification, we analyze how the correlation coefficient between wavebands, the number of waveband channels and the number of principal components affect the classification result, and draw the following conclusions:

(1) Hushes phenomenon may occur when the correlation coefficient between wavebands is greater than 0.94, the number of wavebands is greater than 6. Best classification result can be achieved when the correlation coefficient between wavebands equals 0.8, the number of wavebands is 3, and the band positions are 370nm, 509nm and 886nm respectively.

(2) Hushes phenomenon may occur when the number of principal components is greater than 6, the classification accuracy and Kappa coefficient values show signs of declining. when principal components equal to 4,5,6, the classification accuracy and Kappa coefficient reach the highest value.

Methods and conclusions derived in the paper can be taken as reference for remote sensing analysis.

6. Acknowledgments

This work was supported by National science and Technology support program(2012BAH31B02-02) and Oriented innovation program of Shanghai institute of Technical physics of the Chinese academy of sciences

(Q-ZY-84). We also give thanks to the Remote Sensing Center of Qinghai province for their cooperation to complete the field experiment.

REFERENCES

[1] THENKABAIL P S, ENCLONA E A, ASHTON M S, et al. "Accuracy assessments of hyperspectral waveband performance for vegetation analysis applications", Remote Sensing of Environment, 91(3–4), 354-374(2004).

[2] PETROPOULOS G P, KALAITZIDIS C, PRASAD VADREVU K. "Support vector machines and object-based classification for obtaining land-use/cover cartography from Hyperion hyperspectral imagery ", Computers & Geosciences, 41(0): 99-107(2012).

[3] SONG S, GONG W, ZHU B, et al. "Wavelength selection and spectral discrimination for paddy rice, with laboratory measurements of hyperspectral leaf reflectance", ISPRS Journal of Photogrammetry and Remote Sensing, 66(5): 672-82(2011).

[4] Pu Ruiliang, Gong Peng. [Hyperspectral remote sensing and itsapplication], High Education Press, Beijing, 69-72(2000).

[5] Mallet Y, Coomans D, de Vel O. "Recent developments in discriminant analysis on high dimensional spectral data", Journal of Chemometrics and Intelligent Laboratory Systems, 11：157-173(1996).

[6] SARHAN A M. "Wavelet-based feature extraction for DNA microarray classification", Artif Intell Rev, 39(3): 237-249(2013).

[7] Mallet Y, Coomans D, de Vel O, Kautsky J. "Classification using adaptive wavelets for feature extraction". IEEE Trans. Pattern Analysis and Machine Intelligence, 19：1058-1066(1997).

[8] ABIBULLAEV B, AN J. "Classification of frontal cortex haemodynamic responses during cognitive tasks using wavelet transforms and machine learning algorithms", Med Eng Phys, 34(10): 1394-1410(2012).

[9] HARVEY N R, PORTER R B. "Spectral morphology for feature extraction from multi- and hyper-spectral imagery", Proc Spie, 5806:100-111(2005).

[10] Lanfen Zheng , Jinnian Wang, "Analysis and study on hyperspectral technology and feature extraction of hyperspectral data", Environment and Remote Sensing, 17(1)：49-57(1992).

[11] Weiwei MA, LianPeng ZHANG. "Bands Selection to Invert Remote Sensing Model for Retrieving the Leaf Biochemical Components", Journal of Geomatics Science and Technology, 28(3):209-212(2011).

[12] Fengli Zhang , Qiu Yin , et al. "Spectral characteristics of dominant natural grasslands within growth period in the region around Qinghai lake", Proc Spie, 5640:235-246(2005).

附录4

引用格式：Xie Kaixin, Zhang Tingting, Shao Yun, et al. Study on Soil Moisture Inversion of Plateau Pasture Using Radarsat-2 Imagery[J]. Remote Sensing Technology and Application, 2016, 31(1):134-142.[谢凯鑫,张婷婷,邵芸,等.基于Radarsat-2全极化数据的高原牧草覆盖地表土壤水分反演[J].遥感技术与应用,2016,31(1):134-142.]

doi:10.11873/j.issn.1004-0323.2016.1.0134

基于Radarsat-2全极化数据的高原牧草覆盖地表土壤水分反演

谢凯鑫[1,2]，张婷婷[1]，邵 芸[1]，柴 勋[1,2]

（1.中国科学院遥感与数字地球研究所，北京 100101；
2.中国科学院大学，北京 100049）

摘要：大面积土壤水分反演对于青海湖流域草场的管理和保护具有重要的意义。利用C波段全极化的Radarsat-2合成孔径雷达（SAR）影像数据，开展了青海湖流域刚察县附近草场的土壤水分反演研究，在"水—云"模型和Chen模型的基础上，发展了一种新的土壤水分反演算法。该算法消除了植被覆盖以及地表粗糙度对雷达后向散射系数的影响。实验结果表明：预测结果能够与实测数据很好地吻合，R^2、RMSE和RPD分别达到0.71、3.77%和1.64，反演精度较高，能够满足研究区土壤水分的反演精度要求。如果能够更细致地刻画植被层以及地表粗糙度对雷达后向散射系数的影响，土壤水分反演精度有望得到进一步提高。

关 键 词：土壤水分；SAR；"水—云"模型；Chen模型；NDWI；高原牧草
中图分类号：X 833；TP 79　　**文献标志码**：A　　**文章编号**：1004-0323(2016)01-0134-09

1 引 言

地表土壤水分是陆地和大气能量交换过程中的关键因子，在水循环中扮演着重要的角色。在高原草场中，土壤水分的作用非常重要，它的时空变化涉及一系列的生态和环境问题，诸如草场退化、土壤荒漠化等，严重影响我国西部高原畜牧业的发展。鉴于此，探究大面积高精度的土壤水分反演算法，对我国西部高原区域的畜牧业和生态环境将具有非常重要的意义[1-2]。

随着微波遥感的飞速发展，特别是星载合成孔径雷达（Synthetic Aperture Radar, SAR），它的全天时、全天候并对地物有一定的穿透能力等特点，突破了传统的基于点测量获取土壤水分的局限，使得大面积土壤水分实时或准实时动态监测成为可能[3-4]。研究证明，SAR得到的地表后向散射系数与地表介电常数有直接相关关系，从而能够在水文模型要求的精度范围内有效提取地表土壤水分信息。但是由于电磁波与地表相互作用的复杂性，雷达后向散射系数除受地表介电常数（土壤水分）影响外，还受地表粗糙度（均方根高度、相关长度）、植被覆盖以及雷达入射角、频率、极化等多种因素的影响。特别是在植被覆盖地表，微波信号的组成十分复杂，对其下土壤水分的监测更带有极大的困难性[5]。目前已发展的用于地表土壤水分反演的模型主要有Kirchhoff模型、小扰动模型（SPM）和积分方程模型

收稿日期：2014-12-16；修订日期：2015-02-20
基金项目：国家科技支撑计划项目（2012BAH31B02）、国家自然科学基金项目（41301394、41201346、U1303285、41301464）、中科院知识创新新项目（KZCX2-EW-320）。
作者简介：谢凯鑫（1988-），男，河南林州人，硕士研究生，主要从事微波遥感模型研究。E-mail:xiekx@radi.ac.cn。
通讯作者：张婷婷（1982-），女，辽宁沈阳人，助理研究员，主要从事土壤遥感与制图研究。E-mail:zhangtt@radi.ac.cn。

编者注：该文章发表于遥感技术与应用,2016,31(1):134-142。

(IEM)等理论模型[6-7],以及Oh模型、Dubois模型和Chen模型等经验半经验模型[8-10]。Kirchhoff模型、小扰动模型(SPM)能够建立雷达后向散射系数与土壤水分、地表粗糙度之间的关系,但是它们适用的粗糙度范围非常窄,Oh等[8]的研究结果表明,许多实际自然地表无法适用这些模型。积分方程模型(IEM)能在一个很宽的地表粗糙度范围内再现真实地表后向散射情况,已经被广泛应用于微波地表散射、辐射的模拟和分析[5]。尽管如此,研究表明将IEM模型应用于实际自然地表时,模型模拟值与实际地表测量后向散射系数值之间仍然存在一些不一致[11],另外IEM模型的复杂性也限制了它的应用。Oh模型建立了雷达后向散射系数同极化比和交叉极化比与介电常数及地表粗糙度的关系。Dubois模型建立了VV和HH同极化后向散射系数与地表介电常数和地表粗糙度参数之间的经验关系。这两个模型都是由特定地点的实验数据建立的经验模型,只是在特定的地表粗糙度状况、频率、入射角和土壤含水量范围内适用[12],另外这两个模型能够用来反演介电常数和地表粗糙度,但是并不能直接得到地表土壤水分。Chen模型是基于IEM模型发展的半经验模型,用HH和VV极化的后向散射系数的比值来描述地表的后向散射特征,直接建立雷达后向散射系数与地表土壤水分的关系,形式简单,且模型在较大的入射角范围和较宽的粗糙度范围内都比较适用[10]。上述这些模型主要是用于反演裸露地表土壤水分的,并不能直接用于有植被覆盖的情况。

在植被覆盖地表条件下,植被层对雷达后向散射贡献的大小是影响雷达对地表土壤水分敏感性的重要因素。研究表明,植被类型、覆盖度、几何结构(包括高度、枝条和叶的形状、分布、密度等)和含水量等都会对雷达后向散射产生影响,从而影响不同频率、极化、入射角雷达波对植被层的透过率[13]。为了消除植被散射的影响,目前主要有经验半经验模型"水—云"模型[14]和基于辐射传输方程的理论模型密歇根微波植被散射模型(MIMICS)[15]。MIMICS模型对植被结构刻画得较为详细,因此能够较为真实地模拟植被覆盖地表微波后向散射。但是理论模型算法复杂,输入参数众多,限制了它的适用性。而"水—云"模型由于简单易用,被广泛用于植被度覆盖下土壤水分或植被参数的反演。

目前低矮植被覆盖下土壤水分的反演研究,大部分针对于平原农作物覆盖的土壤,例如小麦、玉米和大豆等[16-18]。高原地区的土壤水分反演很有代表性,然而这样的研究却很少[19-20]。这主要是由于高原地形的复杂性以及植被覆盖的高异质性增加了此类研究的困难性[21]。本文的目的就是在充分考虑植被层和地表粗糙度对雷达后向散射信号影响的前提下,基于"水—云"模型和Chen模型,提出一种新的方法,来消除这些因素的影响,使其适用于高原地区牧草覆盖下的土壤水分的反演,从而为我国西部高原草场区的土壤水分监测提供有力的工具,为畜牧业的发展以及生态环境的保护提供有效的信息支持。

2 研究区和数据

2.1 研究区概况

青海湖位于青藏高原的东北部,是我国最大的高原内陆咸水湖,本文选择青海湖西北部刚察县附近的草场为研究区域,如图1所示,中心位置为37°15′N,99°58′E,覆盖面积约180 km²,海拔高度3 200~3 305 m,相比于平原,地势有所起伏。研究区分布有7种土壤类型,包括栗钙土、高山草甸土、沼泽土、风沙土、山地草甸土、黑钙土和盐土,其中主要为栗钙土类。地表植被覆盖类型以草原牧草类为主,有芨芨草、针茅、高山蒿草和华扁穗草等类型。该地区为典型的高原半干旱高寒气候,全年降水量在300~400 mm之间,90%的降水集中在5~9月份。因此,这一时期土壤水分的时空变化对牧草的生长状况非常重要。

2.2 数据及预处理

2.2.1 SAR数据

本文采用的数据为2014年5月15日获取的一景Radarsat-2影像,为C波段全极化(HH、HV、VH、VV)数据,入射角为26.86°~28.68°,频率为5.41 GHz。获取时间与地面实验时间同步。

对获取的Radarsat-2数据,运用ESA开发的NEST(Next Esa Sar Toolbox)软件和ENVI软件进行预处理。通过NEST辐射定标,将影像DN值转换成后向散射系数,运用5×5的增强型Lee滤波来减少雷达图像斑噪的影响。由于研究区地势相对于平原有所起伏,用传统的多项式几何校正法已经不能满足精度要求,结合研究区的数字高程模型(DEM)进行距离—多普勒地形校正,消除地形起伏引起的SAR图像误差,属于几何精校正。最后得到分辨率为3.13 m的研究区后向散射系数图,如图2所示。利用ENVI根据采样点的地理坐标(实测时用GPS记录),提取采样点的后向散射系数值,由于研究区植被分布、土壤状况的空间异质性以及雷达侧视成像的独特性,每个像元对应的后向散射系数并不能代表该像元的真实后向散射情况,本文以采样点为圆心,取属性相同的圆形区域的后向散射系数的平均值来代表该采样点的后向散射系数值。

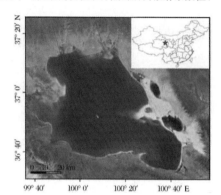

(红色框是获取的Radarsat-2影像范围)

图1 研究区位置图

Fig.1 Location of the study area

(红色圆点代表实测采样点位置)

图2 研究区 Radarsat-2 后向散射系数图
(HH=红,HV=绿,VV=蓝)

Fig.2 Radarsat-2 backscattering coefficient image of the study region

2.2.2 实测数据

与雷达图像获取同步,2014年5月开展了研究区地面观测实验,获取了研究区土壤的理化参数。在研究区共选择了34个样区采集土壤样品,每个样区选择3个采样点,样点之间相距大概30 m,进行地表粗糙度、土壤水分和密度等参数测量。

由于对雷达信号最敏感的是表层的土壤水分,因此用重量法测定每个样点表层0~5 cm的土壤重量含水量。每个样区3个采样点的重量含水量进行平均,作为这个样区的土壤重量含水量,与此同时,测量每个样点的土壤容重。用土壤重量含水量乘以土壤容重得到每个样区的土壤体积含水量(m_v)。对获得的34个样区的土壤体积含水量做异常值剔除,最后得到32个样区的土壤体积含水量。本文反演的土壤水分指的是土壤的体积含水量。测得的土壤体积含水量从4.02%~32.80%,平均值为13.04%,标准差为6.67%。

本研究采用粗糙度板(长2 m)测量粗糙度参数,获取了均方根高度h和相关长度l。每个样点测量3次,取平均值作为这个样区的粗糙度。测得的均方根高度h从0.57~1.84 cm,相关长度l从37.77~52.64 cm。

2.2.3 辅助数据

为了消除植被覆盖对地表后向散射系数的影响,需要辅助数据来做处理。本研究获取了一景2014年5月与SAR数据准同步的研究区Landsat8陆地成像仪(Operational Land Imager,OLI)数据。Landsat8卫星是美国于2013年2月发射的新一代陆地观测卫星,其适中的分辨率、对植被的良好检测能力以及数据的连续性,成为区域范围植被研究中的重要遥感数据源。运用ENVI对OLI数据做辐射定标、FLAASH大气校正等预处理,再经过波段运算得到研究区的归一化水指数(Normalized Difference Water Index,NDWI)数据,如图3所示。

(红色圆点代表实测采样点位置)

图3 研究区 NDWI 图

Fig.3 NDWI image of the study area

根据采样点的地理坐标（实测时用 GPS 记录），提取采样点的 NDWI 值（取每个样区 3 个采样点的平均值）。OLI 数据要经过几何校正和重采样匹配到 SAR 数据上。

3 模型研究

3.1 植被层散射模型

在雷达遥感反演土壤水分的研究中，地表覆盖的植被层会干扰土壤的后向散射信号，必须建立合理的植被散射模型，去除植被对后向散射信号的影响[22]。严密的理论模型 MIMICS 模型可被用于消除植被层的散射影响，但是 MIMICS 模型是针对森林等高大植被覆盖地表建立的，其输入参数复杂庞大[23]，在应用于草场区等较为矮小的植被覆盖地表时，由于植被茎秆和植被冠层没有明显区别，则显得庞大而难于应用。本文采用"水—云"模型来从总的雷达后向散射信号中，分离出植被层的影响。

"水—云"模型是建立在辐射传输模型基础之上，通常使用很少的参数，但这些参数具有一定机理性的意义，在将模型用到具体的研究时，模型的参数用实测数据来确定。该模型建立的基本假设为：① 假设植被为水平均匀的云层，土壤表层与植被顶端之间分布着均匀的水粒子；② 不考虑植被和土壤表层之间的多次散射；③ 模型中的变量仅为植被高度、植被含水量和土壤湿度[24]。模型的形式如下：

$$\sigma^0 = \sigma_{veg}^0 + \tau^2 \cdot \sigma_{soil}^0 \quad (1)$$

$$\sigma_{veg}^0 = a \cdot VWC \cdot \cos\theta(1-\tau^2) \quad (2)$$

$$\tau^2 = \exp(-2b \cdot VWC \cdot \sec\theta) \quad (3)$$

其中：σ^0 为植被覆盖地表总的后向散射系数，σ_{veg}^0 为直接植被层的后向散射系数，τ^2 为雷达波穿透植被层的双层衰减因子，σ_{soil}^0 为直接土壤层的后向散射系数，θ 为入射角，VWC 是植被层的含水量，单位是 kg/m²，a、b 是经验常数，依赖于植被类型和入射角[25]。准确获取 a、b 值需要大量的先验知识，如植被含水量、生物量等。这里 a、b 作为未知参数，通过实测数据采用优化算法拟合建立的模型来得到。除此之外，VWC 是一个很重要的输入参数，根据 Jackson 等[26]的研究，植被含水量 VWC 与一些植被生物指数如 NDVI（归一化植被指数）、NDWI（归一化水分指数）等之间是存在函数关系的。然而，根据先前的研究[27-29]，NDVI 是基于红波段和近红外波段的运算得到的，这两个波段分别位于叶绿素强吸收带和植被层高反射区。因此，NDVI 更多代表的是叶绿素信息而不是含水量信息。相比于 NDVI，通过一些定量研究表明[17]，基于 NDWI 的 VWC 估算优于 NDVI。因此，本文采用 NDWI 来计算植被含水量 VWC，公式如下：

$$VWC = e_1 \cdot NDWI + e_2 \quad (4)$$

其中：e_1、e_2 是模型参数，NDWI 通过下式计算[30]：

$$NDWI = \frac{R_{NIR} - R_{SWIR}}{R_{NIR} + R_{SWIR}} \quad (5)$$

其中：R_{NIR} 为近红外波段（中心波长 865 nm）的反射率，R_{SWIR} 为短波红外波段（中心波长 1 609 nm）的反射率。

最后，结合前面的公式，"水—云"模型可以表达为：

$$\sigma^0 = a \cdot VWC \cdot \cos\theta(1-\exp(-2b \cdot VWC \cdot \sec\theta)) + \sigma_{soil}^0 \cdot \exp(-2b \cdot VWC \cdot \sec\theta) \quad (6)$$

3.2 裸露地表土壤水分反演模型

在裸露地表土壤水分的反演过程中，地表粗糙度是影响土壤后向散射信号的重要因素，因为理论模型太过复杂，本文采用 Chen 模型来消除地表粗糙度的影响。

Chen 基于 IEM 模型和蒙特卡罗模拟方法，发展了一种简单的裸露地表土壤水分的反演模型。该模型假设地表粗糙度可以用指数相关方程来表示，对 IEM 模型进行多重线性回归得到。该模型用 HH 和 VV 极化的后向散射系数的比值来描述地表的后向散射特征。Chen 模型表示为：

$$\ln m_v = C_1 \cdot \frac{\sigma_{HHsoil}^0}{\sigma_{VVsoil}^0} + C_2 \cdot \theta + C_3 \cdot f + C_4 \quad (7)$$

其中：$\sigma_{HHsoil}^0 / \sigma_{VVsoil}^0$ 为用 dB 表示的裸露土壤的 HH 与 VV 极化的后向散射系数的比，θ 为用度数表示的入射角，f 为观测的微波频率（GHZ），C_1、C_2、C_3 和 C_4 是待拟合参数。

3.3 植被覆盖地表土壤水分反演模型

基于前述的"水—云"模型和 Chen 模型，以及 Radarsat-2、NDWI 和实测数据，本文发展了一种新的反演算法。

Chen 模型可以被用来反演得到裸露地表的土壤水分，在植被覆盖地表下，裸露地表的后向散射系数 σ_{HHsoil}^0 和 σ_{VVsoil}^0 可以通过"水—云"模型，消除植被层散射影响后得到。公式如下：

$$\sigma_{soil}^0 = a \cdot VWC \cdot \cos\theta + \frac{\sigma_{HHimage}^0 - a \cdot VWC \cdot \cos\theta}{\exp(-2b \cdot VWC \cdot \sec\theta)} \quad (8)$$

在 HH 和 VV 极化中，由于散射过程不一样，所

以 a、b 取不同的值。因此，$\sigma^0_{HH\text{soil}}$ 可表示为：

$$\sigma^0_{HH\text{soil}} = a_h \cdot VWC \cdot \cos\theta + \frac{\sigma^0_{HH\text{image}} - a_h \cdot VWC \cdot \cos\theta}{\exp(-2b_h \cdot VWC \cdot \sec\theta)} \quad (9)$$

$\sigma^0_{VV\text{soil}}$ 可表示为：

$$\sigma^0_{VV\text{soil}} = a_v \cdot VWC \cdot \cos\theta + \frac{\sigma^0_{VV\text{image}} - a_v \cdot VWC \cdot \cos\theta}{\exp(-2b_v \cdot VWC \cdot \sec\theta)} \quad (10)$$

其中：$\sigma^0_{HH\text{image}}$ 和 $\sigma^0_{VV\text{image}}$ 是从 Radarsat-2 数据中获得的总的 HH 和 VV 极化的后向散射系数，包括来自植被层的散射以及地表的后向散射。

最后，联合式（4）、（7）、（9）、（10），通过 Radarsat-2、NDWI 数据即可反演得到植被覆盖下的土壤体积含水量。公式如下：

$$m_v = \exp\left[C_1 \cdot \frac{\left(a_h \cdot VWC \cdot \cos\theta + \frac{\sigma^0_{HH\text{image}} - a_h \cdot VWC \cdot \cos\theta}{\exp(-2b_h \cdot VWC \cdot \sec\theta)}\right)}{\left(a_v \cdot VWC \cdot \cos\theta + \frac{\sigma^0_{VV\text{image}} - a_v \cdot VWC \cdot \cos\theta}{\exp(-2b_v \cdot VWC \cdot \sec\theta)}\right)} + C_2 \cdot \theta + C_3 \cdot f + C_4\right] \quad (11)$$

3.4 评价指标

所建立模型的好坏可以用两个指标来评价：均方根误差（RMSE）和标准差（SD）与均方根误差（RMSE）的比值（the Ratio of(Standard Error of) Prediction to Standard Deviation, RPD）:

$$RMSE = \sqrt{\frac{1}{N}\sum_{i=1}^{N}(P_i - O_i)^2} \quad (12)$$

$$RPD = \frac{SD}{RMSE} \quad (13)$$

其中：N 是总的样本数，P_i 是样本 i 的预测值，O_i 是样本 i 的测量值。RPD 是评价模型鲁棒性和有效性的重要指标，很多研究中都用它做评价指标[31-32]。本研究采用了 Chang[31] 的模型评价标准，如果 RPD>2、$1.0>R^2>0.8$ 说明模型适用，如果 $1.4\leqslant RPD\leqslant 2.0$、$0.5<R^2\leqslant 0.8$ 说明模型适用性可以通过改进来提高，如果 RPD<1.4、$R^2<0.5$ 说明模型不适用。

4 结果和分析

4.1 土壤水分反演

运用上一节建立的反演模型进行研究区的土壤水分反演，技术流程如图 4 所示。

植被覆盖下土壤水分反演模型建立以后，用研究区的实测数据以及 SAR、辅助数据进行参数拟合和验证。2014 年 5 月在研究区共获取了 34 个样区数据，其中 2 个样区的数据由于测量问题被剔除，最后 32 个合格的样本数据用于建模。随机抽取 21 个样本数据作为校正集用来拟合模型，剩余 11 个样本数据作为验证集进行模型验证。模型的输入参数包括 Radarsat-2 的配置参数（入射角、频率）、实测样区的土壤体积含水量、每个样区的 HH、VV 极化的后向散射系数以及相应的 NDWI。采用准牛顿法加通用全局优化法对建立的模型进行参数拟合，拟合结果如图 5 所示。反演的土壤水分与实测的土

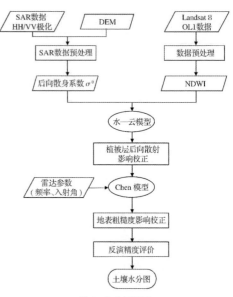

图 4 技术流程图
Fig.4 Flowchart of this paper

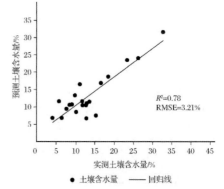

图 5 土壤水分反演模型校正集结果图
Fig.5 Calibration result of the soil moisture inversion model

水分的相关系数的平方 R^2、均方根误差（RMSE）和 RPD 分别为 0.78、3.21% 和 2.19。拟合出的参数值如表 1 所示。

表 1　新建模型参数拟合值
Table 1　Fitting values of the new model parameters

a_h	b_h	a_v	b_v	$e1$	$e2$	$c1$	$c2$	$c3$	$c4$
−46.39	4.57	−32.25	4.63	11.65	1.45	−3.76	0.23	0.13	0.63

4.2　验证方法

用验证集的 11 个样本数据来进行模型验证。运用上节校正集建立的反演模型，输入 Radarsat-2 的配置参数，以及 11 个样区的 HH、VV 极化的后向散射系数值和相应的 NDWI 值，得到 11 个样本区的土壤水分预测值，对预测值和实测值进行比较，结果如图 6 所示，验证结果表明相关系数平方 R^2、均方根误差（RMSE）以及 RPD 分别为 0.71、3.77% 和 1.64。根据 Chang 的分类策略，这个模型属于能满足研究区土壤水分反演的精度和稳定性要求。

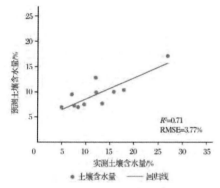

图 6　土壤水分反演模型验证集结果图
Fig. 6　Validation result of the soil moisture inversion model

4.3　新方法在研究区的应用

本文提出的算法在研究区取得了很好的反演精度，因此将该算法推广到生成青海湖流域草场高分辨率的土壤水分分布图，如图 7 所示，该图覆盖了采样点所在的区域。从图中可以看出，研究区大部分的土壤水分都集中在 0～15% 之间，且这些区域大多位于远离湖和河流的山区，而在靠近水体的区域，土壤水分都比较高。另外在研究区的东南角，土壤水分整体要高一点，这是因为这块区域主要是垄状的人工草场，两边有灌溉的水渠，灌溉和靠近湖使得这块区域的土壤水分会相对高一点，这在前述的 NDWI 图（图 3）中也可以看出来，在 NDWI 图上，这块区域是个相对高值区，说明水分含量高。由研究区的土壤水分分布图，可以很好地预测高原牧草的生长状况，这对于研究该区域的草场退化及精细化管理具有重要的意义。

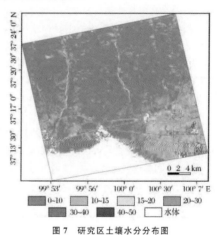

图 7　研究区土壤水分分布图
Fig. 7　Soil moisture map of the study region

4.4　结果分析

"水—云"模型是一种简单易用的半经验模型，此前大多数研究都把该模型应用于反演平原农作物，诸如小麦、玉米和大豆等的生理参数以及其覆盖下的土壤水分[16-18]。而用于反演裸露地表土壤水分的模型，诸如 Oh、Dubois 模型等，都无法完全消除粗糙度的影响，需要输入均方根高度、相关长度等粗糙度参数，Chen 模型通过 HH 与 VV 极化的后向散射系数的比值来消除地表粗糙度的影响，不需要输入相关的粗糙度参数，简单易用。相较于以往的研究，本文将"水—云"模型和 Chen 模型结合起来，发展了一种适用于高原草场区域的土壤水分反演算法，且取得了较高的反演精度。证明了"水—云"模型用于消除高原牧草覆盖对雷达后向散射影响的有效性以及 Chen 模型用于消除高原复杂地形粗糙度影响的潜力。刘强等[20]基于 AMSR-E 卫星数据，运用双通道土壤水分反演算法反演了青藏高原地区

2003~2010年表层土壤水分,反演精度R^2、RMSE分别为0.59和4.8%,低于本文发展的算法的反演精度(0.71,3.77%),鲍艳松等[4]以ASAR影像数据和地面实测数据为基础,分析了水平同极化和垂直同极化后散射系数对冬小麦覆盖下土壤水分的敏感性,建立了10 cm深土壤水分和垂直同极化后向散射系数的回归模型,反演精度R^2为0.49,同样低于本文反演精度,而且本文的算法可以用于生成3.13 m高分辨率的土壤水分分布图,这对于高原牧场区牧草的精细化管理是非常重要的,证明了运用高分辨率的SAR影像监测高原草场土壤水分的可行性与优越性。另外,本文发展的算法简单易用,输入参数较少且易于获取,只需要得到同极化HH和VV后向散射系数、归一化水分指数NDWI以及雷达参数即可反演高原草场区的土壤水分,相比于形式复杂、输入参数众多且不易获得的理论模型来说,适用性更强。

虽然本文建立的算法,反演精度能够达到要求,但是还有待提高,这主要是由于研究区植被的不均一性以及地表粗糙度变化造成的。"水—云"模型把植被层假设为水平均一云层,在土壤表层与植被顶端之间分布着均匀的水粒子,另外它忽略了植被与土壤层之间的多次散射,而实际上由于不同植被类型的生长状况不一样以及牛羊放牧,植被层很难达到水平均一性。Chen模型通过HH与VV极化的比值来消除粗糙度的影响,这在一定的粗糙度范围内最适用,虽然研究区的平均粗糙度在这个范围内,但研究区位于高原,一些靠近山区的区域地表起伏较大,从而造成Chen模型的适用精度降低。因此,如果能够更细致地刻画植被层对雷达后向散射信号的影响,比如在"水—云"模型中考虑植被与土壤层之间的多次散射,研究适用范围更广的消除地表粗糙度影响的模型,探讨HH、HV极化以及同极化差、交叉极化差与土壤含水量之间的关系,从而得到全极化情况下的经验模型,则反演精度有望进一步提高,模型的适用性也将更强。

5 结语

本文运用C波段全极化Radarsat-2 SAR数据提出了一种适用于高原地区草场土壤水分反演的方法。该方法运用"水—云"模型消除了植被层对雷达后向散射的影响,通过Chen模型消除了地表粗糙度的影响。证明了"水—云"模型和Chen模型用于消除高原牧草覆盖和复杂地表粗糙度对雷达后向散射影响的有效性。

运用本文发展的方法反演了地表的土壤水分,反演精度较高,R^2、RMSE和RPD分别达到0.71、3.77%和1.64,能够满足研究区土壤水分的反演精度要求。生成了研究区的高分辨率土壤水分分布图,分辨率达到3.13 m,与实地考察情况相符,为高原草场的精细化管理提供了强有力的工具。

本文发展的高精度土壤水分反演方法将为我国西部高原草场的土壤水分监测和牧草长势预测提供技术支撑,为畜牧业发展、水资源规划管理以及生态环境保护提供科学依据。

参考文献(References):

[1] Hou Yule. The Soil Moisture Content Research in the South of Gangcha County of Qinghai Province[D]. Xi'an: Shaanxi Normal University, 2010. [候雨乐. 青海省刚察县南部土壤含水量研究[D]. 西安: 陕西师范大学, 2010.]

[2] Dong Wen. The Soil Moisture Content Research of the Artificial Forest and Farmland in Xi'an Area[D]. Xi'an: Shaanxi Normal University, 2007. [董雯. 西安地区人工林地与农田土壤含水量变化研究[D]. 西安: 陕西师范大学, 2007.]

[3] Liu Zengcan. Microwave Scattering Measurements and Soil Moisture Inversion Study[D]. Chengdu: University of Electronic Science and Technology of China, 2009. [刘增灿. 微波散射测量及土壤水分反演研究[D]. 成都: 电子科技大学, 2009.]

[4] Bao Yansong, Liu Liangyun, Wang Jihua, et al. Estimation of Soil Water Content and Wheat Coverage with ASAR Image[J]. Journal of Remote Sensing, 2006, 10(2): 263-271. [鲍艳松, 刘良云, 王纪华, 等. 利用ASAR图像监测土壤含水量和小麦覆盖度[J]. 遥感学报, 2006, 10(2): 263-271.]

[5] Yang Hu. On the Modeling of Canopy Covered Surface Soil Moisture Change Detection Using Multi-temporal Radar Images[D]. Beijing: Institute of Remote Sensing and Digital Earth, Chinese Academy of Sciences, 2003. [杨虎. 植被覆盖下土壤含水量分变化雷达探测模型和应用研究[D]. 北京: 中国科学院遥感应用研究所, 2003.]

[6] Ulaby F T. Microwave Remote Sensing: (Volume 3)[M]. Norwood, MA: Artech House, 1986.

[7] Fung A K, Li Z, Chen K S. Backscattering from a Randomly Rough Dielectric Surface[J]. IEEE Transactions on Geoscience and Remote Sensing, 1992, 30(2): 356-369.

[8] Oh Y, Sarabandi K, Ulaby F T. An Empirical Model and An Inversion Technique for Radar Scattering from Bare Soil Surfaces[J]. IEEE Transactions on Geoscience and Remote Sens-

[9] Dubois P C, VanZyl J, Engman E T. Measuring Soil Moisture with Imaging Radars[J]. IEEE Transactions on Geoscience and Remote Sensing, 1995, 33(4): 915-926.

[10] Chen K S, Yen S K, Huang W P. A Simple Model for Retrieving Bare Soil Moisture from Radar Scattering Coefficients [J]. Remote Sensing of Environment, 1995, 54(2): 121-126.

[11] Zribi M, Dechambre M. A New Empirical Model to Retrieve Soil Moisture and Roughness from C-band Radar Data[J]. Remote Sensing of Environment, 2003, 84(1): 42-52.

[12] Li Sen. Soil Moisture Inversion Model Research of Multi-band and Multi-polarization SAR based on IEM[D]. Beijing: Institute of Agricultural Resources and Regional Planning, Chinese Academy of Agricultural Sciences, 2007. [李森. 基于IEM的多波段、多极化SAR土壤水分反演算法研究[D]. 北京: 中国农业科学院农业资源与农业区划研究所, 2007.]

[13] Jackson T J, Schmugge T J. Vegetation Effects on the Microwave Emission of Soils[J]. Remote Sensing of Environment, 1991, 36: 203-212.

[14] Attema E P W, Ulaby F T. Vegetation Modeled as a Water Cloud[J]. Radio Science, 1978, 13(2): 357-364.

[15] Ulaby F T, Elachi C. Radar Polarimetry for Geoscience Applications[M]. Boston: Artech House, 1990.

[16] Gherboudj I, Magagi R, Berg A A, et al. Soil Moisture Retrieval over Agricultural Fields from Multi-polarized and Multi-angular Radarsat-2 SAR Data[J]. Remote Sensing of Environment, 2011, 115(1): 33-43.

[17] Zhang Youjing, Wang Junzhan, Bao Yansong. Soil Moisture Retrieval from Multi-resource Remotely Sensed Images over a Wheat Area[J]. Advances in Water Science, 2010, 21(2): 222-228. [张友静, 王军战, 鲍艳松. 多源遥感数据反演土壤水分方法[J]. 水科学进展, 2010, 21(2): 222-228.]

[18] Yu Fan, Zhao Yingshi. A New Method to Retrieve Soil Moisture under Vegetation Using ASAR and TM Images[J]. Science China: Earth Sciences, 2011, 41(4): 532-540. [余凡, 赵英时. ASAR和TM数据协同反演植被覆盖地表土壤含水量分的新方法[J]. 中国科学: 地球科学, 2011, 41(4): 532-540.]

[19] Li Qin. Combined Application of Active and Passive Microwave Remote Sensing in the Retrieval of Soil Moisture on the Tibetan Plateau[D]. Beijing: Capital Normal University, 2011. [李芹. 青藏高原地区主被动微波遥感联合反演土壤水分的研究[D]. 北京: 首都师范大学, 2011.]

[20] Liu Qiang, Du Jinyang, Shi Jiancheng, et al. Analysis of Spatial Distribution and Multi-year Trend of the Remotely Sensed Soil Moisture on the Tibetan Plateau[J]. Science China: Earth Sciences, 2013, 43(10): 1677-1690. [刘强, 杜今阳, 施建成, 等. 青藏高原表层土壤湿度遥感反演及其空间分布和多年变化趋势分析[J]. 中国科学: 地球科学, 2013, 43(10): 1677-1690.]

[21] Pasolli L, Notarnicola C, Bruzzone L, et al. Polarimetric Radarsat-2 Imagery for Soil Moisture Retrieval in Alpine Areas [J]. Canadian Journal of Remote Sensing, 2011, 37(5): 535-547.

[22] Zhou Peng, Ding Jianli, Wang Fei, et al. Retrieval Methods of Soil Water Content in Vegetation Covering Areas based on Multi-source Remote Sensing Data[J]. Journal of Remote Sensing, 2010, 14(5): 966-973. [周鹏, 丁建丽, 王飞, 等. 植被覆盖地表土壤含水量分遥感反演[J]. 遥感学报, 2010, 14(5): 966-973.]

[23] Magagi R D, Kerr Y H. Retrieval of Soil Moisture and Vegetation Characteristics by Use of ERS-1 Wind Scatterometer over Arid and Semi-arid Area[J]. Journal of Hydrology, 1997, 188: 361-384.

[24] Ge Jianjun, Wang Chao, Zhang Weiguo. Research on Vegetation Scattering Model in the Microwave Remote Sensing of Soil Moisture[J]. Remote Sensing Technology and Application, 2002, 17(4): 209-214. [戈建军, 王超, 张卫国. 土壤湿度微波遥感中的植被散射模型进展[J]. 遥感技术与应用, 2002, 17(4): 209-214.]

[25] Jackson T J, Schmugge T J. Vegetation Effects on the Microwave Emission of Soils[J]. Remote Sensing of Environment, 1991, 36: 203-212.

[26] Jackson T J, Chen D Y, Cosh M, et al. Vegetation Water Content Mapping Using Landsat Data Derived Normalized Difference Water Index for Corn and Soybeans[J]. Remote Sensing of Environment, 2004, 92(4): 475-482.

[27] Gamon J A, Field C B, Goulden M L, et al. Relationships between NDVI, Canopy Structure, and Photosynthesis in Three Californian Vegetation Types[J]. Ecological Applications, 1995, 5(1): 28-41.

[28] Gao B C. NDWI—A Normalized Difference Water Index for Remote Sensing of Vegetation Liquid Water from Space[J]. Remote Sensing of Environment, 1996, 58(3): 257-266.

[29] Chen D Y, Huang J F, Jackson T J. Vegetation Water Content Estimation for Corn and Soybeans Using Spectral Indices Derived from MODIS Near- and Short-wave Infrared Bands[J]. Remote Sensing of Environment, 2005, 98(2-3): 225-236.

[30] Xu Huanying, Jia Jianhua, Liu Liangyun, et al. Drought Monitoring in Huang-Huai-Hai Plain Using the Multi-drought Indices[J]. Remote Sensing Technology and Application, 2015, 30(1): 25-32. [徐焕颖, 贾建华, 刘良云, 等. 基于多源干旱指数的黄淮海平原干旱监测[J]. 遥感技术与应用, 2015, 30(1): 25-32.]

[31] Dunn B W, Batten G D, Beecher H G, et al. The Potential of Near-infrared Reflectance Spectroscopy for Soil Analysis-A Case Study from the Riverine Plain of South-eastern Australia [J]. Animal Production Science, 2002, 42(5): 607-614.

[32] Chang C W, Laird D A, Maurice M J, et al. Near-Infrared Reflectance Spectroscopy Principal Components Regression Analyses of Soil Properties[J]. Soil Science Society of America Journal, 2001, 65(2): 480-490.

Study on Soil Moisture Inversion of Plateau Pasture Using Radarsat-2 Imagery

Xie Kaixin[1,2], Zhang Tingting[1], Shao Yun[1], Chai Xun[1,2]

(1. *Institute of Remote Sensing and Digital Earth, Chinese Academy of Sciences, Beijing* 100101, *China*;
2. *University of Chinese Academy of Sciences, Beijing* 100049, *China*)

Abstract: Accurate soil moisture retrieval of large area is of great significance to the management and protection of the plateau pasture. Using fully polarimetric Radarsat-2 Synthetic Aperture Radar(SAR) images at C-band, this paper carried out the study of soil moisture inversion in the country of Gangcha, Qinghai province, which is a part of Qinghai Lake watershed. Based on water-cloud model and Chen model, an algorithm was developed for soil moisture inversion. Elimination of vegetation cover and soil surface roughness effect for backscattering was achieved by the algorithm. Through field measurement validation, the developed algorithm gained reliable results. The results of R^2, RMSE and RPD value(0.71, 3.77%, 1.64) show that the developed algorithm can meet the requirement of soil moisture inversion in study region. In the future, if the vegetation cover and soil surface roughness effect for backscattering could be described in more detail, the accuracy of soil moisture inversion is expected to be further improved.

Key words: Soil moisture; SAR; Water-cloud model; Chen model; NDWI; Plateau pasture

附录5
基于光谱响应函数的 ZY-3 卫星图像融合算法研究

王力彦[1]，赵 冬[2,3]，陈建平[1]

(1. 中国地质大学（北京），北京 100083；2. 中国科学院遥感与数字地球研究所，北京 100101；
3. 北京合众思壮科技股份有限责任公司，北京 100015)

摘 要：针对遥感影像融合过程中存在的光谱失真，提出了一种基于光谱响应函数（SRF）的 ZY-3 卫星影像融合算法，该算法通过研究亮度分量的模拟方法和空间细节注入方法，改进了传统的 IHS 算法。采用融合前后典型地物光谱曲线对比和无需参考图像的质量评价指标（QNR）两种方式对融合结果进行评价，发现该算法的光谱信息保持在 89.94%，QNR 值达 0.75 以上。结果表明，相对于其它 IHS 改进融合算法，基于 ZY-3 卫星传感器 SRF 的改进 IHS 融合算法无论在光谱信息保持还是空间信息增强方面都具有优势。

关键词：资源三号卫星；遥感影像融合；光谱响应函数；IHS 算法
中图分类号：TP751.1　**文献标识码**：A　**文章编号**：1000-1328(2014)08-0938-08
DOI：10.3873/j.issn.1000-1328.2014.08.011

Study on ZY-3 Image Fusion Algorithms Based on Spectral Response Function

WANG Li-yan[1], ZHAO Dong[2,3], CHEN Jian-ping[1]

(1. China University of Geosciences (Beijing), Beijing 100083, China;
2. Institute of Remote Sensing and Digital Earth Chinese Academy of Sciences, Beijing 100101, China;
3. Beijing UniStrong Science & Technology Co., Ltd., Beijing 100015, China)

Abstract: According to the problem of spectral distortion during remote sensed image fusion, the traditional IHS algorithm is improved by considering the methods of radiance component simulation and spatial detail injection based on spectral response functions (SRF) of ZY-3 satellite sensors. The fused images are evaluated by comparing spectral curves of typical ground features and utilizing a quality with no reference (QNR) index. Result shows that the new algorithm has a spectral fidelity of 89.94%, and its QNR value reaches up to 0.75. As a conclusion, compared with other improved algorithms based on IHS, the new IHS algorithm based on ZY-3 satellite sensors' SRF has advantage of both spectral fidelity and spatial enhancement ability.

Key words: ZY-3 satellite; Remote sensed images fusion; Spectral response functions; IHS algorithm

0 引 言

资源三号（ZY-3）卫星是我国首颗民用高分辨率光学传输型立体测图卫星，集测绘和资源调查功能于一体，于 2012 年 1 月 9 日成功发射。卫星上共装载四台相机：1 台 2.1 米分辨率的全色相机和 2 台 3.6 米分辨率全色相机按照正视、前视、后视方式排列，可以获取同一地区三个不同观测角度立体像对，提供丰富的三维几何信息；另有 1 台 5.8 米分辨率的多光谱相机，包括蓝、绿、红和近红外四个波段，相比于传统的多光谱卫星数据具有更高的空间分辨率。全色影像空间分辨率高，反映空间结构信息，能

收稿日期：2013-07-30；　修回日期：2013-12-12
基金项目：国家科技支撑项目(2012BAH31B00)；国家自然科学基金(41001214/D0106)

编者注：该文章发表于宇航学报，2014，35(8)：938-945.

详尽表达地物的细节特征,但光谱信息有限;多光谱影像光谱信息丰富,有利于对地物的识别与解释,但空间分辨率不及全色影像[1]。因此,单纯的全色数据或多光谱数据均不能很好的满足地物精细分类、小目标识别的要求。遥感影像融合强调信息的优化,以突出有用的专题信息,改善地物目标识别与背景环境,从而增加解译的可靠性,改善分类效果[2],是增强全色数据的光谱信息或多光谱数据空间分辨率的重要手段。

目前针对全色与多光谱数据已有大量的融合方法,如 IHS(Identity Hue Saturation, IHS)、PCA(Principal Component Analysis, PCA)、Brovey、高通滤波(High Pass Filter, HPF)、小波变换等。其中,IHS 由于计算方法简单且能极大地提高影像的空间分辨率,改善视觉效果,而得到了广泛的应用,已被集成到 ENVI、ERDAS、PCI 等遥感影像处理软件中。然而,传统的 IHS 融合方法在提高多光谱影像空间分辨率的同时往往扭曲了其原有的光谱特性。针对这一问题,不少学者相继提出了一些改进算法。如,Te-Ming Tu 等[3-4]用矩阵加法运算替换了矩阵乘法运算,并针对 IKONS 多光谱与全色影像的融合对 IHS 空间中 I 分量的计算重新定义,提出了一种快速的 IHS 融合算法;肖刚[5]和黄金[6]分别通过人为制定和区域统计方法对全色影像和 I 分量进行加权组合得到新的 I 分量;徐佳等[7]通过线性回归的方法重新构造 I 分量,并利用注入的空间细节与原始多光谱波段的比值对空间细节信息进行调制;黄登山等[8]利用多光谱影像与全色影像的相关系数来确定它们在合成 I 分量时的权重。但是,现有的这些融合算法多是针对已有的各类成熟数据(如 IKONOS、TM 等)进行研究提出的,ZY-3 卫星数据作为新型遥感影像数据,尚无针对其传感器特性融合算法的提出。

因此,本文针对 ZY-3 卫星的传感器特性(见表1),研究其全色和多光谱传感器的光谱响应函数(Spectral Resolution Functions, SRF),通过对已有 IHS 融合算法的改进,发展一种适用于 ZY-3 卫星影像的融合算法。

1 基于 ZY-3 卫星传感器 SRF 的改进 IHS 融合算法

1.1 改进的 IHS 融合算法

由于 RGB 颜色空间和 IHS 色度空间存在着精确的转换关系[9],传统的 IHS 融合算法通过对低分辨率多光谱影像(L_M)的 R、G、B 三个波段进行 IHS 变换,得到代表空间信息的 I 分量和代表光谱信息的 H、S 分量,然后用经过直方图匹配的高分辨率全色影像(H_P)代替 I 分量,连同 H 和 S 分量一起反变换回到 RGB 颜色空间,得到高空间分辨率的多光谱影像(H_M)。这种算法不仅过程繁琐,而且只能用于三个波段的影像数据,同时由于全色与多光谱影像之间存在很大的信息差异,导致用全色波段直接替换 I 分量造成光谱失真严重[10],因而并不是理想的融合算法。

后来,研究者们不断对传统的 IHS 融合进行改进,提出了一些改进的 IHS 融合算法。该类算法的核心思想是:

$$H_M(i) = L_M(i) + \delta \quad (1)$$
$$\delta = H_P - I \quad (2)$$

式中:$L_M(i)$ 和 $H_M(i)$ 分别表示原始多光谱影像和融合影像的第 i 波段。

于是,关键问题是 I 分量的模拟。假设 I 可以由 L_M 各波段线性组合而成,部分研究者先后提出了 FIHS、GIHS、SAIHS[11]等改进的 IHS 融合算法,它们对 I 分量的模拟主要有以下几种方法:

$$I = \frac{R + G + B}{3} \quad (3)$$

$$I = \frac{R + G + B + N}{4} \quad (4)$$

$$I = \frac{(R + 1/4G + 3/4B + N)}{3} \quad (5)$$

改进的 IHS 融合将近红外波段数据引入到融合过程,突破了波段数的限制,一定程度上减少了光谱损失,却仍然存在很大的缺陷:

表1 ZY-3 卫星传感器特性
Table 1 Characteristics of ZY-3 satellite sensors

传感器类型	波段	光谱范围	空间分辨率
全色	PAN	0.50~0.80 μm	2.1 m
多光谱	B	0.45~0.52 μm	5.8 m
多光谱	G	0.53~0.59 μm	5.8 m
多光谱	R	0.63~0.69 μm	5.8 m
多光谱	N	0.77~0.89 μm	5.8 m

1)I分量的模拟都是基于各波段的简单平均或者统计的方法,而没有考虑传感器本身的特性;

2)将空间细节信息δ等量注入到原始多光谱各波段中以构成融合影像,破坏了原始多光谱影像的光谱信息。

1.2 基于ZY-3卫星传感器SRF的改进IHS融合算法

通常,IHS融合产生光谱畸变的主要原因,一是模拟I分量与全色影像间除细节信息之外的差异,二是细节信息的注入方法引起的畸变。为了减少ZY-3卫星影像融合中造成的畸变,本文主要进行了基于传感器SRF的I分量模拟和空间细节注入方法两方面的研究。

1.2.1 ZY-3卫星传感器SRF分析

传感器的光谱响应函数,记录的是在每一波长传感器记录的辐射能量与入瞳处辐射能量之间的比值[12],亦即给定频率的光子能够被传感器探测到的可能性。ZY-3卫星全色和多光谱传感器SRF如图1所示。

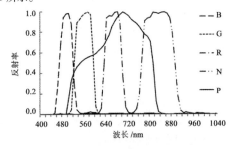

图1 ZY-3卫星传感器光谱响应函数
Fig. 1 SRF of ZY-3 satellite sensors

从图中可以看出,ZY-3卫星多光谱影像的各波段之间重叠区域很少,只有蓝绿波段之间有少量重叠;全色波段覆盖范围从可见光的蓝波段到近红外波段,其SRF与多光谱影像各波段差别很大。其中,二者在红光波段最为接近,绿光波段和近红外波段次之,在蓝光波段相差最大。

1.2.2 基于ZY-3卫星传感器SRF的I分量模拟

由对ZY-3卫星全色和多光谱传感器SRF的分析可知,ZY-3卫星多光谱影像的四个波段与全色影像的比例关系各不相同,直接采用公式(3)~(5)中所述各方法模拟I分量势必造成光谱失真,因而各波段的贡献因子需要根据SRF进行计算。为此,研究参考Yonghyun Kim等针对IKONOS数据提出的GIHS-SRF算法[13-14]中对I分量的模拟方法构建I分量,公式如下:

$$I = \frac{1}{4}\sum_{i=1}^{4}\omega_i L_M(i) \quad (6)$$

式中:ω_i为多光谱影像各波段加权系数,由SRF计算得到。

记全色传感器SRF为$\phi(\nu)$,多光谱传感器SRF为$\varphi_i(\nu)$,p表示事件某一频率处光子被全色传感器探测到,m_i表示事件某一频率处光子被多光谱传感器探测到,那么:

事件m_i发生的概率为:

$$P(m_i) = \int \varphi_i(\nu) d\nu \quad (7)$$

事件p发生的概率为:

$$P(p) = \int \phi(\nu) d\nu \quad (8)$$

事件m_i和p同时发生的概率为:

$$P(m_i \cap p) = \int \min(\varphi_i, \phi) d\nu \quad (9)$$

于是,某一频率处光子被多光谱传感器探测到的前提下仍被全色传感器探测到的概率,亦即多光谱影像各波段加权系数为:

$$\omega_i = P(p|m_i) = \frac{P(m_i \cap p)}{P(m_i)} \quad (10)$$

1.2.3 ZY-3卫星影像融合空间细节注入方法研究

一方面,传统的IHS融合采用等量注入法对多光谱各波段影像注入相同的空间细节信息,在很大程度上决定了融合影像的光谱失真。另一方面,空间细节信息注入方法的研究一直以来都是基于变换的融合类方法研究的关键问题,如基于Brovey变换的融合采用等比例注入法;基于HPF的融合采用多光谱影像和细节影像的标准方差确定空间细节信息的注入比例(以下称HPF法);基于PCA和Gram-Schmidt正交变换(GS)融合的空间细节调制参数通过全局统计的方法(以下称PCA_GS法)得到[15]。这些方法均在一定程度上减少了融合造成的光谱畸变,可以用于对传统IHS方法的改进,改善融合效果。其中,PCA_GS法由于综合考虑了全色影像和多光谱各波段影像的相关性和全局方差,是较好的细节注入方法。

因此,本文基于 ZY-3 卫星传感器的 SRF 构建 I 分量,并以 PCA_GS 空间细节注入方法代替等量注入法对传统的 IHS 融合进行改进,得到基于光谱响应函数的 ZY-3 卫星影像融合算法——SRF-PCA_GS 法,其表达式如下:

$$\begin{cases} I = \dfrac{1}{4\sum\limits_{i=1}^{4}\omega_i L_M(i)} \\ \delta = H_P - I \\ H_M(i) = L_M(i) + \rho(L_M(i), H_P)\dfrac{\sigma(L_M(i))}{\sigma(H_P)}\delta \end{cases}$$

(11)

式中:ρ 表示波段间相关系数,σ 表示影像标准差。

2 结果与评价

2.1 实验数据及结果

2.1.1 实验数据

本文采用复杂下垫面情况下的 ZY-3 卫星影像进行融合,考察融合影像对于精细地物光谱特性的保持与空间信息的增强,分析算法的适用性。因此选择我国湖北省武汉市境内的 ZY-3 卫星全色和多光谱 SC(Sensor Correction,SC)级影像数据,数据获取时间为 2012 年 6 月 20 日。选取的实验区域内不仅包含长江、湖泊两种不同光谱特征的水体,还有城市建筑、道路和耕地、裸地等植被分布,地物类型十分丰富。试验区地理位置如图 2 所示。

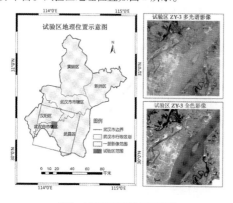

图 2 试验区地理位置示意图

Fig. 2 Geographical position of the experimental area

2.1.2 实验结果

本次针对 ZY-3 卫星全色和多光谱影像的融合主要包括前期的数据预处理和后期的影像融合两部分,具体处理流程如图 3 所示。

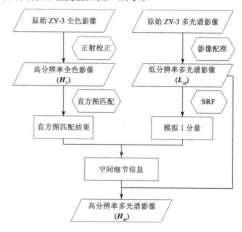

图 3 数据处理流程图

Fig. 3 Data processing flowchart

1) 数据预处理

由于实验采用的 SC 级数据是有理多项式系数(Rational Polynomial Coefficient,RPC)控制下的球面坐标而没有投影信息,因此融合之前首先要利用 RPC 进行正射校正,将其转化为 UTM 投影下的平面坐标。在此,可利用前后视全色影像生成的 DEM 对正视的全色影像进行正射纠正。然后,以纠正后的高分辨率的全色影像作为基准,通过选择交叉点、边缘点等共有的影像特征点建立多项式变换模型,对多光谱影像进行精确配准,配准后误差要求控制在 1 个像元以内。本次实验共选取了 39 个控制点,配准误差处于区间[0.0206, 0.7845]像元内,平均误差为 0.3935 像元。通过影像配准,多光谱影像自动重采样为与全色影像相同的像元数,像元数均为 4096×4096。值得注意的是,配准后的多光谱影像只是空间尺度达到了与全色影像的一致,影像质量并未提高,故本文仍将其称为低分辨率多光谱影像。

2) 影像融合

采用 SRF-PCA_GS 算法对所选试验区域的 ZY-3 卫星影像进行融合,并与 GIHS 和 GIHS-SRF 法以及基于SRF的I分量模拟和HPF空间细节注入方法的IHS融合(以下称SRF-HPF)进行比较。其中，基于SRF的I分量模拟系数计算结果如表2所示。图4所示为各方法融合结果的细节展示。

表2 ZY-3卫星多光谱波段ω_i表
Table 2 ω_i values of ZY-3 multispectral bands

波段系数	B	G	R	N
ω_i	0.178316	0.595851	0.894843	0.322715

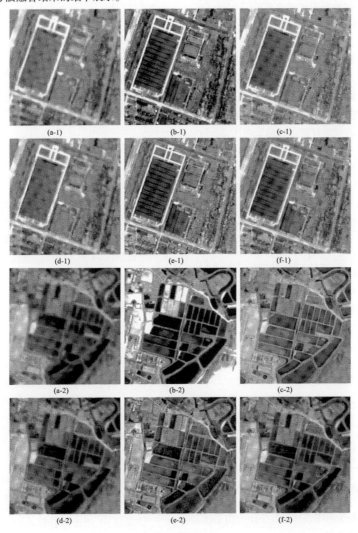

图4 融合影像细节效果对比
(a:低分辨率多光谱影像;b:高分辨率全色影像;c:GIHS融合影像;
d:GIHS-SRF融合影像;e:SRF-HPF融合影像;f:SRF-PCA_GS融合影像;
1:第一块细节展示区;2:第二块细节展示区)
Fig. 4 Comparison of the detail appearance of fused images
(a: LM; B: HP; c: GIHS fused image; d: GIHS-SRF fused image; e: SRF-HPF fused image;
f: SRF-PCA_GS fused image; 1: Region 1; 2: Region 2)

2.2 融合质量评价
2.2.1 融合质量评价指标

遥感影像融合质量评价主要是衡量影像融合前后空间信息的增强和光谱信息的保持效果。传统的全色和多光谱影像融合质量评价多采用 SAM、Q4、ERGAS 等指标,却往往由于缺乏高空间分辨率的多光谱参考影像而受到限制。为此,多数研究只能将全色和多光谱数据的空间分辨率先降低相同的倍数(降低倍数等于二者分辨率之比),然后再采用一定的融合算法进行融合,最后将原始的多光谱影像作为参考利用上述指标对融合结果进行质量评价。

为了避免上述质量评价过程的繁琐性,同时进一步保证评价结果的可靠性,Luciano 等提出了一种无需参考影像的质量评价指标(Quality with No Reference,QNR)[16],从光谱扭曲和空间畸变两个方面衡量融合效果。

为此,首先引入一个通用的质量指标 Q [17],定义如下:

$$Q(x,y) = \frac{4\sigma xy \cdot \bar{x} \cdot \bar{y}}{(\sigma_x^2 + \sigma_y^2)(\bar{x}^2 + \bar{y}^2)} \quad (12)$$

式中:σ_{xy} 为数组 x 和 y 之间的协方差,σ_x^2 和 σ_y^2 分别为数组 x 和 y 的方差,$\bar{x}$ 和 $\bar{y}$ 分别为数组 x 和 y 的均值。

1)光谱扭曲 (D_λ)

融合前后光谱特性的保持能力是衡量融合影像质量的重要标准,光谱扭曲即是评价这一特性的常用指标。其定义如下:

$$D_\lambda = \sqrt[p]{\frac{1}{L(L-1)} \sum_{l=1}^{L} \sum_{\substack{r=1 \\ r \neq l}}^{L} |Q(\hat{G}_l, \hat{G}_r) - Q(\tilde{G}_l, \tilde{G}_r)|^p} \quad (13)$$

式中:L 为波段数,$\hat{G}$ 为融合后高分辨率多光谱影像;$\tilde{G}$ 为融合前低分辨率多光谱影像;p 为用于放大光谱扭曲的正整数指数,一般取 $p=1$。

2)空间畸变 (D_s)

类似地,空间畸变同样是评价影像融合效果的重要指标。其定义如下:

$$D_s = \sqrt[q]{\frac{1}{L} \sum_{l=1}^{L} |Q(\hat{G}_l, P) - Q(\tilde{G}_l, \tilde{P})|^q} \quad (14)$$

式中:P 为全色影像,$\tilde{P}$ 为经过低通滤波的全色影像,q 为用于放大空间畸变的正整数指数,一般取 $q=1$。

于是,有

$$QNR = (1 - D_\lambda)^\alpha (1 - D_s)^\beta \quad (15)$$

式中:α 和 β 分别是 D_λ 和 D_s 的放大指数,一般取 $\alpha = \beta = 1$。

通常,QNR 越大,影像融合质量越高。当且仅当 D_λ 和 D_s 同为零时 QNR 取最大值1,此时,融合前后影像之间既没有光谱损失也没有空间畸变。

2.2.2 融合结果质量评价

本文利用融合前后多光谱影像典型地物的光谱曲线对比以及无需参考影像的质量评价指标共同评定融合影像结果。

1)融合前后典型地物光谱曲线对比

选取试验区内水体、植被和城市区三种典型地物,分别提取 SRF-PCA_GS 法和其他几种算法融合后的光谱曲线,如图5 所示。

可以看出,除 GIHS 方法外,其余各算法融合影像中三类地物与原始多光谱影像中相应地物的光谱曲线趋势基本一致,反射率值相差不大。为了定量评价融合前后光谱曲线的变化,以低分辨率多光谱影像和各算法融合影像中同类地物光谱向量间的夹角即光谱角(Spectral Angle,SA)作为测度指标,结果见表3。其中,SA 越小,则光谱曲线变化越小。

表3 各算法融合前后典型地物光谱角对比
Table 3 Comparison of SA of some typical features

SA	水体	植被	建筑区
GIHS	0.4488 rad	0.1307 rad	0.2290 rad
GIHS-SRF	0.0225 rad	0.0459 rad	0.0211 rad
SRF-HPF	0.3948 rad	0.1693 rad	0.0209 rad
SRF-PCA_GS	0.0798 rad	0.0680 rad	0.0961 rad

结果显示,四种融合算法中,SRF-PCA_GS 和 GIHS-SRF 法融合前后典型地区光谱曲线变化最小,因而对三种典型地物的光谱保持能力最强;SRF-HPF 法次之;GIHS 则在水体、植被和居民区的光谱保持上均表现较差。原因可能在于,GIHS 忽略了多光谱影像不同波段在 I 分量模拟过程中的权值分配问题,同时在空间细节注入方法上采用等量注入法,破坏了原来地物的光谱信息;而 GIHS-SRF、SRF-

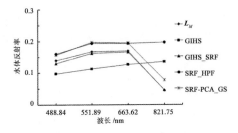
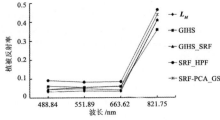
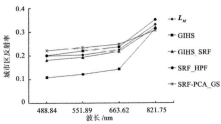

图 5 融合前后典型地物的光谱曲线对比

Fig. 5 Comparison of Spectral curves of some typical features

HPF 和 SRF-PCA_GS 法对于 I 分量的模拟均是基于传感器的光谱响应函数，因而光谱保持能力有所提高，之所以造成光谱保持能力的差异，源于细节注入方法的不同。SRF-PCA_GS 法的细节注入参数由多光谱各影像与全色影像的全局信息统计获得，GIHS-SRF 法则根据单个波段像元值和该像元在各波段均值的比值确定，是一种基于像元的计算方法，因而两者均具有较好的光谱保持能力。相比之下，SRF-HPF 由于只考虑了多光谱和细节影像的标准方差，对光谱的保持效果较差。

2）无需参考影像的质量评价指标

采用无需参考影像的质量评价指标对各算法融合结果进行质量评价，结果如表 4 所示。这里，为了得到经过低通滤波的全色影像，使用巴特沃斯低通滤波器，其截止频率为全色与多光谱影像空间分辨率之比。

表 4 融合影像质量评价指标

Table 4 Quality indices of fused images

融合方法	D_λ	D_S	QNR
GIHS	0.1978	0.1669	0.6683
GIHS-SRF	0.1551	0.1298	0.7352
SRF-HPF	0.2057	0.2368	0.6062
SRF-PCA_GS	0.1006	0.1619	0.7538

从无需参考影像的质量评价指标计算结果来看，SRF-PCA_GS 法融合影像 QNR 值最高，说明影像融合造成的空间畸变和光谱畸变最少，影像融合效果最好；GIHS-SRF 法次之；GIHS 和 SRF-HPF 法表现较差。

结合融合影像目视效果和融合前后典型地物光谱曲线对比结果可以看出，三种基于 SRF 的 IHS 融合算法较之 GIHS 融合均有明显的改善。其中，GIHS-SRF 法融合对地物光谱的保持能力较好，但是细节信息的表现程度却几乎没有改善，锐化能力缺乏；SRF-HPF 融合锐化效果最明显，却由于细节过度注入，造成了明显的光谱失真和空间畸变；相比之下，本文提出的 SRF-PCA_GS 算法无论在空间细节信息的丰富程度还是在融合造成的光谱畸变和空间畸变方面都表现出明显的优势，因而适合 ZY-3 卫星全色和多光谱影像的融合。

3 结论

本文针对 ZY-3 卫星全色和多光谱影像的融合算法展开研究，旨在提出一种适合其传感器特性的融合算法，以减少融合造成的光谱畸变和信息损失。主要包括以下内容：

1）引入 ZY-3 卫星全色和多光谱传感器的光谱响应函数，改进 IHS 融合中的 I 分量模拟方法；

2）以 PCA 和 GS 融合算法的细节注入方法代替传统 IHS 将空间细节信息等量注入到低分辨率多光谱影像各波段的方法，减少融合造成的光谱信息失真；

3）利用融合前后典型地物光谱曲线对比和无需参考影像的质量评价指标，结合影像目视效果，综合评价融合影像效果。

结果表明，相比于其他 IHS 改进算法（GIHS、GIHS-SRF 和 SRF-HPF 法），SRF-PCA_GS 融合算法在地物类型复杂且具有大量建筑物分布的城市区域表现出明显的优越性:各典型地物融合前后光谱向量间的 SA 均小于 0.1 rad,地物光谱特性保持良好,QNR 值也达到了 0.75 以上,大大减少了融合造成的光谱扭曲和空间畸变,且提高了融合影像的空间细节表现能力。因此,本文认为 SRF-PCA_GS 法是一种适合 ZY-3 卫星影像的融合算法。

然而,该算法也存在一些不足,主要体现在:低分辨率多光谱影像各波段的空间细节注入参数仅由该波段与全色影像的全局统计信息获得,对于空间细节信息的调制作用未考虑。因此,未来的工作重点是研究如何将空间细节信息与全色和多光谱影像的全局信息相结合,从而提出一种新的空间细节注入方法,以进一步减少融合造成的畸变,改善融合影像质量,使其更好地满足地物精细分类和小目标识别的要求。

参 考 文 献

[1] 李新,秦世引. 一种具有高保真度光谱的遥感图像快速融合法[J]. 宇航学报,2010,31(8):2023 – 2028. [Li Xin, Qin Shi-yin. An approach to fast fusion of remote sensing images with high fidelity of spectrum information[J]. Journal of Astronautics, 2010, 31(8):2023 – 2028.]

[2] 孙蓉桦,郭德方. SPOT-5 全色与多光谱数据融合方法的比较研究[J]. 遥感技术与应用,2005,20(3):366 – 370. [Sun Rong-hua, Guo De-fang. Study on fusion algorithms of SPOT-5 pan and multi-spectral images[J]. Remote Sensing Technology and Application, 2005, 20(3):366 – 370.]

[3] Tu T M, Su S C, Shyu H C, et al. A new look at IHS-like image fusion methods[J]. Information Fusion, 2001(2):177 – 186.

[4] Tu T M, Huang P S, Hung C L, et al. A fast intensity-hue-saturation fusion technique with spectral adjustment for IKONOS imagery[J]. IEEE Geoscience and Remote Sensing Letters, 2004, 1(4):309 – 312.

[5] Xiao G, Jing Z L, Li J X, et al. Analysis of color distortion and improvement for IHS image fusion [C]. The 2003 IEEE International Conference on Intelligent Tansportation Systems, Shanghai, China, October 12 – 15, 2003.

[6] 黄金,潘泉,皮燕妮,等. 基于区域特征加权的 IHS 图像融合方法[J]. 计算机工程与应用,2005(6):39 – 43. [Huang Jin, Pan Quan, Pi Yan-ni, et al. An IHS image fusion method based on weighted regional features[J]. Computer Engineering and Applications, 2005(6):39 – 43.]

[7] 徐佳,关泽群,何秀凤,等. 基于传感器光谱特性的全色与多光谱图像融合[J]. 遥感学报,2009,13(1):97 – 102. [Xu Jia, Guan Ze-qun, He Xiu-feng, et al. Novel method for merging panchromatic and multi-specttral images based on sensor spectral response[J]. Journal of Remote Sensing, 2009, 13(1):97 – 102.]

[8] 黄登山,杨敏华,姚学恒,等. 估计光谱特性的多光谱与全色影像 HIS 融合方法[J]. 测绘科学,2011,36(2):97 – 100. [Huang Deng-shan, Yang Min-hua, Yao Xue-heng, et al. A fusion method of multispectral image and panchromatic image based on HIS transform considering spectral characteristics[J]. Science of Surveying and Mapping, 2011, 36(2):97 – 100.]

[9] 周前祥,敬忠良,姜世忠. 多源遥感影像信息融合研究现状与展望[J]. 宇航学报,2002,23(5):89 – 94. [Zhou Qian-xiang, Jing Zhong-liang, Jiang Shi-zhong. Comments on research and development of multi – sourse information fusion for remote sensing images[J]. Journal of Astronautics, 2002, 23(5):89 – 94.]

[10] Choi M. A new intensity-hue-saturation fusion approach to image fusion with a tradeoff parameter [J]. IEEE Transactions on Geoscience and Remote Sensing, 2006, 44(6):1672 – 1682.

[11] Chikr El-Mezouar M, Taleb N, Kpalma K, et al. An IHS-based fusion for color distortion reduction and vegetation enhancement in IKONOS imagery[J]. IEEE Transactions on Geoscience and Remote Sensing, 2011, 49 (5):1590 – 1602.

[12] 窦闻,孙洪泉,陈云浩. 基于光谱响应函数的遥感图像融合对比研究[J]. 光谱学与光谱分析,2011,31(3):746 – 752. [Dou Wen, Sun Hong-quan, Chen Yun-hao. Comparison among remotely sensed image fusion methods based on spectral response function[J]. Spectroscopy and Spectral Analysis, 2011, 31(3):746 – 752.]

[13] Kim Y, Eo Y, Kim Y, et al. Generalized IHS-based satellite imagery fusion using spectral response functions [J]. ETRI Journal, 2011, 33(4):497 – 505.

[14] Kim Y, Lee C, Han D, et al. Improved additive-wavelet image fusion[J]. IEEE Geoscience and Remote Sensing Letters, 2011, 8(2):263 – 267.

[15] 王忠武. Pan-Sharpen 融合系统关键问题研究[D]. 北京:中国科学院遥感应用研究所,2009. [Wang Zhong-wu. Research on key issues in pan-sharpening image fusion software [D]. Beijing: Institute of Remote Sensing Applications Chinese Academy of Sciences, 2009.]

[16] Alparone L, Aiazzi B, Baronti S, et al. Multispectral and panchromatic data fusion assessment without reference [J]. Photogrammetric Engineering & Remote Sensing, 2008, 74(2):193 – 200.

[17] Wang Z, Bovik A C. A universal image quality index [J]. IEEE Signal Processing Letters, 2002, 9(3):81 – 84.

作者简介:

王力彦(1987 –),女,硕士,主要从事遥感图像处理工作。
通信地址:北京市海淀区学院路 29 号中国地质大学(100083)
电话:13581955136
E-mail:wly_smile@163.com

(编辑:张宇平)

附录6

引文格式：FENG Mingbo，LIU Xue，ZHAO Dong. A Fusion Method of Hyperspectral and Multispectral Images Based on Projection and Wavelet Transformation[J]. Acta Geodaetica et Cartographica Sinica，2014，43(2)：158-163.（丰明博，刘学，赵冬.多/高光谱遥感图像的投影和小波融合算法[J].测绘学报，2014，43(2)：158-163.）DOI：10.13485/j.cnki.11-2089.2014.0023

多/高光谱遥感图像的投影和小波融合算法

丰明博[1,2]，刘 学[2]，赵 冬[2]

1. 中国科学院 遥感科学国家重点实验室，北京 100101；2. 中国科学院大学，北京 100101

A Fusion Method of Hyperspectral and Multispectral Images Based on Projection and Wavelet Transformation

FENG Mingbo[1,2]，LIU Xue[2]，ZHAO Dong[2]

1. The State Key Laboratory of Remote Sensing Science，Chinese Academy of Sciences，Beijing 100101，China；
2. University of Chinese Academy of Sciences，Beijing 100049，China

Abstract：After the fusion of hyperspectral and multispectral images，the pixels spectral information in fused image is distorted because of its improved spatial resolution and change in the ground object components. In the context of this situation，the composition changes of the mixed pixels should be considered for image fusion. First of all，the multispectral image is used to simulate a hyperspectral image using the method of projection. While in the second step wavelet transformation (WT) is used to fuse the simulated and original hyperspectral images. The fused image can not only enhance the spatial information，but also correct the spectral information，and thus can increase the application accuracies such as the environmental abnormal detection. The hyperion image and the SPOT 5 image are chosen to do the experiment of fusion，87.2 percent of the target areas can be distinguished when making use of the fused image.

Key words：multispectral/hyperspectral remote sensing images；image fusion；spectrum projection；spectrum similarity；wavelet transform；relatively regional active degrees

摘 要：将高光谱图像与高空间分辨率图像融合后，由于融合图像空间分辨率提高，改变了混合像元内地物组分比例，像元光谱信息较原高光谱图像光谱信息会出现"失真"现象。针对这种情况，考虑混合像元内成分变化进行图像融合，首先利用投影方法模拟多光谱图像得到高光谱图像，并将模拟高光谱图像与原高光谱图像利用小波方法进行融合，融合图像不仅增强了空间信息，而且对光谱信息进行一定的修正，从而提高了环境异常探测等一系列应用的精度。利用hyperion图像和SPOT 5图像进行融合试验，融合图像能够识别出87.2%的目标区域。

关键词：多/高光谱遥感图像；图像融合；光谱投影；光谱相似度；小波变换；相对区域活跃度

中图分类号：P237　　**文献标识码**：A　　**文章编号**：1001-1595(2014)02-0158-06

基金项目：国家自然科学基金(41001214)；国家科技支撑计划(2012BAH31B00)

1 引 言

利用高光谱数据的高光谱分辨率特性，能够进行目标探测、精细分类以及异常检测等一系列应用，但高光谱数据的空间分辨率较低，混合像元现象严重，这就在很大程度上限制了高光谱数据的应用。多光谱图像具有较高的空间分辨率，空间细节信息丰富，但往往只有几个波段，包含的光谱信息较低。为了更好地发挥高光谱数据的优点，需要结合高空间分辨率图像进行融合，利用两类数据间的互补性和冗余性，使融合后的图像既拥有高光谱分辨率，也拥有高空间分辨率，从而获得目标场景的最大信息描述，更有利于地物精细分类和目标识别等遥感应用研究。

编者注：该文章发表于测绘学报，2014，43(2)：158-163.

目前已有多种遥感影像融合方法,文献[1]进行了细致的分析。利用高光谱图像和多光谱图像作为数据源进行融合的方法主要可以分为两类：一是分别对高光谱图像和多光谱图像进行维度变换,用多光谱图像的信息替换高光谱图像的信息,从而使融合图像具有高空间高光谱特性,主要的方法包括PCA变化[2-3]、IHS变换[4-5]、G-S变换[6]等,利用此类方法得到的融合图像空间信息得到提升,但是光谱会发生畸变,产生光谱失真。另一类是对多光谱图像与高光谱图像进行变换,然后基于分析算法与数学/统计学的方法对信息进行融合,得到融合的高光谱高空间分辨率图像,主要的方法有小波变换[7-9]、CRISP算法[10-11]、MAP算法[12]、HPM算法[13-14]等,通过以上方法得到的融合图像虽然有丰富的空间信息和光谱信息,但对由于空间分辨率提高导致融合后图像的像元光谱"失真"。文献[15—16]针对全色与多光谱图像融合产生的光谱失真现象,提出了一系列改进算法。本文利用投影的方法对多光谱遥感图像(SPOT-5)进行模拟,得到模拟的高光谱高分辨率图像,利用小波变换方法以及相对区域活跃度将具有高空间分辨率的模拟高光谱图像与原高光谱图像(hyperion)进行融合,得到的融合图像不仅同时具备高光谱与高空间分辨率,而且对像元光谱"失真"现象进行了一定的修正。

2 图像融合方法

本文首先对多光谱图像M和高光谱图像H进行配准,得到配准后的多光谱图像M_R和高光谱图像H_R；然后基于由图像H_R模拟的多光谱图像M_S与M_R之间的光谱相似度,确定投影所需地物"纯像元"点,通过计算地物纯像元点在图像H_R上的光谱均值获得投影所需纯地物光谱；接着利用图像M_R的像元光谱与纯地物光谱在特征波段处的反射率值关系得到各个像元点的投影地物组分；再利用投影地物光谱以及像元点的投影地物组分进行模拟,得到基于M_R模拟的高空间分辨率高光谱图像H_S；最后基于光谱信息和区域活跃度的小波变换融合方法对图像H_S与图像H_R进行融合。融合过程见图1。

2.1 图像配准

分别对多光谱图像M和高光谱图像H进行预处理,包括定标、去除受水汽影响波段、绝对辐射转换、坏线修复、条纹和Smile效应去除以及大气校正等。

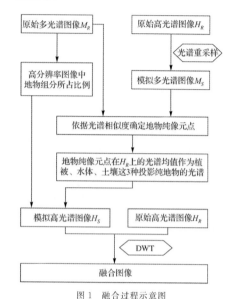

图1 融合过程示意图
Fig. 1 Figure of the fusion process

对预处理后的图像进行配准,图像配准是进行图像融合的第一步,配准的精度将直接影响融合结果,配准后误差要保持在0.5个像元以内。采用基于图像特征的方法进行配准,选择交叉点、角点、物体边缘等两幅图像共有的图像特征点进行特征匹配,通过多项式变换模型求取变换参数并利用最邻近法差值获得配准图像。

2.2 基于投影的高光谱图像模拟

文献[17]建立了一种模式分解分析方法(pattern decomposition method),认为95%的地物光谱均可以通过植被、水体、土壤这3种基本地物的线性组合获得。但对于特定条件,需要添加特定的地物光谱作为组合,如雪、矿渣等。本文针对融合方法的论述是基于植被、水体、土壤3个投影纯地物进行的。通过比较感兴趣区域内基于由图像H_R模拟的图像M_S与图像M_R间的光谱相似度确定地物纯像元点,计算地物纯像元点在H_R上的光谱均值作为植被、水体、土壤这3种投影纯地物的光谱。通过选取投影地物的特征波段,利用图像M_R像元光谱与纯地物光谱在特征波段处的反射率值得到各个像元点的投影地物组分。利用投影纯地物光谱以及每个像元的相应组分,可以根据图像M_R内每个像元点的地物混合情况获得修正所需的图像 H_S。

2.2.1 投影纯地物的像元选择及光谱提取

基于 PDM 可以得到,大多数地面地物的光谱能够用这 3 个标准的地物重建。因此在 hyperion 图像和 SPOT 5 图像上正确选取植被、水体、土壤 3 种纯地物光谱是光谱重采样的关键之一。利用图像 H_R 和归一化的多光谱图像光谱响应函数[5],模拟得到图像 M_S

$$\int_{\lambda 1}^{\lambda 2} R_H(\lambda) S(\lambda) d\lambda = R'_M(\lambda) \int S(\lambda) d\lambda \quad (1)$$

式中,λ_1、λ_2 分别代表起始波长和结束波长;$R_H(\lambda)$ 代表图像 H_R 反射率值;$S(\lambda)$ 代表多光谱图像对应波段归一化的光谱响应函数;$R'_M(\lambda)$ 为图像 M_S 对应波段反射率值。

从图像 M_R 与图像 M_S 上选取植被、土壤、水体 3 个感兴趣区域,由于图像 H_R 混合像元的现象比图像 M_R 严重,感兴趣区内的像元并不全部都是纯像元,计算图像 M_R 图像 M_S 相应像元点的光谱相似度,光谱相似度概念如下

$$\text{sim}(R_M, R'_M) = \sqrt{\sum_{i=0}^{N} (R_M(i) - R'_M(i))^2} \quad (2)$$

式中,$\text{sim}(R_M, R'_M)$ 表示图像 M_R 和 M_S 相应像元光谱相似度,两者差值越小,说明此像元越接近为纯像元。设定阈值 ε,将小于 ε 的作为纯像元,ε 的选择可以通过感兴趣区域的统计值来确定

$$\begin{cases} \text{sim}(R_M, R'_M) \leqslant \varepsilon & \text{纯像元} \\ \text{sim}(R_M, R'_M) > \varepsilon & \text{混合像元} \end{cases} \quad (3)$$

植被、水体、土壤 3 种基本地物的光谱值可以通过感兴趣区域内的纯像元点所对应的图像 H_R 像元点的光谱平均获得

$$R_k(i) = \frac{(R_{k1}(i) + R_{k2}(i) + \cdots + R_{kn}(i))}{n}$$
$$(k = V, W, S) \quad (4)$$

式中,n 表示像元个数;$R_k(i)$ 表示第 i 波段的高光谱反射率值;$R_{kn}(i)$ 表示第 n 像元第 i 波段的反射率值。k 共有 3 种地物类型,分别表示植被、水体和土壤。

2.2.2 高光谱图像模拟

基于光谱相似度获得植被、水体和土壤光谱,只需求得混合像元中这 3 种组分所占的比例,就能够模拟出混合像元的光谱

$$R'_H = P_V R_V + P_W R_W + P_S R_S \quad (5)$$

$$P = [P_V \quad P_W \quad P_S]^T \quad (6)$$

式中,P 表示植被、水体和土壤在混合光谱中所占的比例。R_V、R_W、R_S 分别表示植被、水体和土壤的光谱。不同物体具有能表征其特征的特征波段,选取图像 M_R 中区分植被、水体和土壤的 3 个特征波段,分别表示为波段 a(绿波段)、波段 b(红波段)和波段 c(近红外波段),通过比较图像 M_R 中混合像元与纯地物特征波段的关系,可以得到植被、水体和土壤这 3 种组分所占的比例。3 个波段值与 3 种纯地物关系如下

$$P = \begin{bmatrix} R_{VM}(a) & R_{WM}(a) & R_{SM}(a) \\ R_{VM}(b) & R_{WM}(b) & R_{SM}(b) \\ R_{VM}(c) & R_{WM}(c) & R_{SM}(c) \end{bmatrix}^{-1} \begin{bmatrix} R(a) \\ R(b) \\ R(c) \end{bmatrix}$$
$$(7)$$

式中,R_{VM}、R_{WM}、R_{SM} 分别表示植被、水体和土壤在图像 M_R 中的光谱;R 为混合像元光谱。

因此,对图像 M_R 光谱重采样后得到的图像 H_S 反射率值为

$$R'_H = [R_V \quad R_W \quad R_S] P \quad (8)$$

2.3 图像融合

图像 H_S 具有高空间分辨率、高光谱信息的特点,但其光谱与空间信息均会有一定的误差,需要与图像 H_R 进行融合修正。

本文选用小波变换进行光谱融合,图 2 揭示了小波变换的原理,经过 J 级分解,将图像分解为水平、垂直、对角分量。小波变换应用于图像融合具有显著的优势:它通过高、低通滤波将图像的空间特征和光谱特征分离。并能去除两个相邻尺度上图像信息之差的相关性,而且变换前后数据量保持不变,各层的融合计算还可并行,提高了计算速度并减少了对存储空间的需求。

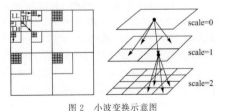

图 2 小波变换示意图
Fig. 2 Figure of wavelet transformation

分别对配准后的高光谱图像 H_R 与模拟得到的高光谱图像 H_S 进行 J 级二维离散小波变换(DWT),得到低频分量和高频分量。低频分量为近似图像,主要包含原图像的光谱特征,依靠所含

光谱信息的丰富程度对两幅图像进行加权融合，能够很好地保持图像的光谱特性

$$P_L(x,y) = \rho(x,y)P_{HL}(x,y) + (1-\rho(x,y))P'_{HL}(x,y) \quad (9)$$

$$\rho(x,y) = \begin{cases} 1 & \dfrac{P_{HL}(x,y)}{P'_{HL}(x,y)} > \theta_1 \\ \dfrac{P_{HL}(x,y)}{P_{HL}(x,y)+P'_{HL}(x,y)} & \theta_2 \leqslant \dfrac{P_{HL}(x,y)}{P'_{HL}(x,y)} \leqslant \theta_1 \\ 0 & \dfrac{P_{HL}(x,y)}{P'_{HL}(x,y)} < \theta_2 \end{cases} \quad (10)$$

式中，P_{HL}、P'_{HL} 分别为图像 H_R 和 H_S 的低频分量；$\rho(x,y)$ 为图像 H_R 对应的权值；θ_1、θ_2 为阈值。

高频分量为细节图像，主要包含源图像的空间信息，对于高频分量的融合，本文基于区域能量大小提出相对区域活跃度的概念

$$RAV(x,y) = \left| \dfrac{\dfrac{\partial P_H(x,y)}{\partial x}\dfrac{\partial P_H(x,y)}{\partial y}}{\dfrac{\partial P'_H(x,y)}{\partial x}\dfrac{\partial P'_H(x,y)}{\partial y}} \right| \quad (11)$$

利用相对区域活跃度可以对高频分量进行融合

$$P_H(x,y) = \dfrac{RAV(x,y)P_{HH}(x,y)}{RAV(x,y)+1} + \dfrac{P'_{HH}(x,y)}{RAV(x,y)+1} \quad (12)$$

式中，P_{HH}、P'_{HH} 分别为 H_R 和 H_S 的高频分量；$RAV(x,y)$ 为对应点的相对区域活跃度。

3 试验与结果分析

为了检验融合算法的有效性，利用 hyperion 图像（176 波段，30 m 分辨率）和 SPOT-5 图像（4 波段，10 m 分辨率）进行试验。图像区域为中国江西德兴的一部分，经纬度范围为 29°5′45.87″N 117°43′50.64″E—29°3′36.88″N 117°45′46.22″E。尾矿区域位于图像的西南部分，图像间配准误差为 0.323 238 像元，分别采用本文算法、PCA 算法、CRISP 算法进行融合，结果如图 3 所示。

3.1 指标评价

选取指标评价与应用评价两方面对融合图像效果进行分析。

本文利用表 1 中列出的指标进行评价，并与 PCA 方法和 CRISP 方法得到的融合图像进行比较。

(a) Hyperion配准图像

(b) SPOT-5配准图像

(c) PCA融合图像 (d) CRISP算法融合图像 (e) 本文融合图像

图 3
Fig. 3

表 1 评价指标及意义
Tab. 1 The evaluation indexes and significances

评价指标	意义
相关系数 CC	光谱的保持度与相关性
峰值信噪比 PSNR	融合效果
信息熵 IE	图像所含信息量
图像清晰度 ID	空间信息

图 4 为融合图像与原始高光谱图像间的光谱相关性，由图 4 可以看出，融合图像与原始高光谱图像的光谱相关性较好，相关系数在 0.84 以上，融合图像能够保持较高的光谱特性。

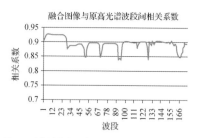

图 4 融合图像与原高光谱图像波段间相关系数
Fig. 4 The correlation coefficient of the fused image and the original hyperspectral image

表2列出了原高光谱图像以及不同融合方法得到融合图像的客观评价指标,可以看出本文融合算法的信噪比、熵值、清晰度与PCA融合、CRISP融合相比,均有一定的提升。利用本文的基于投影的方法对多光谱图像进行高光谱模拟,对模拟图像和原高光谱图像进行小波变换,并根据光谱信息和相对区域活跃度进行融合,融合图像具有多光谱图像的高空间分辨率特性和高光谱图像的高光谱特性。

表2 融合图像评价结果
Tab. 2 the evaluation results of the fused image

图像	PSNR	IE	ID
PCA融合	26.254	4.259	21.963
CRISP融合	26.685	4.843	23.236
本文融合	27.023	4.960	24.675

3.2 环境异常探测精度评价

与单纯的多光谱图像或高光谱图像进行异常探测识别相比,利用融合图像的光谱特征及空间纹理特征对环境异常进行探测,能够减小虚警率,提高探测精度与准确度。利用融合图像及原高光谱图像对德兴尾矿库的污染情况进行探测,对比图像如图5所示,结果通过Google Earth比对以及实地考察进行验证。

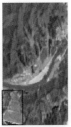 

(a) 原高光谱图像　　(b) 融合图像

图5 尾矿砂探测
Fig. 5 Tailing detection

由图5可以看出,融合图像的探测结果较原高光谱图像更加精细,从目视分析的角度来看,融合图像的尾矿环境异常区域更加明显,图像不仅有高光谱信息,而且空间信息丰富,有利于像元的分析。从识别结果来看,利用融合图像的光谱和空间纹理信息进行尾矿异常识别,得到尾矿矿砂区域,目标识别区域范围较利用原始高光谱图像更加精确,误分率更低;探测精度较使用原高光谱图像有明显提高。从应用的角度来看,由于原高光谱图像混合像元严重,异常区域面积、范围等结果与实际均会有一定的误差,不利于精确地分析,而融合图像为环境异常目标探测的精确分析提供了可能(见表3)。

表3 基于融合图像和原高光谱图像目标识别评价
Tab. 3　The evaluation of tailing detection based on the fused image and the original hyperspectral image
(%)

图像	识别区域比例	误分率
融合图像	87.2	5.37
原高光谱图像	80.3	7.02

4 结论

在遥感图像融合中,很难得到空间分辨率高、光谱畸变小的融合图像。本文基于植被、水体、土壤3种投影对多光谱图像进行高光谱模拟,得到高光谱模拟图像,并利用光谱信息和相对区域活跃度进行小波融合,融合的图像既保持了空间细节信息,并对融合图像的像元光谱"失真"进行了修正。

本文利用Hyperion图像和SPOT-5图像,基于投影与小波变换的方法进行融合试验,并与PCA融合、CRISP融合进行了对比,在信噪比、熵值、清晰度均有提高。本文所采用的方法不仅对于光谱信息和空间信息具有较好的保持性,而且通过修正后的光谱信息,对于尾矿异常探测等应用具有很好的改进效果。

参考文献:

[1] DOU Wen, CHEN Yunhao, HE Huiming. Theoretical Framework of Optical Remotely Sensed Image Fusion[J]. Acta Geodaetica et Cartographica Sinica, 2009, 38(2): 131-137. (窦闻,陈云浩,何辉明. 光学遥感影像像素级融合的理论框架[J]. 测绘学报, 2009, 38(2): 131-137.)

[2] PANDE H, POONAM S T, SHASHI D. Analyzing Hyper-Spectral and Multi-Spectral Data Fusion in Spectral Domain[J]. Journal of the Indian Society of Remote Sensing, 2009, 37(3): 395-408.

[3] METWALLI M R, NASR A H, ALLAH O S F, et al. Image Fusion Based on Principal Component Analysis and High-Pass Filter[C]// International Conference on Computer Engineering and Systems. Cairo: [s. n.], 2009: 63-70.

[4] XIAO G, JING Z L, WANG S. Optimal Colour Image Fusion Approach Based on Fuzzy Integrals[J]. Imaging Science Journal, 2007, 55(4): 189-196.

[5] El-MEZOUAR M, TALEB N, KPALMA K, et al. An IHS-Based Fusion for Color Distortion Reduction and Vegetation Enhancement in IKONOS Imagery[J]. IEEE Transactions on Geoscience and Remote Sensing, 2011, 49(5):1590-1602.

[6] DOU Wen, SUN Hongquan, CHEN Yunhao. Comparison among Remotely Sensed Image Fusion Methods Based on Spectral Response Function[J]. Spectroscopy and Spectral Analysis, 2011, 31(3): 746-752. (窦闻, 孙洪泉, 陈云浩. 基于光谱响应函数的遥感图像融合对比研究[J]. 光谱学与光谱分析, 2011, 31(3):746-752.)

[7] GOMEZ R B, JAZAERI A, KAFATOS M, Wavelet-based Hyperspectral and Multispectral Image Fusion[C]// Proceedings of Geo-Spatial Image and Data Exploitation II. Virginia:[s. n.], 2001, 4383:36-42.

[8] DE I, CHANDA B. A Simple and Efficient Algorithm for Multifocus Image Fusion Using Morphological Wavelets [J]. Signal Processing, 2006, 86(5):924-936.

[9] SOLEIMANI S, R F, PHILIPS, W, et al. Image Fusion Using Blur Estimation[C]// IEEE International Conference on Image Processing. Hongkong:[s. n.], 2010, 4397-4400.

[10] WINTER M E, WINTER E M, BEAVON S G, et al. Hyperspectral Image Sharpening Using Multispectral Data [C]// IEEE Aerospace Conference. Massachusetts:[s. n.], 2007: 1-9.

[11] WINTER M E, WINTER E M, BEAVON S G, et al. High-performance Fusion of Multispectral and Hyperspectral Data[C]// Proceedings of Algorithms and Technologies for Multispectral, Hyperspectral, and Ultraspectral Imagery XII. Orlando:[s. n.], 2006:640-648.

[12] HARDIE R C, EISMANN M T, WILSON G L. MAP Estimation for Hyperspectral Image Resolution Enhancement Using an Auxiliary Sensor[J]. IEEE Transactions on Image Processing, 2004, 13(9):1174-1184.

[13] DOU Wen, CHEN Yunhao. Image Fusion Method of High-Pass Modulation Including Interband Correlations[J]. Journal of Infrared and Millimeter Waves, 2010, 29(2):140-144.

[14] ZHANG Xiaoping, JIA Yonghong, CHEN Xiaoyan, et al. Application of Modulation Transfer Function in High Resolution Image Fusion[C]// Proceedings of Image and Signal Processing for Remote Sensing XVII. Prague:[s. n.], 2011: 8180.

[15] LIU Jun, SHAO Zhenfeng. Remote Sensing Image Fusion Using Multi-scale Spectrum Gain Modulation [J]. Acta Geodaetica et Cartographica Sinica, 2011, 40(4):470-476. (刘军, 邵振峰. 基于多尺度光谱增益调制的遥感影像融合方法[J]. 测绘学报, 2011, 40(4):470-476.)

[16] WU Lianxi, LIANG Bo, Liu Xiaomei, et al. A Spectral Preservation Fusion Technique for Remote Sensing Images [J]. Acta Geodaetica et Cartographica Sinica, 2005, 34(2):118-122. (吴连喜, 梁波, 刘晓梅, 等. 保持光谱信息的遥感图像融合方法研究[J]. 测绘学报, 2005, 34(2):118-122.)

[17] FUJIWARA N, MURAMATSU K, AWA S, et al. Pattern Expansion Method for Satellite Data Analysis[J]. Journal of the Remote Sensing Society of Japan, 1996, 17:17-37.

[18] YOKOYA N, YAIRI T, IWASAKI A. Coupled Nonnegative Matrix Factorization Unmixing for Hyperspectral and Multispectral Data Fusion[J]. IEEE Transactions on Geoscience and Remote Sensing, 2012, 50(2):528-537.

[19] JING Zhongliang, XIAO Gang, LI Zhenhua. Image Fusion: Theory and Application[M]. Beijing: Higher Education Press, 2007.(敬忠良, 肖刚, 李振华. 图像融合——理论与应用.[M].北京:高等教育出版社, 2007.)

[20] LIU Bo, ZHANG Lifu, ZHANG Xia, et al. Simulation of EO-1 Hyperion Data from ALI Multispectral Data Based on the Spectral Reconstruction Approach[J]. Sensors, 2009, 9(4):3090-3108.

[21] EISMANN M T, HARDIE R C. Hyperspectral Resolution Enhancement Using High-resolution Multispectral Imagery with Arbitrary Response Functions[J]. IEEE Transactions on Geoscience and Remote Sensing, 2005, 43(3):455-465.

[22] TONG Qingxi, ZHANG Bing, ZHENG Lanfen. Hyperspectral Remote Sensing[M]. Beijing: Higher Education Press, 2006.(童庆禧, 张兵, 郑兰芬. 高光谱遥感[M]. 北京:高等教育出版社, 2006.)

(责任编辑:陈品馨)

收稿日期:2012-05-11
修回日期:2013-09-29
第一作者简介:丰明博(1988—), 男, 博士生, 研究方向为数据融合与植被生化参数反演。
First author: FENG Mingbo (1988—), male, PhD candidate, majors in data fusion and inversion of vegetation biochemical parameters.
E-mail: mingbo_feng@163.com
通信作者:刘学
Corresponding author: LIU Xue
E-mail: liuxue@irsa.ac.cn